大学1・2年生のための すぐわかる 微分方程式

石綿夏委也 著

東京図書

はじめに

本書は常微分方程式の解き方を習熟することを目的に書かれた入門書である.

・Chapter 1〜3：典型タイプの様々な微分方程式を紹介し，その解法を学ぶ.
・Chapter 4〜6：演算子法を使った解法，ラプラス変換，級数による解法を学ぶ.
・Chapter 7：偏微分方程式の基本概念を紹介する.

「微分方程式」は基本的な微分と積分がある程度不自由なくできないと進めないため，解法は途中をできるだけ詳しく書いた．また，ポイントのコーナーを通じ，基本的な微分，積分計算も詳しく付記した．さらに，公式を適用する問題では，公式そのものの証明も入れて，練習問題の解答は，問題の解法に習熟してもらうため，途中を省略せず記述した.

こうして書かれた本書を軸にして，微分方程式の解法を徹底して身につけてほしい．そうすれば，「大学院入試」に通じる力も自然に身に付いてくると思う.

なお，各章の最後のコラムは，生活の中にかかわる“身のまわりの微分方程式”を取り上げた．各分野の理解を深めてもらえるように気軽に読んでほしい.

本書を著すにあたり，東京図書の川上禎久氏に大変ご尽力頂き，心より感謝申し上げます.

石綿夏委也

装幀 岡 孝治

Chapter 1

微分方程式の概念と用語

これから学んでいく微分方程式とはどういうものか？
その定義と種類を学び，その解がグラフで
視覚化するとどうなるかを学ぶ．

基本事項

1　微分方程式の定義と意味（問題 1-1）

微分方程式は，微分係数を含む方程式である．実際私たちをとりまいている多くの**自然現象**（物体の運動，電流の流れ方，水の流れ方，生物の増え方，……）や**社会現象**（伝染病や物流の伝播，……）などの身の回りの現象を方程式に乗せて解明しようとすると，ほとんどすべてが微分の項を含んだ微分方程式になる．

微分方程式は含まれる導関数の形によって，いろいろなよび名がつけられている．そのよび名を名確にするためには，導関数の階数と次数の意味を知らなければならない．

❶ 階数と次数

$\dfrac{dx}{dt}$ は 1 階の導関数，$\dfrac{d^2x}{dt^2}$ は 2 階の導関数，…………，$\dfrac{d^nx}{dt^n}$ は n 階の導関数と名付ける．

これに対して，$\dfrac{dx}{dt}$ は 1 次の導関数，$\left(\dfrac{dx}{dt}\right)^2$ は 2 次の導関数，…………，$\left(\dfrac{dx}{dt}\right)^n$ は n 次の導関数とよぶ．

これを組み合わせると，

$\dfrac{dy}{dx} = x + 2$ は 1 階 1 次の微分方程式

$\left(\dfrac{d^2y}{dx^2}\right)^2 + 3\dfrac{dy}{dx} + 2y = 0$ は 2 階 2 次の微分方程式

$y''' + 5(y'')^2 + y' = \sin x$ は 3 階 1 次の微分方程式

となる．

以上の例からわかるように，方程式に含まれる未知関数の微分の階数の最大値を方程式の**階数**とよび，最高階の微分係数の次数をその方程式の**次数**という．

❷ 常微分方程式，偏微分方程式

①で上げた微分方程式 $\dfrac{dy}{dx} = x + 2$，$\left(\dfrac{d^2y}{dx^2}\right)^2 + 3\dfrac{dy}{dx} + 2y = 0$ のように，

1つの変数からなる場合には，その微分係数は通常微分係数であり，そのような方程式を**常微分方程式**という．

また，$\dfrac{\partial z}{\partial x} = z + x\dfrac{\partial z}{\partial y}$ のように，2つ以上の独立変数からなる場合には，その微分係数は偏微分係数であり，そのような方程式を**偏微分方程式**という．

一般に，次のようにいうことができる．

独立変数 x の未知関数 y とその導関数

$$y'\left(=\frac{dy}{dx}\right),\ y''\left(=\frac{d^2y}{dx^2}\right),\ \cdots$$

および x を含む関係式

$$f(x, y, y', \cdots, y^{(n)}) = 0$$

を y に関する**常微分方程式**という．

また，n 階の常微分方程式が $y^{(n)}$ について解けているとき，すなわち，

$$y^{(n)} = f(x, y, y', \cdots, y^{(n-1)})$$

の形のとき，これを**正規形**といい，正規形でない微分方程式を**非正規形**とよぶ．

特に，1階1次の正規形

$$y' = f(x, y) \quad \cdots ⊛$$

の右辺 $f(x, y)$ は，平面上の各点 (x, y) に傾き $f(x, y)$ を与える．これを平面の**勾配場**とよぶ．⊛の解は，各点で接線の傾きがこの勾配場と一致するようなグラフをもつ関数といい換えられる．

例1

$y' = \dfrac{1}{xy}$ は正規形であり，$y\sin y' = xy'$ は y' について解けないので非正規形である．

次に常微分方程式の例をあげよう．

例2　質点の運動

質点の運動は動点の位置や速度によって記述される．これらは時間の関数である．すなわち独立変数は時間 t となる．x 軸上を運動する質点の位置を $x = x(t)$ で表し，質点の速度を $v(t)$，加速度を $\alpha(t)$ とおくと，

・速度は位置の時間変化であり，質点の位置を時間で微分したものになり，

これを式で表すと，

$$v = \frac{dx}{dt}$$

の微分方程式になる．

・加速度は速度の時間変化で，速度の時間微分あるいは位置を時間で 2 回微分したものであり，これを式で表すと，

$$\alpha = \frac{d^2x}{dt^2} \quad \left(\text{または}\ \alpha = \frac{dv}{dt}\right)$$

の微分方程式になる．

例3　放射性物質の崩壊

放射性物質は，現在量に比例する割合で崩壊するという．時刻 t における放射性物質の量を $M(t)$ で表すと，変化の割合は $\frac{dM}{dt}$ で表されるから，

$$\frac{dM}{dt} = -kM \quad (k：\text{放射性物質によって決まる正の定数})$$

の微分方程式で表される．

《注意》 例2，例3 の微分方程式は正規形である．

2 微分方程式の解（問題 1-2, 3, 4, 5）

例4

$y = \sin(x + C)$（C は任意定数）は

$$(y')^2 + y^2 = 1 \quad \cdots ⊛$$

の解であり，代入してみたすことが確かめられる（このとき $y = \sin(x + C)$ を**一般解**とよぶ）．

$C = 2$，$C = -1$ を代入すると，$y = \sin(x + 2)$，$y = \sin(x - 1)$ は⊛の解の 1 つで，⊛の**特殊解**という．

例5

$y = C_1\cos x + C_2\sin x$（$C_1, C_2$ は任意定数）は

$$y'' + y = 0 \quad \cdots ⊛$$

の一般解であり，$(C_1, C_2) = (1, 0)$，$(0, 1)$，$(2, -3)$ をあてはめた

$y = \cos x$，$y = \sin x$，$y = 2\cos x - 3\sin x$ などは ⊛ の特殊解である．

上にあげた 例4 は，1 階微分方程式でその解は，**任意定数を 1 個**，例5 は 2

階微分方程式でその解は，**任意定数を 2 個**含む解をもっている．

このように，微分方程式の階数と同じ個数の任意定数 C を含む解を，その微分方程式の**一般解**という．

すなわち，n 回微分方程式の解は，n 個の独立な任意定数を含むことになる．

一般解に含まれている任意定数にいろいろな値を与えることによって，個々の解が表される．その個々の解を**特殊解**という．特殊解は無数に存在する．

一般解に含まれる任意定数にどんな値を与えても一般解から得られない解を**特異解**という．

例えば **例 4** で $y = \pm 1$ は

$$(y')^2 + y^2 = 1 \quad \cdots ⊛$$

の特殊解である．すなわち，⊛ の一般解 $y = \sin(x + C)$ の含む C にどのような値を与えても $y = \pm 1$ は得られない．

《注意》　特異解 $y = \pm 1$ は一般解の表す曲線群 $y = \sin(x + C)$ の**共通接線**になっている．

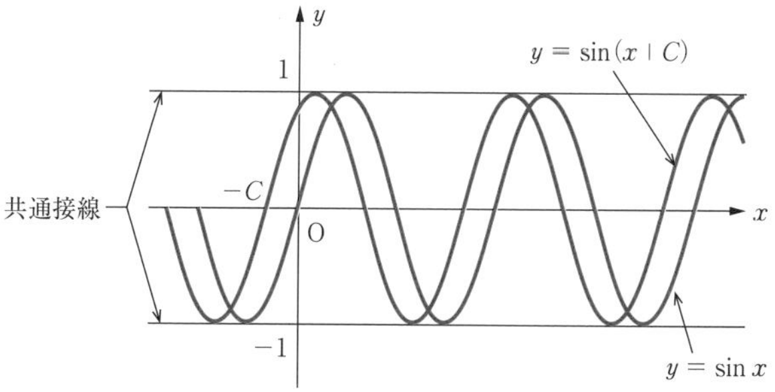

微分方程式の解について一般的に記述すると次のようになる．

> **定義**
>
> 微分方程式　$f(x, y, y', \cdots\cdots, y^{(n)}) = 0 \quad \cdots ⊛$
>
> が与えられたとき，x の関数 $\varphi(x)$ を適当に選んで，⊛ の $y, y', \cdots\cdots, y^{(n)}$ をそれぞれ $\varphi(x), \varphi'(x), \cdots\cdots, \varphi^{(n)}(x)$ で置き換えた
>
> $$f(x, \varphi(x), \varphi'(x), \cdots\cdots, \varphi^{(n)}(x)) = 0$$
>
> が恒等式になるとき，関数 $\varphi(x)$ を微分方程式 ⊛ の**解**という．

本書では，1 階，2 階の微分方程式を主に取り扱い，高階高次の微分方程式は特殊な質のよいものを取り扱う．

高階高次の微分方程式は急に難しくなり，解けなくなるものが大多数となる．しかし実生活を取り扱う微分方程式には，高階高次はめったに現れてこなく，いいところ階数は2階，次数は2次どまりである．そこで階数も次数も小さい場合を取り扱い，微分方程式を解く定石をChapter 2以降で学んでいく．

3 グラフで見る微分方程式（問題 1-6）

微分方程式の意味を視覚に訴えるようグラフを使って調べてみる．1つの例として，最もありふれた

$$\frac{dx}{dt} = -x \quad \text{（例3で } k = 1 \text{ と置いたもの）} \quad \cdots①$$

の微分方程式で考えてみる．

①を満足する曲線で，この曲線が $x = 1$ の位置を通るとき，曲線の傾きが -1 となることを意味し，$x = 2$ の位置を通るとき，曲線の傾きは -2 となる．①を表す曲線に要求される条件は，x の位置によって定まる傾きだけである．

この条件を描くと下図のようになる．

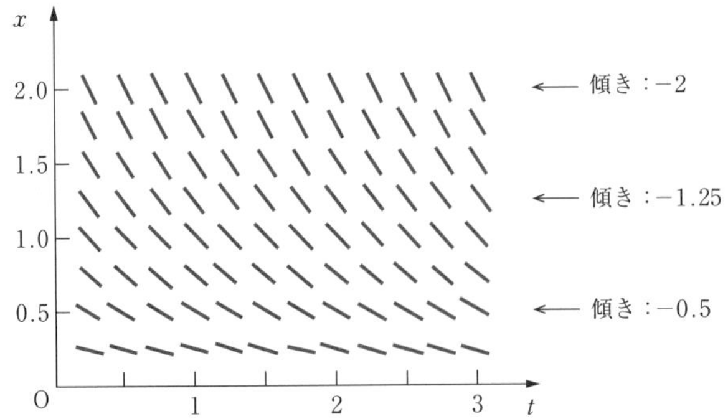

上図に描かれた直線の傾きだけの平面をすんなり通り抜けるなめらかな曲線のすべてが①の答となる．

実際①は，Chapter 2で取り扱う変数分離形の微分方程式で，

$$\frac{dx}{x} = -dt \quad \text{から} \quad \int \frac{1}{x}\,dx = -\int dt$$

$$\log|x| = -t + C_1, \quad |x| = e^{-t+C_1} = e^{C_1}e^{-t}$$

$$\therefore\ x = Ce^{-t} \quad \cdots② \quad (C = \pm e^{C_1}) \quad \text{（←これが①を満足する曲線）}$$

②の曲線の積分定数を少しずつ変化させれば，描かれる曲線は少しずつ移動するので，無数の曲線が描き出されることになる（下図を参照）．

この無数の曲線に初期条件，例えば $t=0$ のとき $x=1$ と与えると，②で $C=1$ と確定し，$x=e^{-t}$ の曲線は 1 本だけ定まる．この 1 本の曲線が①の**特殊解**となる．

どのような複雑な微分方程式でも理屈は同じである．各位置による傾きが与えられているだけなので，曲線は無数に作ることができる．これが**一般解**である．

ある現象を記述するとき，無数の曲線群の中から現象にあった曲線を選び出す必要がある．こうして選び出された曲線が特殊解となる．

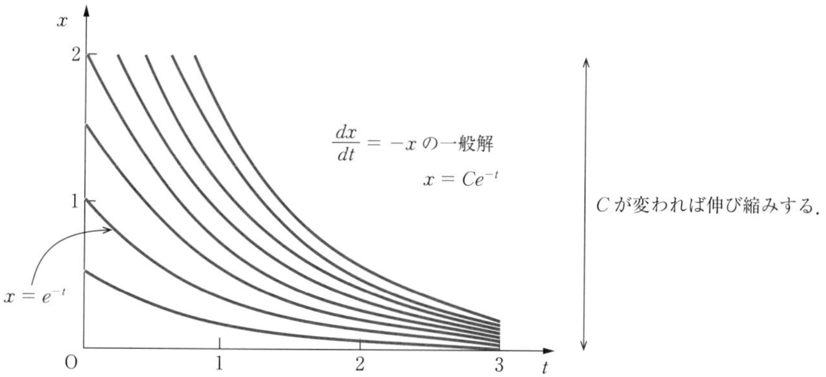

身のまわりの現象を式で記述しようとするとき，瞬間的な時間内の状態を式化する．そして，それを解くことで，この先，現象がどう変化するか判断したり，過去がどうであったかを推測したりするのである．そのため微分方程式は，物理学や化学および生物学の現象を解明するだけでなく，工学や社会現象の解明になくてはならないものとなる．

Chapter 2 で微分方程式の様々な型の解法を学ぶ．

問題 1-1 ▼階数と次数

次の各方程式は常微分方程式か偏微分方程式かを述べよ．また，各々の微分方程式の階数と次数を述べよ．

(1) $xy' + y = 4$

(2) $(y'')^2 + (y')^3 + 2y = x^2$

(3) $\dfrac{d^2v}{dx^2}\cdot\dfrac{dv}{dx} + x\left(\dfrac{dv}{dx}\right)^2 + v = 0$

(4) $\left(\dfrac{d^3w}{dv^3}\right)^2 - \left(\dfrac{d^2w}{dv^2}\right)^4 + vw = 0$

(5) $\sqrt{\varphi' + \varphi} = \sin\theta$

(6) $\dfrac{\partial^2 z}{\partial x^2} + \dfrac{\partial^2 z}{\partial y^2} = x^2 + y$

●考え方●

次数は最高階の微分係数に着目．

(5)は辺々を2乗して考える．

解答

(1)～(5)は常微分方程式．

(6)は偏微分方程式．　答

(1)　1階1次　　(2)　2階2次㋐

(3)　2階1次㋑　　(4)　3階2次

(5)　1階1次㋒　　(6)　2階1次

ポイント

㋐ 次数は最高階 y'' の次数に着目．

㋑ 最高階は $\dfrac{d^2v}{dx^2}$

その次数は1．

㋒ $\sqrt{\varphi' + \varphi} = \sin\theta$ は辺々を2乗して $\varphi' + \varphi = \sin^2\theta$ と変形でき，1階1次．

練習問題 1-1　解答 p. 210

次の各方程式の階数と次数をいえ．

(1) $L\dfrac{d^2\theta}{dt^2} + R\dfrac{d\theta}{dt} + \dfrac{\theta}{C} = 0$ $(L, R, C$：定数$)$

(2) $e^{y''} - xy' + y = 0$

(3) $\dfrac{d^2\varphi}{dq^2} = \sqrt[4]{\varphi + \left(\dfrac{d\varphi}{dq}\right)^2}$

問題 1-2 ▼解であることの確認(1)

(1) $y = \sin 2x + \cos x$　について，

微分方程式　$y^{(4)} + 5y^{(2)} + 4y = 0$　の解であることを示せ．

(2) $y = x\tan^{-1}x$ について，

微分方程式　$xy' - y = \dfrac{x^2}{1+x^2}$ の解であることを示せ．

(3) $y = x - \log x$ について，

微分方程式　$x^2\dfrac{d^2y}{dx^2} + x\dfrac{dy}{dx} - y = \log x$ の解であることを示せ．

●考え方●

各々の関数が関係式が成り立つかどうかたしかめる．

解答

(1)

$$y' = 2\underset{\text{㋐}}{\underline{\cos 2x}} - \sin x$$

$$y'' = -4\underset{\text{㋑}}{\underline{\sin 2x}} - \cos x$$

$$y''' = -8\cos 2x + \sin x$$

$$y'''' = 16\sin 2x + \cos x$$

$$\text{左辺} = (16\sin 2x + \cos x) + 5(-4\sin 2x - \cos x) + 4(\sin 2x + \cos x) = 0 = \text{右辺}$$

ポイント

㋐ $(\cos 2x)' = -2\sin 2x$

㋑ $(\sin 2x)' = 2\cos 2x$

㋒ $y = x\tan^{-1}x$ から

$\tan^{-1}x = \dfrac{y}{x}$

㋓ $(\tan^{-1}x)' = \dfrac{1}{1+x^2}$

(2)

$$y' = \underset{\text{㋒}}{\underline{1\cdot\tan^{-1}x}} + x\underset{\text{㋓}}{\underline{(\tan^{-1}x)'}} = \frac{y}{x} + \frac{x}{1+x^2}$$

となるから，

$$\text{左辺} = x\left(\frac{y}{x} + \frac{x}{1+x^2}\right) - y = \cancel{y} + \frac{x^2}{1+x^2} - \cancel{y} = \frac{x^2}{1+x^2} = \text{右辺}$$

よって，成り立つ．

(3)

$$y' = 1 - \frac{1}{x},\quad y'' = \frac{1}{x^2}$$

$$\text{左辺} = x^2\left(\frac{1}{x^2}\right) + x\left(1 - \frac{1}{x}\right) - (x - \log x) = \log x = \text{右辺}$$

よって，成り立つ．

練習問題　1-2

解答 p. 210

(1) $y = \dfrac{C-x}{1+Cx}$ について，

微分方程式 $(1+x^2)y' + 1 + y^2 = 0$ の解であることを示せ．

(2) $\tan\dfrac{y}{2} = Ce^{-2\cos x}$ について，

微分方程式 $y' = \cos(x-y) - \cos(x+y)$ の解であることを示せ．

問題 1-3 ▼解であることの確認(2)

(1) $y = 2x + Ce^x$ が微分方程式 $y' - y = 2(1 - x)$ の原始関数であることを示し，$x = 0$，$y = 3$ を満足させる特殊解，すなわち $(0, 3)$ を通る積分曲線の方程式を求めよ．

(2) $(y - C)^2 = Cx$ が微分方程式 $4x(y')^2 + 2xy' - y = 0$ の原始関数であることを示し，点 $(1, 2)$ を通る積分曲線の方程式を求めよ．

●考え方●

与えられた原始関数が微分方程式をみたすことをチェックする．特殊解は点を代入し C を決定する．

解答

(1) $y' = 2 + Ce^x$

左辺 $= 2 + Ce^x - (2x + Ce^x) = 2(1 - x) =$ 右辺

よって，成り立つ．

$(x, y) = (0, 3)$ のとき，$3 = 2 \cdot 0 + Ce^0$ で $C = 3$

特殊解は　$y = 2x + 3e^x$　答

(2) $(y - C)^2 = Cx$ の辺々を x で微分して，

$\underset{㋐}{2(y - C) \cdot y'} = C$　から　$y' = \dfrac{C}{2(y - C)}$

$$\text{左辺} = 4x\left(\frac{C}{2(y - C)}\right)^2 + 2x\left(\frac{C}{2(y - C)}\right) - y$$

$$= \frac{C^2x + Cx(y - C) - y(y - C)^2}{(y - C)^2} = \frac{y \cdot \{Cx - (y - C)^2\}}{(y - C)^2} \underset{㋑}{= 0}$$

$=$ 右辺．よって，成り立つ．

$(x, y) = (1, 2)$ のとき，$(2 - C)^2 = C \cdot 1$，$\underset{㋒}{C^2 - 5C + 4} = 0$ から $C = 1, 4$

よって，$(1, 2)$ を通る積分曲線は，$(y - 1)^2 = x$ と $(y - 4)^2 = 4x$　答

ポイント

㋐ $\{(y - C)^2\}'$

$= 2(y - C) \cdot \dfrac{dy}{dx}$

㋑ $(y - C)^2 = Cx$

より

$Cx - (y - C)^2 = 0$

㋒ $C^2 - 5C + 4$

$= (C - 1)(C - 4) = 0$

から $C = 1$，$C = 4$

練習問題　1-3　解答 p. 210

$y = C_1e^x + C_2e^{2x} + x$ が $y'' - 3y' + 2y = 2x - 3$ の原始関数であることを示し，点 $(0, 0)$，$(1, 0)$ を通る積分曲線の方程式を求めよ．

問題 1-4 ▼微分方程式の作成(1)

(1) $y = Cx^2 + C^2$ を一般解とする1階微分方程式を作れ.

(2) $y = C_1e^x + C_2e^{-x}$ を一般解とする2階微分方程式を作れ.

(3) $y = C_1e^{2x} + C_2e^x + C_3$ を一般解とする3階微分方程式を作れ.

●考え方●

(1) y, y' から C を消去する.

(2) y, y', y'' から C_1, C_2 を消去する.

(3) y, y', y'', y''' から C_1, C_2, C_3 を消去する.

解答

(1) $y' = 2Cx$ から, $C = \dfrac{y'}{2x}$ を $y = Cx^2 + C^2$ に代入して,

$$y = \frac{y'}{2x}\cdot x^2 + \left(\frac{y'}{2x}\right)^2, \quad 4x^2y = 2x^3y' + (y')^2$$ ㋐

$$\therefore\ (y')^2 + 2x^3y - 4x^2y = 0$$ ㋑ 答

(2) $y' = C_1e^x - C_2e^{-x}$

$y'' = C_1e^x + C_2e^{-x}$ ㋒　　$\therefore\ y'' = y$ 答

(3) $y' = 2C_1e^{2x} + C_2e^x$ …①

$y'' = 4C_1e^{2x} + C_2e^x$ …②

$y''' = 8C_1e^{2x} + C_2e^x$ …③

③ − ②より　$y''' - y'' = 4C_1e^{2x}$

② − ①より　$y'' - y' = 2C_1e^{2x}$ ㋓

両式より

$$y''' - 3y'' + 2y' = 0$$ 答

ポイント

㋐ 辺々に $4x^2$ を乗じる.

㋑ 原始関数は1つの任意定数を含め, 導かれた微分方程式は1階2次の微分方程式.

㋒ $y = C_1e^x + C_2e^{-x}$ より $y'' = y$ となり C_1, C_2 が消去できる. 2階1次の微分方程式.

㋓ 2式より C_1 を消去 $y''' - y'' - 2(y'' - y') = 0$ 3階1次の微分方程式.

練習問題 1-4

解答 p. 210

(1) $y = a\cos kx + b\sin kx$ を一般解とする2階微分方程式を作れ (a, b : 定数).

(2) $y = \dfrac{ax + b}{cx + d}$ $(ad - bc \neq 0)$ を一般解とする3階微分方程式を作れ (a, b, c, d : 定数).

問題 1-5 ▼微分方程式の作成(2)

(1) x 軸上に中心があって一定の半径 r をもつ円族の微分方程式を求めよ.

(2) 原点に焦点があり, x 軸を主軸とする放物線族の微分方程式を求めよ.

●考え方●

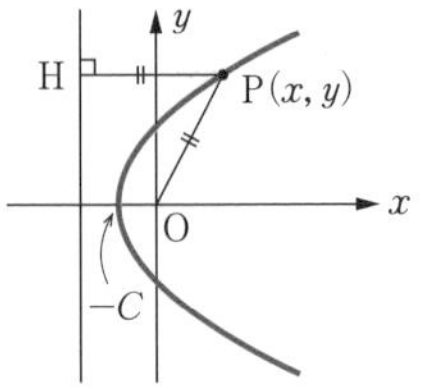

$x=-2C$ (準線)

(1) x 軸上に中心があることから, 円は

$(x-C)^2+y^2=r^2$ (C:任意定数) と表せる.

問題 1-4 と同様な考え方で C を消去.

(2) 放物線の焦点が $(0, 0)$ であり, 頂点を $(-C, 0)$ とすると準線は $x=-2C$, $\mathrm{OP}=\mathrm{PH}$ である.

解答

(1) 円族の方程式は $(x-C)^2+y^2=r^2$ …①

①の辺々を x で微分すると㋐, $yy'=-(x-C)$

辺々を2乗して, $y^2(y')^2=(x-C)^2=r^2-y^2$ ㋑

$\therefore\ y^2(y')^2+y^2=r^2$ 答

(2) 放物線の方程式は, $y^2=4Cx+4C^2$ ㋒ …②

②の辺々を x で微分すると,

$$2yy'=4C,\ yy'=2C \quad \text{から} \quad C=\frac{1}{2}yy'$$

を②式に代入して,

$$y^2=2xyy'+y^2\cdot(y')^2 \Leftrightarrow y\cdot\{y\cdot(y')^2+2xy'-y\}=0$$

$$\therefore\ y\cdot(y')^2+2xy'-y=0 \quad \text{答}$$

ポイント

㋐ $2(x-C)+2yy'=0$
$\Leftrightarrow yy'=-(x-C)$

㋑ ①より
$(x-C)^2=r^2-y^2$

㋒ 放物線上の点を $\mathrm{P}(x, y)$ とすると,
$\mathrm{OP}=\sqrt{x^2+y^2}$
$\mathrm{P}(x, y)$ と準線との距離
$\mathrm{PH}=|x+2C|$
$\sqrt{x^2+y^2}=|x+2C|$
辺々を2乗して,
$x^2+y^2=(x+2C)^2$
$\Leftrightarrow y^2=4Cx+4C^2$

練習問題 1-5 解答 p. 210

平面曲線Kの各点における接線と y 軸との交点の y 座標が, この接線の接点の y 座標の2倍に等しいという. Kはどんな曲線か.

問題 1-6 ▼微分方程式の作成(3)

放物線による曲線族　$y^2 = Cx$ (C：定数) のすべてと直交するような曲線が満たす微分方程式を求めよ.

●考え方●

$y^2 = Cx$ 上の点 (x, y) における接線の傾きを m_1, 法線の傾きを m_2 とすると, $m_1 \cdot m_2 = -1$ となる関係式から m_2 が得られる.

解答

$y^2 = Cx$ …① 上の点 (x, y) における接線の傾きを m_1 とすると, $\underset{㋐}{2yy' = C}$ から $m_1 = \dfrac{C}{2y}$

法線の傾きを m_2 とすると,

$$\underset{㋑}{m_1 \cdot m_2 = -1} \quad \text{から} \quad m_2 = -\frac{1}{m_1} = -\frac{2y}{C}$$

$m_2 = y'$ とおけ, $y' = -\dfrac{2y}{C}$, $Cy' + 2y = 0$ …②

①より $C = \dfrac{y^2}{x}$ を②式に代入して, C を消去すると

$$\frac{y^2}{x} \cdot y' + 2y = 0, \quad y \cdot (yy' + 2x) = 0$$

$$\therefore \ yy' + 2x = 0 \quad \text{答}$$

《注意》 上の微分方程式は $\dfrac{dy}{dx} = -\dfrac{2x}{y}$ となり, Chapter 2 の変数分離形の微分方程式でこれを解く㋒と $x^2 + \dfrac{y^2}{2} = C$ (C：定数) と楕円の族を与える.

ポイント

㋐ ①の辺々を x で微分すると,

$$2yy' = C$$

$$m_1 = y' = \frac{C}{2y}$$

㋑ 2 直線の垂直条件

㋒ $\dfrac{dy}{dx} = -\dfrac{2x}{y}$

$$\int y\,dy = -\int 2x\,dx$$

から

$$\frac{y^2}{2} = -x^2 + C$$

$$\therefore \ x^2 + \frac{y^2}{2} = C$$

(C：定数)

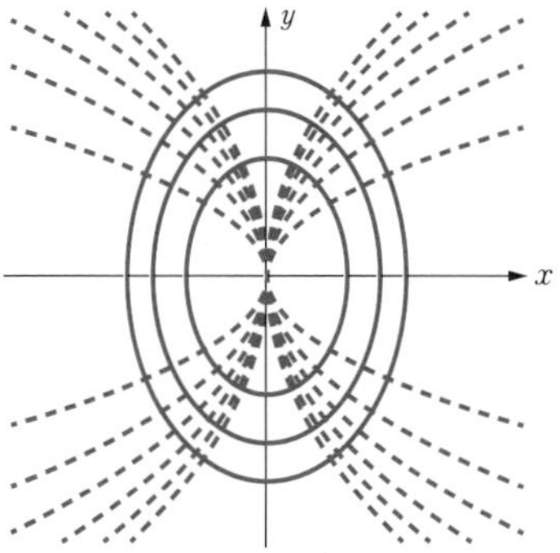

点線：$y^2 = Cx$

実線：$x^2 + \dfrac{y^2}{2} = C$

2 つの曲線の直交曲線族の図

練習問題　1-6　　解答 p. 211

$x^3 + y^3 = C^3$ (C：定数) の曲線族のすべてと直交するような曲線が満たす微分方程式を求めよ.

コラム 1　◆ 18 世紀初頭　オイラーの業績

常微分方程式を解く試みが本格的に始まるのは 18 世紀初頭からである．しかし，ほとんどの微分方程式は容易に単純な求積法に還元できず，その解を求めるにはかなり巧妙な置換法や算法が必要となった．したがって，18 世紀になされた成果の一つといえば，それはきわめて単純な方法によって解ける一連の微分方程式を発見することであった．

そうした中で，微分方程式の解法にもっとも貢献した人物はスイスが生んだ大数学者**オイラー**（1707～1783 年）である．現在使われている大学の入門コースで教科書にのっている問題の多くは，オイラーが微積法について書いた有名な論文

「微積法」（ペテルブルク，1755 年）

「積分法」（ペテルブルク，1768～1770 年）

にその出典を求めることができる．さらに積分因子（Chapter 2，p. 27）の使用や定数係数をもつ高次線形方程式の体系的解法（Chapter 3，p. 74）や線形同次方程式と線形非同次方程式の区別や，特殊解と一般解の区別などもオイラーのこの分野への貢献である．

ただ，オイラーの貢献はこの分野だけでないことに注意しておきたい．一生のうちに 500 以上の書物および論文を出版したオイラーは，あらゆる時代を通じてもっともすぐれた記号創案者であったことがいえる．例えば，x の関数を表す記号 $f(x)$，和を表す記号 $\sum$ もオイラーによる記号であり，自然対数の底を表す e，円周率を表す π，$\sqrt{-1}$ を表す i の記号もオイラーによる．

数学の発展を評価する際に，我々は常に，記号の背後にある考え方が記号と切っても切れない関係にあることを心に留めておかなければならない．その意味でもオイラーの仕事はまた時代の最先端をゆくものであった．

（『大学 1・2 年生のためのすぐわかる微分積分』（東京図書），コラム 4（p. 76）も参照してほしい）

Chapter 2

1 階常微分方程式

1 階常微分方程式の代表的な種類を紹介し，
その解法を学ぶ．

基本事項

本章では，正規形または正規形に直せる 1 階常微分方程式の解法について述べる．また，非正規形の微分方程式は **7** で取り扱う．

1 変数分離形（問題 2-1, 2, 3, 4）

❶ 変数分離形

$$y' = f(x)g(y) \quad \cdots ①$$

の形の方程式を**変数分離形**という．

（i）$g(y) \neq 0$ のとき，

① ⇔ $\dfrac{1}{g(y)}\dfrac{dy}{dx} = f(x)$ の形にかけば，

左辺は，

$G(y) = \displaystyle\int \frac{dy}{g(y)}$ を x で微分したものであるから，

$$\frac{dG(y)}{dx} = f(x) \quad \cdots ②$$

$$\left(\because \frac{dG(y)}{dx} = \frac{d}{dx}\left(\int \frac{dy}{g(y)}\right) = \frac{d}{dy}\left(\int \frac{dy}{g(y)}\right)\cdot\frac{dy}{dx} = \underbrace{\frac{1}{g(y)}\cdot\frac{dy}{dx}}_{f(x)}\right)$$

②の辺々を x で積分すると，

$$G(y) = \int f(x)dx + C$$

$$\therefore \int \frac{1}{g(y)}dy = \int f(x)dx + C \quad (C：任意定数)$$

（ii）$g(y) = 0$ をみたす y_0 があれば

$y = y_0$ （y_0：定数）

①の左辺 $= 0$，①の右辺 $= 0$ で y_0 は①の解となる．

x, y を対称的にかけば，変数分離形の微分方程式は，

$$X(x)dx + Y(y)dy = 0$$

の形にかける微分方程式のことである．

この一般解は，

$$\int X(x)\,dx + \int Y(y)\,dy = C \quad (C：任意定数)\ である．$$

《注意》上のことは，$\dfrac{dy}{dx}$ を形式的に $\dfrac{dy}{dx} = dy \div dx$ と考えて，①の微分方程式を

$$\frac{1}{g(y)}dy = f(x)\,dx$$

と変形した両辺に積分記号 $\int$ をかぶして処理すればよいことを示している．

例 1

$\dfrac{dy}{dx} = xy \cdots$① の一般解を求めよ．

（解）　①の変数を分離すると，$\dfrac{1}{y}dy = x\,dx$

積分すると　$\displaystyle\int \frac{1}{y}dy = \int x\,dx$，$\log|y| = \dfrac{1}{2}x^2 + C_1$

$$|y| = e^{\frac{1}{2}x^2 + C_1} = e^{C_1}\cdot e^{\frac{1}{2}x^2}$$

$$y = Ce^{\frac{1}{2}x^2} \quad (C = \pm e^{C_1})$$

$y = 0$ は①の解となるから $C = 0$ を含めて，一般解は，

$y = Ce^{\frac{1}{2}x^2}$　（C：任意定数）　…(答)

《注意》①から $\displaystyle\int \frac{1}{y}dy = \int x\,dx$ を作るとき，$y \neq 0$ であり，そのとき，$y = Ce^{\frac{1}{2}x^2}$ の C は $C \neq 0$ の任意定数である．$y = 0$ のとき，$C = 0$ を含め C は任意定数となる．このように任意定数の入れ方を工夫すれば，後で拾える場合は，求積法の計算としては気にしないのが普通である．

例 2

$\dfrac{dy}{dx} = \dfrac{x}{\log y} \cdots$①　の一般解を求めよ．

（解）①の変数を分離すると，

$$\log y\,dy = x\,dx$$

積分すると

$$\int \log y\,dy = \int x\,dx$$

$$y\log y - y = \frac{x^2}{2} + C \quad \cdots(答)$$

部分積分法より

$$\leftarrow \int \underset{\substack{\parallel \\ (y)'}}{1}\cdot\log y\,dy = y\log y - \int dy$$

$$= y\log y - y + C_1$$

《注意》上式の答はここから y について解くのは不可能なので，これで解が求まったとする．y は x の陰関数であるが，これで求積ができたとする．一般解は $F(x, y) = C$ の形になり，このグラフが解曲線となる．

❷ $y' = f(ax + by + c)$ …① （a, b, c：定数）の形の微分方程式

$b = 0$ のときは，初めから変数分離形である．$b \neq 0$ のときは，この型の微分方程式は変数分離形ではないが，変数変換により変数分離形に直すことができる．

$ax + by + c = u$ とおくと，

$$u' = a + by' \quad \text{から} \quad by' = u' - a$$

①の辺々に b をかけて，$by' = bf(ax + by + c)$，$u' - a = bf(u)$，

$\dfrac{du}{dx} = bf(u) + a$ と変数分離形となる．

例3

$\dfrac{dy}{dx} = x - y$ …① の一般解を求めよ．

（解） $u = x - y$ とおくと，$u' = 1 - \dfrac{dy}{dx}$ から，$\dfrac{dy}{dx} = 1 - u'$

① は，$1 - u' = u$，$\dfrac{du}{dx} = 1 - u$

変数を分離して，$\displaystyle\int \frac{du}{u - 1} = -\int dx$

$\log|u - 1| = -x + C_1$，$u - 1 = \pm e^{C_1} \cdot e^{-x}$

よって，$x - y = 1 + Ce^{-x}$ から，一般解は $y = x - Ce^{-x} - 1$ …(答)

（C：任意定数）

2 同次形の微分方程式（問題 2-5, 6）

❶ 同次形

$$y' = f\left(\frac{y}{x}\right) \quad \cdots ①$$

の形の微分方程式を**同次形**という．

$\dfrac{y}{x} = u$ すなわち $y = xu$ で新しい未知数を導入すると，

$$y' = u + x \cdot \frac{du}{dx}, \quad f(u) = u + x \cdot \frac{du}{dx} \quad \text{から} \quad \frac{du}{dx} = \frac{f(u) - u}{x}$$

となり，$\dfrac{du}{f(u) - u} = \dfrac{1}{x} dx$

と変数分離される．

これから u を求めると，

$$\int \frac{1}{f(u)-u}\,du = \int \frac{1}{x}\,dx$$

$$= \log|x| + C_1$$

C を任意定数として，$x = \underbrace{Ce^{\int \frac{du}{f(u)-u}}}_{F(u)\text{ とおく}} = CF(u)$

$x = CF(u)$ が①の一般解となる．

例 4

$y' = \dfrac{x^2+y^2}{2x^2}$ $(x \neq 0)$ の一般解を求めよ．

（解）$y' = \dfrac{1}{2} + \dfrac{y^2}{2x^2}$ …① で同次形である．

$u = \dfrac{y}{x}$ とおくと，$y = xu$ から $y' = u + x \cdot \dfrac{du}{dx}$ を ① に代入して，

$$u + x\cdot\frac{du}{dx} = \frac{1}{2} + \frac{1}{2}u^2,\quad x\frac{du}{dx} = \frac{1}{2}(u^2 - 2u + 1)$$

$$= \frac{1}{2}(u-1)^2$$

$$\frac{2}{(u-1)^2}\,du = \frac{1}{x}\,dx$$

と変数分離される．これから u を求めると，

$$\int \frac{2}{(u-1)^2}\,du = \int \frac{1}{x}\,dx,\quad -2\cdot\frac{1}{u-1} = \log|x| + C$$

$$-2\cdot\frac{1}{\frac{y}{x}-1} = \log|x| + C,\quad \frac{2x}{x-y} = \log|x| + C$$

$$x - y = \frac{2x}{\log|x| + C}$$

一般解は，$y = x - \dfrac{2x}{\log|x| + C}$　（C：任意定数）　…(答)

❷ $y' = f\left(\dfrac{ax+by+p}{cx+dy+q}\right)$ $\left(\begin{array}{l} a, b, c, d, p, q \text{ は定数で} \\ ad-bc \neq 0 \end{array}\right)$ の形の微分方程式

このタイプの方程式は同次形でないが，座標の平行移動により同次形に移すことができる．

すなわち，$\begin{cases} ax+by+p=0 \\ cx+dy+q=0 \end{cases}$

の解 $x = x_0$，$y = y_0$ を求めて変数変換

$X = x - x_0$，$Y = y - y_0$ によって，

$$\frac{dY}{dX} = f\left(\frac{aX+bY}{cX+dY}\right)$$

の形の同次形になって，対処できる．

3 線形微分方程式（問題 2-7, 8, 9）

y' と y とについて一次方程式である微分方程式

$$y' + f(x)y = g(x) \quad \cdots①$$

を（1 階）**線形微分方程式**という．

はじめに $g(x) \equiv 0$ の場合を考える．

$$y' + f(x)y = 0 \quad \cdots②$$

は変数分離形である．この方程式を

$$\frac{dy}{y} + f(x)dx = 0$$

と書いて積分すると，

$$\log|y| + \int f(x)dx = C_1$$

$$\log|y| = -\int f(x)dx + C_1$$

$$|y| = e^{C_1} \cdot e^{-\int f(x)dx}$$

$$y = C \cdot e^{-\int f(x)dx} \quad \cdots③ \quad (C：\text{任意定数}，C = \pm e^{C_1})$$

が ② の一般解である．

次に方程式 ① の一般解を求めよう．③ において，C を定数でなく x の適当な関数と考えて，① の解が得られるかどうか考えてみる．

$$y = C(x)e^{-\int f(x)dx} \quad \cdots④$$

とおいて，x で微分すると，

$$y' = C'(x)e^{-\int f(x)dx} - f(x)\underbrace{C(x)e^{-\int f(x)dx}}_{=y}$$

$$= -f(x)y + C'(x)e^{-\int f(x)dx}$$

$$\Leftrightarrow y' + f(x)y = C'(x)e^{-\int f(x)dx} \quad \cdots ⑤$$

①，⑤ 式の右辺を比較して，$C(x)$ を

$$C'(x)e^{-\int f(x)dx} = g(x) \quad \cdots ⑥$$

を満たすように定めれば，④ が ① の解になる．

⑥から C を定数として，

$$C(x) = \int e^{\int f(x)dx} \cdot g(x)dx + C$$

となる．よって，① の一般解は

$$y = e^{-\int f(x)dx} \cdot \left(\int e^{\int f(x)dx} \cdot g(x)dx + C\right)$$ …[公式 ⊛]　(C：任意定数)

この式から，① の線形微分方程式の一般解は不定積分を 2 回行うことによって得られることがわかる．

《注意》 変換 ④ は次のように考えて行ったものであると解釈できる．すなわち，$g(x) \equiv 0$ ならばその一般解は $y = Ce^{-\int p(x)dx}$ である．しかし $g(x) \not\equiv 0$ ならば，C を任意定数でなく，x の適当な関数とみなすと ① の解を得るかもしれない．そのためには C をあらためて $C(x)$ と書き直して $y = C(x)e^{-\int p(x)dx}$（④ にあたる）とおいたとき，これが ① を満足するように $C(x)$ を定めることができればよいわけである．

上記のように ③ における C を関数とみなして ① の一般解を求める方法を**定数変化法**という．

例 5

$y' - \dfrac{2}{x}y = -2x^2$ の一般解を公式 ⊛ を利用して求めよ．

（解）　① 式で，$f(x) = -\dfrac{2}{x}$，$g(x) = -2x^2$ としたもので，

$$\int f(x)dx = -2\int \frac{1}{x}dx = -2\log|x| \text{ より，} e^{-\int f(x)dx} = e^{\log x^2} = x^2$$

$$\int e^{\int f(x)dx} \cdot g(x)dx = \int \frac{1}{x^2} \cdot (-2x^2)dx = -2x$$

$$\therefore\ y = x^2(-2x + C) = Cx^2 - 2x^3 \quad \cdots(\text{答})\quad (C：\text{任意定数})$$

4　ベルヌイ微分方程式とリッカチ微分方程式（問題 2-10, 11）

❶ ベルヌイ微分方程式

$$y' + f(x)y = g(x)\cdot y^n \quad \cdots①$$

の形の微分方程式を**ベルヌイの微分方程式**という.

$n = 0, 1$ のとき，線形微分方程式であるから，ここでは $n \neq 0$，$n \neq 1$ の場合を考える. ① の辺々を y^n で割ると

$$y^{-n}\cdot y' + f(x)\cdot y^{1-n} = g(x) \quad \cdots②$$

$z = y^{1-n}$ とおくと，$z' = (1-n)y^{-n}\cdot y'$

② の辺々に $1-n$ を乗じて

$$(1-n)y^{-n}\cdot y' + (1-n)f(x)\cdot y^{1-n} = (1-n)g(x)$$

上式は,

$$\underline{z' + (1-n)f(x)z = (1-n)g(x)}$$

をみたす. これは z の線形微分方程式で，z が求まり，y の一般解を求めることができる.

例 6

$y' + y = xy^3 \cdots ⊛$ の一般解を求めよ.

（解） ⊛ の辺々を y^3 で割り，$z = y^{-2}$ とおくと，$z' = -2y^{-3}y'$

⊛ $\Leftrightarrow$ $-2y^{-3}y' - 2y^{-2} = -2x$ （⊛の辺々に $-2y^{-3}$ を乗じる）

$$z' - 2z = -2x$$

z の線形微分方程式で，公式（p. 21）を用いて,

$$z = e^{2\int dx}\cdot\left\{\int e^{-2\int dx}\cdot(-2x)\,dx\right\}$$

$$= e^{2x}\cdot\left\{\int x\cdot(\underset{(e^{-2x})'}{\underline{-2e^{-2x}}})\,dx\right\} = e^{2x}\left\{xe^{-2x} - \int e^{-2x}dx\right\}$$

$$= e^{2x}\left\{xe^{-2x} + \frac{1}{2}e^{-2x} + C\right\} = e^{2x}\left\{C + \left(x + \frac{1}{2}\right)e^{-2x}\right\}$$

$$\frac{1}{y^2} = Ce^{2x} + \left(x + \frac{1}{2}\right)$$

$$\therefore\ y^2\cdot\left\{Ce^{2x} + \left(x + \frac{1}{2}\right)\right\} = 1 \quad (C：任意定数) \quad \cdots(答)$$

❷ リッカチの微分方程式

正規形にかいたとき，右辺が y に関する 2 次の多項式であるような微分方程式

$$y' = p(x) + q(x)y + r(x)y^2 \quad \cdots ⊛$$

を**リッカチの微分方程式**という．

この方程式の一般解を求積法で求めることは一般に不可能であることが知られている．しかし，もし何らかの方法で 1 つの解をみいだすことができれば，求積法により一般解を求めることができる．このことを説明する．

$f(x)$ がリッカチの微分方程式の 1 つの解であるとする．すなわち，$f'(x) = p(x) + q(x)\cdot f(x) + r(x)\cdot\{f(x)\}^2$ が成り立つ．

$y = z + f(x)$ とおくと，$y' = z' + f'(x)$

$$= z' + p(x) + q(x)\cdot f(x) + r(x)\{f(x)\}^2$$

を ⊛ に代入して，

$$z' + \cancel{p(x)} + \cancel{q(x)\cdot f(x)} + \cancel{r(x)\{f(x)\}^2} = \cancel{p(x)} + q(x)z + \cancel{q(x)f(x)}$$
$$+ r(x)z^2 + 2r(x)f(x)z + \cancel{r(x)\{f(x)\}^2}$$

$$z' = \{q(x) + 2r(x)f(x)\}z + r(x)z^2$$

$$z' - \{q(x) + 2r(x)f(x)\}z = r(x)z^2$$ ← ベルヌイ微分方程式

辺々を z^2 で割ると，

$$z^{-2}\cdot z' - \{q(x) + 2r(x)f(x)\}z^{-1} = r(x)$$

$u = z^{-1}$ とおくと $u' = -z^{-2}\cdot z'$

上式を u で表すと，

$$u' + \{q(x) + 2r(x)f(x)\}u = -r(x)$$ ← 線形微分方程式

u を公式で求め，$(y - f(x))^{-1}$ で置き換えれば，リッカチの微分方程式の一般解が得られる．

5　完全微分方程式（問題 2-12, 13）

微分方程式

$$X(x, y)dx + Y(x, y)dy = 0 \quad \cdots ①$$

を考える．これは $\dfrac{dy}{dx} = -\dfrac{X(x, y)}{Y(x, y)}$ $\cdots$㋑ または $\dfrac{dx}{dy} = -\dfrac{Y(x, y)}{X(x, y)}$ $\cdots$㋺ と

まったく同じ意味である．正規形の 1 階微分方程式はすべて①の形に書き直すことができる．

《注意》 ㋑ は x が独立変数，y が未知関数

㋺ は y が独立変数，x が未知関数

① は x と y は平等の立場の変数である．

特に ① の左辺が，x, y のある関数 $f(x, y)$ の全微分

$$df(x, y) = \frac{\partial f}{\partial x}dx + \frac{\partial f}{\partial y}dy \quad \cdots②$$

に等しくなるとき，すなわち，$df(x, y) = X(x, y)dx + Y(x, y)dy \cdots③$ と表せるとき，① は，**完全微分方程式**または**完全微分形**という．① の左辺と ② の右辺を比較して，

$$\frac{\partial f}{\partial x} = X(x, y), \quad \frac{\partial f}{\partial y} = Y(x, y) \quad \cdots④$$

が得られる．③, ④ は同等である．

このとき，① の微分方程式の一般解は，

$d(f(x, y)) = 0$　から　$f(x, y) = C$　(C：任意定数)

となる．

そのわけは，$f(x, y) = C$ の辺々を x で微分すると，

$$\frac{\partial f}{\partial x} + \frac{\partial f}{\partial y}\cdot\frac{dy}{dx} = 0 \quad から \quad \boldsymbol{\frac{\partial f}{\partial x}dx + \frac{\partial f}{\partial y}\cdot dy = 0}$$

が得られ，これは ① と同じ方程式である．

次に，① が完全微分方程式であるための条件を求めてみよう．

定理 2-1

① が完全微分方程式 $\Leftrightarrow \dfrac{\partial X}{\partial y} = \dfrac{\partial Y}{\partial x}$

ただし，X, Y は x, y について連続な偏導関数をもつ．

$X(x, y)dx + Y(x, y)dy = 0 \cdots①$ のとき，

$$\frac{\partial f}{\partial x} = X, \quad \frac{\partial f}{\partial y} = Y \quad \Longleftrightarrow \quad \frac{\partial X}{\partial y} = \frac{\partial Y}{\partial x}$$

を証明すればよい．このことより，$\dfrac{\partial X}{\partial y} = \dfrac{\partial Y}{\partial x}$ が成り立てば ① は完全微分

方程式であると判定できる．

証明

$$(\to)\quad \begin{aligned} &\frac{\partial f}{\partial x} = X \text{ から } \frac{\partial^2 f}{\partial y \partial x} = \frac{\partial X}{\partial y} \\ &\frac{\partial f}{\partial y} = Y \text{ から } \frac{\partial^2 f}{\partial x \partial y} = \frac{\partial Y}{\partial x} \end{aligned} \qquad \therefore\ \frac{\partial X}{\partial y} = \frac{\partial Y}{\partial x}$$

$(\leftarrow)$　$F(x, y) = \int X(x, y)\,dx$ とおくと，$\underbrace{\frac{\partial F}{\partial x} = X}_{㋑}$ これより $\frac{\partial^2 F}{\partial y \partial x} = \frac{\partial X}{\partial y}$

$\frac{\partial X}{\partial y} = \frac{\partial Y}{\partial x}$ であるから，$\frac{\partial^2 F}{\partial x \partial y} = \frac{\partial Y}{\partial x} \Leftrightarrow \underline{\frac{\partial}{\partial x}\left(\frac{\partial F}{\partial y} - Y\right) = 0} \cdots ⊛$

⊛ から，$\frac{\partial F}{\partial y} - Y$ は y だけの関数となり，

$\frac{\partial F}{\partial y} - Y = g(y)$ とおけ，$\underbrace{Y = \frac{\partial F}{\partial y} - g(y)}_{㋺}$

㋑, ㋺ を ① の左辺に代入すると，

$$\begin{aligned} X\,dx + Y\,dy &= \frac{\partial F}{\partial x}dx + \left(\frac{\partial F}{\partial y} - g(y)\right)dy \\ &= d\left(F - \int g(y)\,dy\right) \end{aligned}$$

よって，$f(x, y) = F - \int g(y)\,dy$ とおくと，

$$\frac{\partial f}{\partial x} = \frac{\partial F}{\partial x} \underset{\uparrow ㋑}{=} X,\quad \frac{\partial f}{\partial y} = \frac{\partial F}{\partial y} - g(y) \underset{\uparrow ㋺}{=} Y$$

となって，$X = \frac{\partial f}{\partial x}$, $Y = \frac{\partial f}{\partial y}$ となり，$(\leftarrow)$ は成り立つ．■

以上より，① が完全微分方程式になる必要十分条件は，

$$\frac{\partial X}{\partial y} = \frac{\partial Y}{\partial x}$$

となる．このとき，① の一般解は，$F - \int g(y)\,dy = C$ となり，

$$\underbrace{\int X(x, y)\,dx}_{F} + \underbrace{\int\left\{Y(x, y) - \frac{\partial}{\partial y}\left(\int X(x, y)\,dx\right)\right\}}_{-\int g(y)\,dy} = C \text{ で与えられる．}$$

《注意》変数分離形の微分方程式 $X(x)dx + Y(y)dy = 0$ は $\dfrac{\partial X}{\partial y} = \dfrac{\partial Y}{\partial x} = 0$ であるから，完全微分方程式である．上の解法を適用すれば一般解から

$$\int X(x)dx + \int Y(y)dy = C \quad \text{(p. 17)}$$

を得る．

上の定理の十分条件の証明は，同時に $f(x, y)$ の求め方を示していることになるが，かなりめんどうである．

次の方法でやると比較的楽に求めることができる．解法手順を以下に示す．

$$df(x, y) = X(x, y)dx + Y(x, y)dy \quad \cdots ⊛$$

（i） ⊛が $\dfrac{\partial X}{\partial y} = \dfrac{\partial Y}{\partial x}$ をみたすかを調べる．

（ii） $\int X(x, y)dx$ を計算し，これを $g(x, y)$ とおく．

《注意》不定積分は，y を固定しておいて，x について積分するという意味である．

（iii） $f(x, y) = g(x, y) + p(y)$ とおき，

$\dfrac{\partial f}{\partial y} = Y(x, y)$ より未知関数 $p(y)$ を求める．

（iv） $f(x, y) = C$ が $X(x, y)dx + Y(x, y)dy = 0$ の解となる．

例 7

$$(2x - 3y^2)dx + (-6xy + 5y^4)dy = 0 \quad \cdots ①$$

を完全微分方程式か判定し，一般解を求めよ．

（解） $X = 2x - 3y^2$，$Y = -6xy + 5y^4$ とおくと，

$$\frac{\partial X}{\partial y} = -6y, \quad \frac{\partial Y}{\partial x} = -6y \quad \therefore \frac{\partial X}{\partial y} = \frac{\partial Y}{\partial x}$$ より完全微分方程式

①の左辺 $= X\,dx + Y\,dy$ が $f(x, y)$ の全微分 $df = \dfrac{\partial f}{\partial x}dx + \dfrac{\partial f}{\partial y}dy$

で表せるとして，$f(x, y)$ を決定する．

$$\frac{\partial f}{\partial x} = X = 2x - 3y^2 \quad \text{から} \quad f(x, y) = \int (2x - 3y^2)dx$$

$$= x^2 - 3xy^2 + p(y)$$

上式を y で微分して，

$$\frac{\partial f}{\partial y} = -6xy + p'(y)$$

① と比較して，$-6xy + p'(y) = -6xy + 5y^4$

$$p'(y) = 5y^4 \quad から \quad p(y) = y^5$$

$$\therefore\ f(x, y) = x^2 - 3xy^2 + y^5$$

よって，① の一般解は，$x^2 - 3xy^2 + y^5 = C$　…(答)　(C：任意定数)

6　積分因子（問題 2-[14], [15], [16]）

問題 2-[12]（p. 45）の (2)　$y\,dx - x\,dy = 0$　は，

$\dfrac{\partial}{\partial y}(y) = 1$，$\dfrac{\partial}{\partial x}(-x) = -1$ であるから完全微分方程式でないが，両辺を xy で割って，$\dfrac{1}{x}dx - \dfrac{1}{y}dy = 0$ の形にすれば完全微分方程式である．

この例のように，微分方程式 $X(x, y)dx + Y(x, y)dy = 0$ …① が完全微分方程式でないとき，この両辺に x, y の関数 $\lambda(x, y)$ $(\neq 0)$ を掛けた

$$\lambda(x, y)X(x, y)dx + \lambda(x, y)Y(x, y)dy = 0 \quad \cdots②$$

が完全微分方程式になることがある．このような関数 $\lambda(x, y)$ を① の**積分因子**または**積分因数**という．

$\lambda(x, y)$ が積分因子のとき，

$$\frac{\partial f}{\partial x} = \lambda(x, y)X(x, y), \quad \frac{\partial f}{\partial y} = \lambda(x, y)Y(x, y)$$

を満たすような関数 $f = f(x, y)$ が存在すると，$f(x, y) = C$（C：任意定数）は②の一般解，したがって，①の一般解を与える．

次に積分因子の幾つかのタイプを調べてみよう．

❶ $\lambda(x, y) = M(x)$ の場合

積分因子が x だけの関数であるとき，①の辺々に $M(x)$ を乗じた

$$M(x)X(x, y)dx + M(x)Y(x, y)dy = 0 \quad \cdots③$$

が完全微分方程式になるとすると，

$$\frac{\partial}{\partial y}(MX) = \frac{\partial}{\partial x}(MY)$$

が成り立つ．上式の辺々を計算すると，

$$\frac{\partial M}{\partial y}X + M\frac{\partial X}{\partial y} = \frac{\partial M}{\partial x}Y + M\frac{\partial Y}{\partial x}$$

$$\Leftrightarrow \quad X\frac{\partial M}{\partial y} - Y\frac{\partial M}{\partial x} + M\left(\frac{\partial X}{\partial y} - \frac{\partial Y}{\partial x}\right) = 0$$

M が x だけの関数のとき，$\dfrac{\partial M}{\partial y} = 0$，$\dfrac{\partial M}{\partial x} = \dfrac{dM}{dx}$ となるので，上式は，

$$-Y\frac{dM}{dx} + M\left(\frac{\partial X}{\partial y} - \frac{\partial Y}{\partial x}\right) = 0$$

$$\therefore \ \frac{1}{M}\frac{dM}{dx} = \underline{\frac{1}{Y}\left(\frac{\partial X}{\partial y} - \frac{\partial Y}{\partial x}\right)}$$

ここで右辺――が x だけの関数ならば，（y を含んでない）上式は未知関数 M の変数分離の微分方程式で，

$$\int \frac{1}{M}dM = \int \frac{1}{Y}\left(\frac{\partial X}{\partial y} - \frac{\partial Y}{\partial x}\right)dx \quad \text{から，}$$

$$\log|M| = \int \frac{1}{Y}\left(\frac{\partial X}{\partial y} - \frac{\partial Y}{\partial x}\right)dx$$

$$\therefore \ M = e^{\int \frac{1}{Y}\left(\frac{\partial X}{\partial y} - \frac{\partial Y}{\partial x}\right)dx}$$

これは ① の 1 つの解で微分方程式 ③ の積分因子である．このことから次のことがいえる．

$$\frac{1}{Y}\left(\frac{\partial X}{\partial y} - \frac{\partial Y}{\partial x}\right) = a(x) \quad \Rightarrow \quad M(x) = e^{\int a(x)dx} \text{ は，積分因子}$$

$$\frac{1}{X}\left(\frac{\partial Y}{\partial x} - \frac{\partial X}{\partial y}\right) = b(y) \quad \Rightarrow \quad N(y) = e^{\int b(y)dy} \text{ は，積分因子}$$

ただし，$a(x)$ は x だけの関数，$b(y)$ は y だけの関数である．

例 8

$$(x^2\cos x - y)dx + x(1 - x\sin y)dy = 0 \quad \cdots ①$$

の積分因子を求めよ．

（解）$X = x^2\cos x - y$，$Y = x(1 - x\sin y)$ とおくと，

$\dfrac{\partial X}{\partial y} = -1$，$\dfrac{\partial Y}{\partial x} = 1 - 2x\sin y$ で $\dfrac{\partial X}{\partial y} \neq \dfrac{\partial Y}{\partial x}$ となるから ① は完全微分方程式ではない．

$a(x) = \dfrac{1}{Y}\left(\dfrac{\partial X}{\partial y} - \dfrac{\partial Y}{\partial x}\right)$ とおくと，

$$a(x) = \frac{1}{x(1 - x\sin y)}\left\{-1 - (1 - 2x\sin y)\right\} = \frac{-2\cancel{(1 - x\sin y)}}{x\cancel{(1 - x\sin y)}} = -\frac{2}{x}$$

積分因子 $M(x)$ は，$M(x) = e^{\int a(x)dx} = e^{-\int \frac{2}{x}dx} = e^{\log \frac{1}{x^2}} = \dfrac{1}{x^2}$

このとき，① は $\left(\cos x - \dfrac{y}{x^2}\right)dx + \left(\dfrac{1}{x} - \sin y\right)dy = 0$ と完全微分方程式に変形できる．

$$\therefore \text{ 積分因子 } \quad M(x) = \frac{1}{x^2} \quad \cdots(\text{答})$$

❷ $\lambda(x, y) = x^\alpha y^\beta$ の場合

①の両辺に $x^\alpha y^\beta$ を掛けると，

$$x^\alpha y^\beta X(x, y)dx + x^\alpha y^\beta Y(x, y)dy = 0$$

これが完全微分方程式になる条件

$$\frac{\partial}{\partial y}(x^\alpha y^\beta X) = \frac{\partial}{\partial x}(x^\alpha y^\beta Y)$$

を満たす実数 α, β が存在すれば，$x^\alpha y^\beta$ が積分因子である．

例 9

$(3xy^3 + 2y)dx + (x^2y^2 - x)dy = 0 \cdots ①$

の積分因子を求めよ．

（解）　$X = 3xy^3 + 2y$，$Y = x^2y^2 - x$

$\dfrac{\partial X}{\partial y} = 9xy^2 + 2$，$\dfrac{\partial Y}{\partial x} = 2xy^2 - 1$ で $\dfrac{\partial X}{\partial y} \neq \dfrac{\partial Y}{\partial x}$ となるから ① は完全微分方程式でない．

この微分方程式の両辺に $x^\alpha y^\beta$ を掛けると，

$$(3x^{\alpha+1}y^{\beta+3} + 2x^\alpha y^{\beta+1})dx + (x^{\alpha+2}y^{\beta+2} - x^{\alpha+1}y^\beta)dy$$

$$X_0 = 3x^{\alpha+1}y^{\beta+3} + 2x^\alpha y^{\beta+1},\quad Y_0 = x^{\alpha+2}y^{\beta+2} - x^{\alpha+1}y^\beta$$

$$\frac{\partial X_0}{\partial y} = 3(\beta + 3)x^{\alpha+1}y^{\beta+2} + 2(\beta + 1)x^\alpha y^\beta$$

$$\frac{\partial Y_0}{\partial x} = (\alpha + 2)x^{\alpha+1}y^{\beta+2} - (\alpha + 1)x^\alpha y^\beta$$

が一致するためには，$\begin{cases} 3(\beta + 3) = \alpha + 2 \\ 2(\beta + 1) = -(\alpha + 1) \end{cases}$ $\quad \therefore\ \alpha = 1,\ \beta = -2$

積分因子は $\dfrac{x}{y^2}$ $\quad\cdots(\text{答})$

❸ 微分形の利用

積分因子がみいだされるという一般的方法はないが，次のような，よく現れる典型的な微分形を利用し，完全微分方程式に導く場合も多い．

(ⅰ) $d(xy) = y\,dx + x\,dy$　　(ⅱ) $d\left(\dfrac{y}{x}\right) = \dfrac{x\,dy - y\,dx}{x^2}$

(ⅲ) $d(x^2 + y^2) = 2x\,dx + 2y\,dy$　　(ⅳ) $d\left(\dfrac{x}{y}\right) = \dfrac{y\,dx - x\,dy}{y^2}$

(ⅴ) $d\left(\tan^{-1}\dfrac{y}{x}\right) = \dfrac{x\,dy - y\,dx}{x^2 + y^2}$　　(ⅵ) $d\left(\log\dfrac{y}{x}\right) = \dfrac{x\,dy - y\,dx}{xy}$

(ⅶ) $d\left(\dfrac{x - y}{x + y}\right) = \dfrac{2y\,dx - 2x\,dy}{x^2 + y^2}$　　(ⅷ) $d(\log xy) = \dfrac{x\,dy + y\,dx}{xy}$

《注意》全微分（(ⅰ), (ⅱ), (ⅲ), (ⅴ)を示してみる．）

(ⅰ) $d(xy) = \dfrac{\partial}{\partial x}(xy)dx + \dfrac{\partial}{\partial y}(xy)dy = y\,dx + x\,dy$

(ⅱ) $d\left(\dfrac{y}{x}\right) = \dfrac{\partial}{\partial x}\left(\dfrac{y}{x}\right)dx + \dfrac{\partial}{\partial y}\left(\dfrac{y}{x}\right)dy = -\dfrac{y}{x^2}dx + \dfrac{1}{x}dy = \dfrac{x\,dy - y\,dx}{x^2}$

(ⅲ) $d(x^2 + y^2) = \dfrac{\partial}{\partial x}(x^2 + y^2)dx + \dfrac{\partial}{\partial y}(x^2 + y^2)dy = 2x\,dx + 2y\,dy$

(ⅴ) $d\left(\tan^{-1}\dfrac{y}{x}\right) = \dfrac{\partial}{\partial x}\left(\tan^{-1}\dfrac{y}{x}\right)dx + \dfrac{\partial}{\partial y}\left(\tan^{-1}\dfrac{y}{x}\right)dy$

$$= \frac{-\dfrac{y}{x^2}}{1 + \left(\dfrac{y}{x}\right)^2}dx + \frac{\dfrac{1}{x}}{1 + \left(\dfrac{y}{x}\right)^2}dy = \frac{x\,dy - y\,dx}{x^2 + y^2}$$

他も同様にして得られる．

例 10

$(x - y)dx + x\,dy = 0$ の積分因子を求めて解け．

(解)　(与式) ⇔ $x\,dx + (\underset{\sim\sim\sim\sim\sim}{x\,dy - y\,dx}) = 0$　…㋑

〰〰 の形から，上の(ⅱ)から $\dfrac{1}{x^2}$ が積分因子であることに気づく．

㋑の辺々に $\dfrac{1}{x^2}$ を乗じると，

$$\frac{dx}{x} + \frac{x\,dy - y\,dx}{x^2} = d(\log|x|) + d\left(\frac{y}{x}\right) = d\left(\log|x| + \frac{y}{x}\right)$$

したがって，一般解は　$\log|x| + \dfrac{y}{x} = C$ (C：任意定数) …(答)

《注意》 $xdy - ydx = 0 \cdots$① の微分方程式は変数分離形であるが，上に記述した微分形を活用しようとすると，

$$d\left(\frac{y}{x}\right) = \frac{xdy - ydx}{x^2},\quad d\left(\frac{x}{y}\right) = \frac{xdy - ydx}{-y^2},\quad d\left(\tan^{-1}\frac{y}{x}\right) = \frac{xdy - ydx}{x^2 + y^2}$$

から，$\dfrac{1}{x^2}$，$\dfrac{1}{-y^2}$，$\dfrac{1}{x^2 + y^2}$ はすべて ① の積分因子となり，それぞれが得られる解 $\dfrac{y}{x} = C$，

$\dfrac{x}{y} = C$，$\tan^{-1}\dfrac{y}{x} = C$

はどれも本質的に同一の解である．

7　非正規形微分方程式（問題 2-17, 18）

非正規形の 1 階微分方程式とは，$p = y' = \dfrac{dy}{dx}$ とおくと，微分方程式が x, y, p の複雑な関数で，p について解くことができない場合を指す．一般に特殊な場合を除いては解は求まらないが，与えられた微分方程式を微分することによって解き得る場合がある．非正規形の方程式 $F(x, y, p) = 0$ で，微分することにより解き得る場合を以下に紹介する．

❶ 微分方程式 $y = f(x, p)$（y について解いた形）

両辺を x で微分すると

$$p = \frac{\partial f}{\partial x} + \frac{\partial f}{\partial p}\cdot\frac{dp}{dx}$$

$$\Leftrightarrow\quad \frac{dp}{dx} = \left(p - \frac{\partial f}{\partial x}\right)\cdot\frac{1}{\dfrac{\partial f}{\partial p}}\quad \cdots ①$$

と書き換えられる．この微分方程式は，x を独立変数，y を未知関数とする正規形の 1 階微分方程式である．方程式 ① が何らかの方法で解けて，任意定数 C を含んだ一般解

$$h(x, p, C) = 0$$

が求まったとする．このとき，

$$\begin{cases} y = f(x, p) \\ h(x, p, C) = 0 \end{cases}\quad \cdots ⊛$$

から p を消去して，y が x の関数として求まったとき，これが $F(x, y, p) = 0$ の解となる．ただ，p の消去が難しい場合でも，⊛はパラメータ p を解して結びついていると解釈すればよい．

❷ $x = g(y, p)$（x について解いた形）

辺々を y で微分して，❶ と同様に考える．

❸ クレローの微分方程式

$$y = xp + f(p) \quad \left(p = \frac{dy}{dx}\right) \quad \cdots ⊛$$

の方程式を**クレローの微分方程式**という．この方程式は y について解けた形になっている．したがって，上の ❶ の方法が使えるため，両辺を x で微分すると，

$$\cancel{p} = \cancel{p} + x\cdot\frac{dp}{dx} + \frac{df}{dp}\cdot\frac{dp}{dx}$$

$$\Leftrightarrow \quad \frac{dp}{dx}\cdot\left(x + \frac{df}{dp}\right) = 0$$

（i）$\dfrac{dp}{dx} = 0$ のとき，$p = C$（定数）であり，これを ⊛ に代入して，

$$y = Cx + f(C) \quad \cdots ① \quad |\leftarrow \text{一般解}$$

（ii）$x + \dfrac{df}{dp} = 0$ のとき，これと原式 ⊛ を連立させて，次の解を得る．

$$\begin{cases} y = xp + f(p) \\ x + f'(p) = 0 \end{cases} \quad \cdots ②$$

② は ① の任意定数 C にどのような値を代入しても得られないため特異解とよんでいる．以上より，

一般解　$y = Cx + f(C)$　（C：任意定数）

特異解　$\begin{cases} y = xp + f(p) \\ x + f'(p) = 0 \end{cases}$

《注意》

1. 一般解は，原式 ⊛ において p の所を形式的に任意定数 C で置き換えたものにすぎない．
2. 一般解 $y = Cx + f(C)$ は直線の集合である．また ② の第 1 式 $y = xp + f(p)$ を p で偏微分すると，第 2 式 $x + f'(p) = 0$ が得られるから，この両式を連立した特異解は，結局一般解の表す直線群の包絡線である．

❹ ラグランジュの微分方程式

クレローの微分方程式 $y = xp + f(p)$ を一般化した

$$y = xg(p) + f(p) \quad \left(p = \frac{dy}{dx}\right)$$

の微分方程式を**ラグランジュの微分方程式**とよぶ.

この場合も y について解かれた形をしているため，両辺を x で微分すると，

$$p = g(p) + xg'(p)\frac{dp}{dx} + f'(p)\frac{dp}{dx}$$

$$\Leftrightarrow \quad (g(p) - p) + xg'(p)\frac{dp}{dx} + f'(p)\frac{dp}{dx} = 0$$

$$(g(p) - p)\cdot\frac{dx}{dp} + x\cdot g'(p) + f'(p) = 0$$

（i） $g(p) - p \neq 0$ の場合

p を独立変数, x を p の関数と考えると,

$$\frac{dx}{dp} + \frac{xg'(p)}{g(p) - p} + \frac{f'(p)}{g(p) - p} = 0$$

となる．これは x に関する線形微分方程式であるから，p. 21 の公式㊍により，一般解が得られる．この式と原式から p を消去すれば（あるいは消去しなくても p をパラメータとみなせば）任意定数 C を含んだ一般解が得られる.

（ii） $g(p) - p = 0$ の場合

この方程式を満足する p を p_0 とすれば，すなわち，$g(p_0) = p_0$ であれば

$$y = xg(p_0) + f(p_0) \cdots ①$$

もはじめの方程式の解である．実際 $y' = g(p_0) = p_0$ ゆえ①は $y = xg(y') + f(y')$ をみたす．よって，特異解

$$y = p_0x + f(p_0)$$

が得られる.

問題 2-1 ▼変数分離形（1）

次の一般解を求めよ．

(1) $\dfrac{dM}{dt} = -kM$ …① （k：正の定数）

(2) $xy' = y(y+1)$ …②

●考え方●

(1) p. 4 **例3** の放射性物質の崩壊の微分方程式（p. 52 のコラムも参照）を $\dfrac{dM}{M} = -kdt$ とかきなおして積分する．

(2) $\dfrac{dy}{y(y+1)} = \dfrac{dx}{x}$ とかきなおして積分する．

解答

(1) ①の変数を分離すると，$\dfrac{dM}{M} = -kdt$

積分すると，

$$\int \frac{dM}{M} = -k\int dt \text{ から } \log|M| = -kt + C_1$$

$$|M| = e^{-kt+C_1} = e^{C_1}e^{-kt}$$

一般解は $M = Ce^{-kt}$ ㋐（C：任意定数） 答

(2) ②の変数を分離すると，$\dfrac{dy}{y(y+1)} = \dfrac{dx}{x}$

積分すると，$\displaystyle\int \frac{dy}{y(y+1)}$ ㋑ $= \displaystyle\int \frac{dx}{x}$

$\log|y| - \log|y+1|$ ㋑ $= \log|x| + C_1$

$\log\left|\dfrac{y}{(y+1)x}\right| = C_1$，$\dfrac{y}{(y+1)x} = C$ ㋒

一般解は $y = \dfrac{Cx}{1-Cx}$ ㋓ 答

ポイント

㋐ $C = \pm e^{C_1}$
$M = 0$ は解となり $C = 0$ を含めて，C：任意定数．

㋑ $\displaystyle\int \frac{dy}{y(y+1)}$
$= \displaystyle\int\left(\frac{1}{y} - \frac{1}{y+1}\right)dy$
$= \log|y| - \log|y+1|$

㋒ $C = \pm e^{C_1}$

㋓ $\dfrac{y}{y+1} = Cx$ から
$1 + \dfrac{1}{y} = \dfrac{1}{Cx}$
$\dfrac{1}{y} = \dfrac{1-Cx}{Cx}$
$\therefore\ y = \dfrac{Cx}{1-Cx}$

《注意》 $y = -1$ は $xy' = y(y+1)$ の解であるが，上記の一般解の C にどんな値を入れても解 $y = -1$ を得ることはできない．しかし，$y = -1$ は特異解とは考えない．そのわけは，$C = \dfrac{1}{C'}$ とおけば $y = \dfrac{x}{C' - x}$ となるが，ここで，$C' = 0$ とおけば $y = -1$ が得られるからである．

練習問題 2-1 　　解答 p. 211

$y' = a - by$（a, b：定数，$b \neq 0$）の一般解を求めよ．また，$x = 0$ のとき $y = y_0$ をみたす特殊解を求めよ．

問題 2-2 ▼変数分離形（2）

$\dfrac{dy}{dx} = a - by^2 \cdots$ ⊛（a, b：正の定数）の一般解を求めよ．

また，$x=0$ のとき $y=y_0$ をみたす特殊解を求めよ．

●考え方●

$\dfrac{dy}{a-by^2} = dx$ として，$k=\sqrt{\dfrac{a}{b}}$ とおくと，$\dfrac{dy}{k^2-y^2} = b\,dx \cdots$①

となり，変数分離形で積分しやすくなる．

解答

①より $\displaystyle\int \frac{dy}{k^2-y^2} = b\int dx$ ㋐

$\dfrac{1}{2k}\{-\log|k-y| + \log|k+y|\} = bx + C_1$ ㋐

$\dfrac{1}{2k}\log\left|\dfrac{k+y}{k-y}\right| = bx + C_1$，$\log\left|\dfrac{k+y}{k-y}\right| = 2kbx + 2kC_1$

$\dfrac{k+y}{k-y} = \pm e^{2kC_1}\cdot e^{2kbx} = C\cdot e^{2kbx}$ ㋑ $(C=\pm e^{2kC_1})$

$y = \dfrac{k(Ce^{2kbx}-1)}{Ce^{2kbx}+1}$ ㋑　　$k=\sqrt{\dfrac{a}{b}}$ より，

一般解は

$y = \sqrt{\dfrac{a}{b}}\cdot\dfrac{Ce^{2\sqrt{ab}x}-1}{Ce^{2\sqrt{ab}x}+1}$（$C$：任意定数）答

$x=0$，$y=y_0$ を上式に代入して，$y_0 = \dfrac{k(C-1)}{C+1}$ ㋒　　$C = \dfrac{k+y_0}{k-y_0}$ ㋒

特殊解は，$y = k\dfrac{\dfrac{k+y_0}{k-y_0}e^{2\sqrt{ab}x}-1}{\dfrac{k+y_0}{k-y_0}e^{2\sqrt{ab}x}+1} = k\dfrac{(k+y_0)e^{2\sqrt{ab}x}-(k-y_0)}{(k+y_0)e^{2\sqrt{ab}x}+(k-y_0)}$ $\left(k=\sqrt{\dfrac{a}{b}}\right)$ 答

$y_0 = k = \sqrt{\dfrac{a}{b}}$ のとき，⊛をみたすことから，$y=\sqrt{\dfrac{a}{b}}$ が求める解．答

ポイント

㋐ $\displaystyle\int\frac{dy}{(k-y)(k+y)}$

$\displaystyle= \frac{1}{2k}\int\left(\frac{1}{k-y}+\frac{1}{k+y}\right)dy$

$= \dfrac{1}{2k}\{-\log|k-y|$

$+\log|k+y|\}$

㋑ $k+y = Cke^{2kbx} - Ce^{2kbx}\cdot y$

$\Leftrightarrow\ (Ce^{2kbx}+1)y$

$= k(Ce^{2kbx}-1)$

㋒ $y_0C + y_0 = kC - k$

$C(y_0-k) = -(y_0+k)$

$C = \dfrac{k+y_0}{k-y_0}$

練習問題　2-2

解答 p. 211

$\sqrt{1-x^2}y' + \sqrt{1-y^2} = 0 \cdots$①（$-1<x<1$，$-1<y<1$）の一般項を求めよ．

また，$x=\dfrac{1}{\sqrt{2}}$ のとき，$y=\dfrac{1}{\sqrt{2}}$ をみたす特殊解を求めよ．

問題 2-3 ▼変数分離形（3）

$y' = \cos(x-y) - \cos(x+y)$ の一般解を求めよ．また $x = \dfrac{\pi}{2}$ のとき，$y = \dfrac{\pi}{2}$ をみたす特殊解を求めよ．

●考え方●

$$\cos(x-y) - \cos(x+y) = (\cos x\cos y + \sin x\sin y) - (\cos x\cos y - \sin x\sin y)$$
$$= 2\sin x\sin y$$

$y' = 2\sin x\sin y$ で変数分離形．

解答

$$\frac{dy}{dx} = 2\sin x\sin y \cdots ①$$

（i）$\sin y \neq 0$ のとき，

$$\underbrace{\int\frac{dy}{\sin y}}_{㋐} = 2\int\sin x\,dx,\quad \underbrace{\log\left|\tan\frac{y}{2}\right|}_{㋐} = -2\cos x + C_1$$

$$\left|\tan\frac{y}{2}\right| = e^{C_1}\cdot e^{-2\cos x},\quad \tan\frac{y}{2} = \underbrace{C}_{㋑}e^{-2\cos x}$$

$$\therefore\ y = 2\tan^{-1}Ce^{-2\cos x}$$

（ii）$\sin y = 0$ のとき，これは①の解である．

（i），（ii）より $C = 0$ のとき，$y = n\pi$ であるから $y = n\pi$ も含めて，一般解は，

$$y = 2\tan^{-1}(Ce^{-2\cos x})\quad 答$$

特殊解は $x = \dfrac{\pi}{2}$，$y = \dfrac{\pi}{2}$ を上式に代入して，

$$\frac{\pi}{2} = 2\tan^{-1}C \text{ から } C = \tan\frac{\pi}{4} = 1 \text{ となり，}$$

$$y = 2\tan^{-1}(e^{-2\cos x})\quad 答$$

ポイント

㋐ $$\int\frac{dy}{\sin y} = \int\frac{dy}{2\sin\frac{y}{2}\cos\frac{y}{2}}$$
$$= \int\frac{\dfrac{1}{\cos^2\frac{y}{2}}}{\dfrac{2\sin\frac{y}{2}}{\cos\frac{y}{2}}}dy$$
$$= \int\frac{\dfrac{1}{\cos^2\frac{y}{2}}}{2\tan\frac{y}{2}}dy$$
$$= \log\left|\tan\frac{y}{2}\right|$$

㑁 $C = \pm e^{C_1}$

練習問題 2-3

解答 p. 211

(1) $x\dfrac{dy}{dx} = \tan y \cdots ①$ の一般解を求めよ．また，$x = 1$ のとき $y = \dfrac{\pi}{6}$ をみたす特殊解を求めよ．

(2) $e^{x+y}dx + dy = 0$ の一般解を求めよ．また，$x = 0$ のとき $y = 0$ をみたす特殊解を求めよ．

問題 2-4 ▼変数分離形(4)

次の微分方程式の一般解を求めよ．

(1) $y' = (x + y + 1)^2$

(2) $y' = \tan^2(x + y)$

●考え方●

変数分離形でないので，適当な置き換えで変数分離形へ導く．

解答

(1) $u = x + y + 1$ とおくと，$\dfrac{du}{dx} = 1 + \dfrac{dy}{dx}$ ㋐

$y' = \dfrac{du}{dx} - 1$ を与式に代入して，

$\dfrac{du}{dx} - 1 = u^2$ ㋑，$\dfrac{du}{u^2 + 1} = dx$

積分すると，$\displaystyle\int \frac{du}{u^2 + 1}$ ㋒ $= \displaystyle\int dx$，$\tan^{-1}u = x + C$

から $u = \tan(x + C)$，$x + y + 1 = \tan(x + C)$

一般解は，$y = \tan(x + C) - x - 1$　答

(2) $u = x + y$ とおくと，$\dfrac{du}{dx} = 1 + \dfrac{dy}{dx}$ から

$y' = \dfrac{du}{dx} - 1$ を与式に代入して，

$\dfrac{du}{dx} - 1 = \tan^2 u$ ㋓，$\displaystyle\int \frac{du}{1 + \tan^2 u}$ ㋔ $= \displaystyle\int dx$

$$\frac{1}{2}\left(u + \frac{1}{2}\sin 2u\right) = x + C_1$$

$$x + y + \frac{1}{2}\sin 2(x + y) = 2x + 2C_1$$

一般解は

$\sin 2(x + y) = 2(x - y) + C \quad (C = 4C_1)$　答

ポイント

㋐ $u = x + y + 1$ の辺々を x で微分

㋑ 変数分離形

㋒ $\displaystyle\int \frac{du}{u^2 + 1} = \tan^{-1}u$

㋓ 変数分離形

㋔ $\displaystyle\int \frac{du}{1 + \tan^2 u}$

$= \displaystyle\int \cos^2 u\, du$

$= \dfrac{1}{2}\displaystyle\int (1 + \cos 2u)\, du$

$= \dfrac{1}{2}\left(u + \dfrac{1}{2}\sin 2u\right)$

練習問題　2-4

解答 p. 212

次の微分方程式の一般解を求めよ．

(1) $y' = \dfrac{2x - y}{2x - y + 1}$

(2) $y' = \left(\dfrac{y}{x}\right)^2 + \dfrac{y}{x} + 1$

問題 2-5 ▼同次形（1）

次の微分方程式の一般解を求めよ．

(1) $xyy' = x^2 + y^2$　　(2) $x^2y' = y^2 - x^2$

●考え方●

(1)は辺々を xy，(2)は x^2 で割って $u = \dfrac{y}{x}$ と置くと変数分離形に変形できる．

解答

(1) 辺々を xy で割ると，$y' = \dfrac{x}{y} + \dfrac{y}{x}$ ㋐

$u = \dfrac{y}{x}$ とおくと，$y = xu$ より $y' = u + x\cdot u'$ を上式に代入して，

$$\cancel{u} + x\cdot\frac{du}{dx} = \frac{1}{u} + \cancel{u},\quad x\cdot\frac{du}{dx} = \frac{1}{u} \text{ ㋑}$$

$u\,du = \dfrac{1}{x}dx$ と変数を分離し，積分すると

$$\int u\,du = \int\frac{1}{x}dx$$

$$\frac{1}{2}u^2 = \log|x| + C,\quad \frac{1}{2}\left(\frac{y}{x}\right)^2 = \log|x| + C$$

よって，一般解は $y^2 = 2x^2(\log|x| + C)$ ㋒

（C：任意定数）答

(2) 辺々を x^2 で割ると，$y' = \left(\dfrac{y}{x}\right)^2 - 1$

$u = \dfrac{y}{x}$ とおき，$y' = u + xu'$ を上式に代入して，

$$u + xu' = u^2 - 1,\quad x\cdot\frac{du}{dx} = u^2 - u - 1$$

$$\frac{1}{u^2-u-1}du = \frac{1}{x}dx \text{ から } \int\frac{1}{u^2-u-1}du = \int\frac{1}{x}dx \text{ ㋓}$$

$$\frac{1}{\alpha-\beta}\log\left|\frac{y-\alpha x}{y-\beta x}\right| = \log|x| + C_1$$

$$\log\left|\frac{y-\alpha x}{y-\beta x}\right| = \log e^{C_2}x^{\alpha-\beta},\quad \frac{y-\alpha x}{y-\beta x} = Cx^{\alpha-\beta} \text{ ㋔ } (C_2 = (\alpha-\beta)C_1,\ C = \pm e^{C_2})$$

一般解は，$y = \dfrac{(\sqrt{5}+1)x + (\sqrt{5}-1)Cx^{\sqrt{5}+1}}{2(1-Cx^{\sqrt{5}})}$　（$x = 0$ を含めて成り立つ）答

ポイント

㋐ $y = f\left(\dfrac{y}{x}\right)$ の型．
同次形．

㋑ 変数分離形

㋒ $x = 0$，$y = 0$ は与式をみたす特異解となる．

㋓ $u^2 - u - 1 = 0$ の解は
$u = \dfrac{1 \pm \sqrt{5}}{2}$
$\alpha = \dfrac{1+\sqrt{5}}{2}$，$\beta = \dfrac{1-\sqrt{5}}{2}$
とおくと，
$u^2-u-1 = (u-\alpha)(u-\beta)$

$$\int\frac{1}{(u-\alpha)(u-\beta)}du$$
$$= \frac{1}{\alpha-\beta}\int\left(\frac{1}{u-\alpha} - \frac{1}{u-\beta}\right)du$$
$$= \frac{1}{\alpha-\beta}\log\left|\frac{u-\alpha}{u-\beta}\right|$$
$$= \frac{1}{\alpha-\beta}\log\left|\frac{\frac{y}{x}-\alpha}{\frac{y}{x}-\beta}\right|$$
$$= \frac{1}{\alpha-\beta}\log\left|\frac{y-\alpha x}{y-\beta x}\right|$$

㋔ $y - \alpha x = Cx^{\sqrt{5}}(y - \beta x)$
$\Leftrightarrow (1 - Cx^{\sqrt{5}})y$
$= \alpha x - \beta Cx^{\sqrt{5}+1}$

練習問題　2-5　解答 p. 212

次の微分方程式の一般解を求めよ．

(1) $x^3 + y^3 - 3xy^2 - y' = 0$

(2) $xy' = \sqrt{x^2 - y^2} + y$

問題 2-6 ▼同次形（2）

$y' = \dfrac{2x - y - 5}{x - 2y - 1}$ の一般解を求めよ．

●考え方●

同次形ではないが座標の平行移動により，同次形に移す．

$X = x - \alpha$，$Y = y - \beta$ とおいて，

$2\alpha - \beta - 5 = 0$，$\alpha - 2\beta - 1 = 0$ …① となる α, β を求める．

解答

①をみたす α, β を求めると，$\alpha = 3$，$\beta = 1$ ㋐

与式は

$$\underbrace{\frac{dY}{dX}}_{㋑} = \underbrace{\frac{2(X+\alpha)-(Y+\beta)-5}{X+\alpha-2(Y+\beta)-1}}_{㋑} = \frac{2X-Y+(2\alpha-\beta-5)}{X-2Y+(\alpha-2\beta-1)}$$

$$\underbrace{\frac{dY}{dX} = \frac{2X - Y}{X - 2Y}}_{㋒} = \underbrace{\frac{2 - \dfrac{Y}{X}}{1 - 2\dfrac{Y}{X}}}_{㋓}$$

$u = \dfrac{Y}{X}$ とおくと，$Y = uX$ から $\dfrac{dY}{dX} = u + X\dfrac{du}{dX}$

を上式に代入して，

$$u + X\frac{du}{dX} = \frac{2 - u}{1 - 2u},\quad X\frac{du}{dX} = \frac{2(1 - u + u^2)}{1 - 2u}$$

$$\underbrace{\int \frac{1 - 2u}{1 - u + u^2}du}_{㋔} = \int \frac{2}{X}dX$$

$$-\log(1 - u + u^2) = 2\log|X| + C_1$$

$$\log(1 - u + u^2) = \log e^{-C_1} \cdot X^{-2}$$

$$\underbrace{1 - u + u^2 = \frac{C}{X^2}}_{㋕},\quad \underbrace{X^2 - XY + Y^2}_{㋖} = C \quad (C：任意定数)$$

よって，一般解は

$$(x-3)^2 - (x - 3)(y - 1) + (y - 1)^2 = C \quad 答$$

《注意》C は任意定数であるが $C \leqq 0$ のときは，y は x の実数値関数とはならないから $C > 0$ である．任意定数といっても，ある範囲の値しかとらないのも含めて考える．

ポイント

㋐
$$\begin{array}{rl} & 4\alpha - 2\beta - 10 = 0 \\ -) & \alpha - 2\beta - 1 = 0 \\ \hline & 3\alpha = 9 \end{array}$$
から $\alpha = 3$

㋑ $\begin{cases} X = x - \alpha \\ Y = y - \beta \end{cases}$ から

$\dfrac{dy}{dx} = \dfrac{dY}{dX}$

$\begin{cases} x = X + \alpha \\ y = Y + \beta \end{cases}$

を代入．

㋒ 同次形

㋓ 分母，分子を X で割る．

㋔ $\displaystyle\int \frac{-(1 - u + u^2)'}{1 - u + u^2}du$

$= -\log(1 - u + u^2)$

㋕ 辺々に X^2 を乗じる．

㋖ $X = x - 3$，$Y = y - 1$ を代入する．

練習問題　2-6

解答 p. 213

$y' = \dfrac{2x - 4y + 3}{x - 2y - 1}$ の一般解を求めよ．

$\left(\begin{cases} 2\alpha - 4\beta + 3 = 0 \\ \alpha - 2\beta - 1 = 0 \end{cases}\right.$ をみたす α, β は存在しない．$u = x - 2y - 1$ とおいてみよ$\Big)$

問題 2-7 ▼線形微分方程式 (1)

次の線形微分方程式の一般解を定数変化法により求めよ．

(1) $y' + ky = E\sin x$　　　(2) $y' + xy = e^x$

●考え方●

(1) $y' + ky = 0$ をみたす一般解は $y = Ce^{-kx}$

(2) $y' + xy = 0$ をみたす一般解は $y = Ce^{-\frac{1}{2}x^2}$

解答

(1) $y'+ky=0$ の一般解は $y=Ce^{-kx}$ ㋐ である．そこで，

$y=C(x)e^{-kx}$ とおくと，$y'=C'(x)e^{-kx}-k\underbrace{C(x)e^{-kx}}_{y}$ ㋑

$$y' + ky = C'(x)e^{-kx}$$

与式の右辺と比較して，$C'(x)e^{-kx} = E\sin x$ ㋒

を満たすように $C(x)$ を定めればよい．

$$C'(x) = Ee^{kx}\sin x$$

$$C(x) = E\int e^{kx}\sin x\,dx + C \quad ㋓$$

$$= \frac{E}{1+k^2}(k\sin x - \cos x)e^{kx} + C \quad ㋔$$

求める一般解は

$$y = Ce^{-kx} + \frac{E}{1+k^2}(k\sin x - \cos x)$$ 答

(2) $y' + xy = 0$ の一般解は $y = Ce^{-\frac{1}{2}x^2}$

$y = C(x)e^{-\frac{1}{2}x^2}$ とおくと，

$$y'=C'(x)e^{-\frac{1}{2}x^2}-x\underbrace{C(x)e^{-\frac{1}{2}x^2}}_{y}=C'(x)e^{-\frac{1}{2}x^2}-xy$$

よって，$y' + xy = C'(x)e^{-\frac{1}{2}x^2}$ と与式を比較して，

$$C'(x) = e^{\frac{1}{2}x^2+x},\quad C(x) = \int e^{\frac{1}{2}x^2+x}dx + C$$

したがって，求める一般解は

$$y = e^{-\frac{1}{2}x^2}\left(\int e^{\frac{1}{2}x^2+x}dx + C\right)$$ （C：任意定数） 答

ポイント

㋐ $\dfrac{dy}{dx} = -ky$

$\displaystyle\int\frac{dy}{y} = -k\int dx$

$\log|y| = -kx + C_1$

$y = Ce^{-kx}$ $(C = \pm e^{C_1})$

㋑ 積の微分法

$(e^{-kx})' = -ke^{-kx}$

㋒ 辺々に e^{kx} を乗じる．

㋓ 部分積分法より

$I = \displaystyle\int e^{kx}\underbrace{\sin x}_{(-\cos x)'}dx$

$= -e^{kx}\cos x$

$\quad +k\displaystyle\int e^{kx}\cdot\underbrace{\cos x}_{(\sin x)'}dx$

$= -e^{kx}\cos x + ke^{kx}\sin x$

$\quad -k^2\underbrace{\displaystyle\int e^{kx}\sin x\,dx}_{I}$

$(1+k^2)I=(k\sin x-\cos x)e^{kx}$

$\therefore I=\dfrac{1}{1+k^2}(k\sin x-\cos x)e^{kx}$

㋔ $C(x)$ を $y = C(x)e^{-kx}$ に代入．

練習問題 2-7

解答 p. 213

次の線形微分方程式の一般解を定数変化法により求めよ．

(1) $y' + e^xy = -3e^x$　　　(2) $(1 + x^2)y' - 2xy = (1 + x^2)^2$

問題 2-8 ▼線形微分方程式 (2)

次の線形微分方程式の一般解を公式を利用して求めよ．

(1) $y' - 3y = 1$　　(2) $y' + y = x^3$

(3) $(\sin x)y' + (\cos x)y = \sin x \quad \left(0 < x < \dfrac{\pi}{2}\right)$

●考え方●

$y' + f(x)y = g(x)$ のとき，公式 (p. 21) は $y = e^{-\int f(x)dx}\cdot\left(\int e^{\int f(x)dx}\cdot g(x)\,dx + C\right)$

(1) $f(x) = -3,\ g(x) = 1$　(2) $f(x) = 1,\ g(x) = x^3$　(3) $f(x) = \dfrac{\cos x}{\sin x},\ g(x) = 1$

解答

(1) $f(x) = -3,\ g(x) = 1$ より，$e^{-\int f(x)dx} = e^{3\int dx} = e^{3x}$

$$\int e^{\int f(x)dx}\cdot g(x)\,dx = \int e^{-3\int dx}dx = \int e^{-3x}dx = -\frac{1}{3}e^{-3x}$$

$$\therefore\ y = e^{3x}\left(-\frac{1}{3}e^{-3x} + C\right) = -\frac{1}{3} + Ce^{3x}$$

(C：任意定数)　答

(2) $f(x) = 1,\ g(x) = x^3$

$e^{-\int f(x)dx} = e^{-\int dx} = e^{-x}$

$\int e^{\int f(x)dx}\cdot x^3dx = \underbrace{\int e^x\cdot x^3dx =}_{㋐} (x^3 - 3x^2 + 6x - 6)e^x$

から一般解は $y = e^{-x}\{e^x(x^3 - 3x^2 + 6x - 6) + C\}$

$\therefore\ y = x^3 - 3x^2 + 6x - 6 + Ce^{-x}$　(C：任意定数)

答

(3) $y' + \dfrac{\cos x}{\sin x}y = 1,\ f(x) = \dfrac{\cos x}{\sin x},\ g(x) = 1$

$$e^{-\int f(x)dx} = \underbrace{e^{-\int\frac{\cos x}{\sin x}dx}}_{㋑} = \underbrace{e^{-\log\sin x}}_{㋒} = \frac{1}{\sin x}$$

$$\int \underbrace{e^{\int f(x)dx}}_{㋓}\cdot g(x)\,dx = \int \sin x\,dx = -\cos x$$

一般解は $y = \dfrac{1}{\sin x}(-\cos x + C) = C\,\mathrm{cosec}\,x - \cot x$　(C：任意定数)　答

ポイント

㋐ 部分積分法

$\int x^3 \underset{\underset{(e^x)'}{\shortparallel}}{e^x} dx$

$= x^3e^x - 3\int x^2 \underset{\underset{(e^x)'}{\shortparallel}}{e^x} dx$

$= x^3e^x - 3x^2e^x + 6\int x\underset{\underset{(e^x)'}{\shortparallel}}{e^x} dx$

$= x^3e^x - 3x^2e^x + 6xe^x$

$\quad - 6\int e^x dx$

$= (x^3 - 3x^2 + 6x - 6)e^x$

㋑ $-\int \dfrac{\cos x}{\sin x}dx$

$= -\log(\sin x)$

$= \log\dfrac{1}{\sin x}$

㋒ $e^{\log\frac{1}{\sin x}} = \dfrac{1}{\sin x}$

㋓ $e^{\int f(x)dx} = e^{\log\sin x} = \sin x$

練習問題　2-8

解答 p. 213

次の微分方程式の一般解を公式を利用して求めよ．

(1) $xy' + 2y = 8x^2 \quad (x \neq 0)$　　(2) $y' + y = xe^{-x}$

問題 2-9 ▼線形微分方程式 (3)

微分方程式

$y' + f(x)y = g(x)$ …①

は特異解をもたないことを示せ．

●考え方●

①の解は $y=e^{-\int f(x)dx}\cdot\left(\int e^{\int f(x)dx}\cdot g(x)+C\right)$ であり，その1つの解を $p(x)$ とすると，

$$p(x) = e^{-\int f(x)dx}\cdot\left(\int e^{\int f(x)dx}\cdot g(x)+C\right) \text{から}$$

$$C = p(x)e^{\int f(x)dx} - \int g(x)\cdot e^{\int f(x)dx}dx \quad \cdots②$$

上式を $C(x)$ とおいて，$C(x)$ が x によらず定数 C になることを示せばよい．

解答

① の1つの解を $p(x)$ とおき，「考え方」の ② 式で

$$C(x) = \underbrace{p(x)e^{\int f(x)dx}}_{㋐} - \underbrace{\int g(x)\cdot e^{\int f(x)dx}dx}_{㋑} \text{とおくと，}$$

$$C'(x) = \underbrace{p'(x)e^{\int f(x)dx} + p(x)f(x)e^{\int f(x)dx}}_{㋐} \underbrace{- g(x)\cdot e^{\int f(x)dx}}_{㋑}$$

$$= \{\underbrace{p'(x) + p(x)f(x) - g(x)}_{㋒}\}\cdot e^{\int f(x)dx} = 0$$

よって，$C(x)$ は定数 C_0 に等しい．

したがって，

$$p(x) = e^{-\int f(x)dx}\left(\int e^{\int f(x)dx}\cdot g(x)dx + C_0\right)$$

となる．これで $p(x)$ が特殊解であること，すなわち，線形微分方程式は特異解をもたないことが示された．

ポイント

㋐ 積の微分法より

$\{p(x)e^{\int f(x)dx}\}'$

$= p'(x)e^{\int f(x)dx}$

$\quad + p(x)(e^{\int f(x)dx})'$

$(e^{\int f(x)dx})'$

$= f(x)e^{\int f(x)dx}$

㋑ $\left\{\int g(x)\cdot e^{\int f(x)dx}\right\}'$

$= g(x)\cdot e^{\int f(x)dx}$

㋒ $p(x)$ は①の解より

$p'(x)+f(x)p(x)-g(x)=0$

練習問題 2-9 解答 p. 213

(1) ①の1つの解 $y_1(x)$ がわかっているとき，この方程式の一般解は1回の不定積分を行うことによって求められることを示せ．

(2) ①の2つの解 $y_1(x)$，$y_2(x)$ がわかっているとき，この方程式の一般解は積分せずに求められることを示せ．

問題 2-⑩ ▼ベルヌイ微分方程式

次の微分方程式を解け．

(1) $xy'+y=x^3y^3$　　(2) $y'-y\tan x=\dfrac{y^4}{\cos x}$

●考え方●

(1) 辺々を xy^3 で割って，$z=y^{-2}$ とおく．

(2) 辺々を y^4 で割って，$z=-y^{-3}$ とおく．

解答

(1) $y'+\dfrac{1}{x}y=x^2y^3$ 辺々を y^3 で割ると，

$y^{-3}y'+\dfrac{1}{x}y^{-2}=x^2$　…①

$z=y^{-2}$ とおくと㋐，$z'=-2y^{-3}\cdot y'$

①の辺々を -2 倍して㋑，$z'-\dfrac{2}{x}z=-2x^2$㋒

よって，

$z=e^{\int\frac{2}{x}dx}\cdot\left(\int e^{-\int\frac{2}{x}dx}\cdot(-2x^2)\,dx\right)$㋓

$=x^2(C-2x)$

$\dfrac{1}{y^2}=(Cx^2-2x^3)$　∴ $y^2(Cx^2-2x^3)=1$

（C：任意定数）答

(2) 辺々を y^4 で割ると，

$y^{-4}y'-y^{-3}\cdot\tan x=\dfrac{1}{\cos x}$　…①

$z=-y^{-3}$ とおくと，$z'=3y^{-4}y'$

①の辺々を 3 倍して㋔，$3y^{-4}y'+3\tan x(-y^{-3})=\dfrac{3}{\cos x}$

から，$z'+3\tan x\cdot z=\dfrac{3}{\cos x}$

よって，$z=e^{-3\int\tan x\,dx}$㋕$\cdot\left(\int e^{3\int\tan x\,dx}\cdot\dfrac{3}{\cos x}dx\right)$㋖

$=\cos^3x(3\tan x+\tan^3x+C)$

∴ $y^3\cos^3x(3\tan x+\tan^3x+C)=-1$　答

ポイント

㋐ 辺々を x で微分．

㋑ $\underbrace{-2y^{-3}y'}_{z'}-\dfrac{2}{x}\underbrace{y^{-2}}_{z}=-2x^2$

㋒ 線形微分方程式

㋓ ・$e^{\int\frac{2}{x}dx}=e^{\log x^2}=x^2$

・$-2\int e^{-\int\frac{2}{x}dx}\cdot x^2dx$

$=-2\int\dfrac{1}{x^2}\cdot x^2dx$

$=-2x$

㋔ $\underbrace{3y^{-4}y'}_{z'}+3\tan x\underbrace{(-y^{-3})}_{z}$

$=\dfrac{3}{\cos x}$

㋕ $e^{-3\int\frac{\sin x}{\cos x}dx}$

$=e^{3\log\cos x}=\cos^3x$

㋖ $\int\dfrac{1}{\cos^3x}\cdot\dfrac{3}{\cos x}dx$

$=3\int\dfrac{1}{\cos^2x}(1+\tan^2x)dx$

$=3\int\dfrac{1}{\cos^2x}dx+3\int\dfrac{\tan^2x}{\cos^2x}dx$

$=3\tan x+\tan^3x$

練習問題　2-10　解答 p. 214

次の微分方程式を解け．(1) $y'+2xy=2x^3y^3$　(2) $y'+\dfrac{y}{x}=2y^2\log x$

問題 2-11 ▼リッカチ微分方程式

$y' = (1 + x + 2x^2\cos x) - (1 + 4x\cos x)y + 2y^2\cos x$ …①

は解 $y = x$ をもつことを知って，これを解け．

●考え方●

$y = x$ が解であることから $y = z + x$ とおくと，ベルヌイ微分方程式に変換できる．

解答

$y = z + x$ とおくと，$y' = z' + 1$

$y' = z' + 1$，$y = z + x$ を ① 式に代入すると，

$$z'+1=(1+x+2x^2\cos x)-(1+4x\cos x)(z+x)$$
$$+2(z+x)^2\cos x$$
$$=(1+x+\cancel{2x^2\cos x})-z-x-\cancel{4xz\cos x}-\cancel{4x^2\cos x}$$
$$+2z^2\cos x+\cancel{4xz\cos x}+\cancel{2x^2\cos x}$$

$z'+z=2\cos x\cdot z^2$ ㋐

辺々を z^2 で割って，$z^{-2}z' + z^{-1} = 2\cos x$ …②

$u = z^{-1}$ とおくと，$u' = -z^{-2}\cdot z'$ ㋑

② 式を変形して，$u' - u = -2\cos x$ ㋒

$$u = e^{\int dx}\cdot\left(\int e^{-\int dx}\cdot(-2\cos x)dx\right)$$
$$= e^x\cdot\left(-2\int e^{-x}\cos x\,dx\right) = e^x(-C - e^{-x}(\sin x - \cos x))$$ ㋓
$$= -(Ce^x + \sin x - \cos x)$$

から，$z=\dfrac{-1}{Ce^x + \sin x - \cos x}$　$\therefore\ y = x - \dfrac{1}{Ce^x + \sin x - \cos x}$

（C：任意定数） 答

ポイント

㋐ ベルヌイ微分方程式

㋑ ②の辺々を−1倍して，

$$\underbrace{-z^{-2}z'}_{u'} - \underbrace{z^{-1}}_{u} = -2\cos x$$

から，

$$u' - u = -2\cos x$$

㋒ 線形微分方程式の公式

$$u=e^{-\int f(x)dx}\cdot\left(\int e^{\int f(x)dx}\cdot g(x)dx\right)$$
$$f(x) = -1$$
$$g(x) = -2\cos x$$

㋓ $I = \int e^{-x}\cos x\,dx$

とおくと，

$$I = \frac{1}{2}e^{-x}(\sin x - \cos x)$$

練習問題　2-11　解答 p. 214

$xy' = 2x + x^2 - (2x + 1)y + y^2$ は $y = x$ を解にもつことを知って，これを解け．

問題 2-⑫ ▼完全微分方程式（1）

次の微分方程式は完全微分方程式か調べ，完全形のものについては一般解を求めよ．

(1) $(y-x^3)dx+(x-\sin y)dy=0$

(2) $y\,dx-x\,dy=0$

●考え方●

$X(x,y)dx+Y(x,y)dy=0\cdots$① のとき，$\dfrac{\partial X}{\partial y}=\dfrac{\partial Y}{\partial x}$ が成り立つとき，完全形．

このとき，①の左辺が $df=X\,dx+Y\,dy$ となる $f(x,y)$ が存在するかを調べる．

$$df=\frac{\partial f}{\partial x}dx+\frac{\partial f}{\partial y}dy$$

の両式を比較して，$\dfrac{\partial f}{\partial x}=X(x,y)$，$\dfrac{\partial f}{\partial y}=Y(x,y)$ となる $f(x,y)$ を求める．

解答

(1) $X=y-x^3$，$Y=x-\sin y$ ㋐ とおくと

$\dfrac{\partial X}{\partial y}=1$，$\dfrac{\partial Y}{\partial x}=1$ ㋑ となり，完全微分方程式

このとき，

$$\frac{\partial f}{\partial x}=y-x^3,$$

$$f(x,y)=\int(y-x^3)dx\ ㋒=xy-\frac{1}{4}x^4+p(y)$$

上式の辺々を y で微分すると，

$\dfrac{\partial f}{\partial y}=x+p'(y)$ これと $\dfrac{\partial f}{\partial y}=x-\sin y$ を

比較して，$\cancel{x}+p'(y)=\cancel{x}-\sin y$，$p'(y)=-\sin y$ ㋓

これより $p(y)$ を求めると，$p(y)=\cos y$　よって，与式の一般解は，

$$xy-\frac{1}{4}x^4+\cos y=C\quad(C：任意定数)$$ 答

(2) $X(x,y)=y$，$Y(x,y)=-x$ とおくと，

$\dfrac{\partial}{\partial y}y=1$，$\dfrac{\partial}{\partial x}(-x)=-1$．ゆえに，与式は完全微分方程式ではない． 答

ポイント

㋐ 与式と①の dx，dy の係数を比較．

㋑ $\dfrac{\partial}{\partial y}(y-x^3)-1$

$\dfrac{\partial}{\partial x}(x-\sin y)=1$

㋒ y を固定して x で積分．

㋓ これより $p(y)$ を求める．

$p(y)=-\displaystyle\int\sin y\,dy$

$=\cos y$

練習問題　2-12　解答 p. 215

次の微分方程式は完全微分方程式か調べ，完全形のものについては一般解を求めよ．

(1) $\log(y^2+1)dx+\dfrac{2y(x-1)}{y^2+1}dy=0$

(2) $(y+e^x\sin y)dx+(x+e^x\cos y)dy=0$

問題 2-13 ▼完全微分方程式 (2)

$(p(x)+q(y))dx+(r(x)+s(y))dy=0$

が完全微分方程式であるための条件を求め，完全形であるときその一般解を求めよ．

●考え方●

$\dfrac{\partial}{\partial y}(p(x)+q(y))=\dfrac{\partial}{\partial x}(r(x)+s(y))$ …① をみたす条件を求める．

解答

①より $\dfrac{\partial}{\partial y}q(y)=\dfrac{\partial}{\partial x}r(x)$ ㋐

これが成り立つのは $q'(y)$，$r'(x)$ が定数になるとき ㋑ である．

よって，$q'(y)=r'(x)=a$　(a：任意定数)

これより $\begin{cases} q(y)=ay+b & ㋒ \\ r(x)=ax+c \end{cases}$ (b,c：任意定数) 答

これが完全微分形の条件となる．

$X=p(x)+q(y)$，$Y=r(x)+s(y)$ とおくと，

$\dfrac{\partial f}{\partial x}=p(x)+q(y)$ から

$f(x,y)$ ㋓ $=\displaystyle\int(p(x)+q(y))dx=\int p(x)dx+q(y)\int dx$ ㋓

$\quad=\displaystyle\int p(x)dx+(ay+b)x+k(y)$ ㋔

上式の辺々を y で微分して，

$\dfrac{\partial f}{\partial y}=ax+k'(y)$ ㋕ 一方 $\dfrac{\partial f}{\partial y}=r(x)+s(y)$ となるから，

両式より　$\cancel{ax}+k'(y)=r(x)+s(y)$

$\qquad\qquad\qquad\qquad=\cancel{ax}+c+s(y)$

$k'(y)=c+s(y)$ よって，$k(y)=cy+\displaystyle\int s(y)dy$

求める一般解は $\displaystyle\int p(x)dx+\int s(y)dy+axy+bx+cy=C$　(C：任意定数) 答

ポイント

㋐ $\dfrac{\partial}{\partial y}(p(x)+q(y))$

$=\dfrac{\partial}{\partial y}p(x)+\dfrac{\partial}{\partial y}q(y)$ （$\dfrac{\partial}{\partial y}p(x)=0$）

$=\dfrac{\partial}{\partial y}q(y)$

㋑ ㋐の左辺が y の関数

㋐の右辺が x の関数

等しくなるのは両辺が定数．

㋒ $q'(y)=a$ より

$q(y)=a\displaystyle\int dy=ay+b$

(b：定数)

㋓ x で積分

$g(y)$ は定数扱い．

㋔ x に関して定数 $k(y)$ と表せる．

㋕ $\dfrac{\partial}{\partial y}\displaystyle\int p(x)dx=0$

$\dfrac{\partial}{\partial y}(ay+b)x=ax$

$\dfrac{\partial}{\partial y}k(y)=k'(y)$

$\therefore\ \dfrac{\partial f}{\partial y}=ax+k'(y)$

練習問題　2-13　解答 p. 215

次の微分方程式が完全形であるか判定し，一般解を求めよ．

(1)　$(x^2-2y)dx+(y^2-2x)dy=0$

(2)　$(2xy^2+1+e^x\cos y)dx+(2x^2y-e^x\sin y)dy=0$

問題 2-14 ▼積分因子（1）

微分方程式 $(xy^2 - y^3)dx + (1 - xy^2)dy = 0 \cdots$① は y のみの関数を積分因子にもつという．それを求め，この方程式の一般解を求めよ．

●考え方●

p. 27, 28 の方法を用いる．$X = xy^2 - y^3$，$Y = 1 - xy^2$ とおくと，

$b(y) = \dfrac{1}{X}\left(\dfrac{\partial Y}{\partial x} - \dfrac{\partial X}{\partial y}\right)$ を求めると積分因子 $N(y)$ は $N(y) = e^{\int b(y)dy}$ となる．

解答

$$b(y) = \frac{1}{xy^2 - y^3}\underbrace{\left(\frac{\partial Y}{\partial x} - \frac{\partial X}{\partial y}\right)}_{㋐}$$

$$= \frac{1}{xy^2 - y^3}(-y^2 + 3y^2 - 2xy)$$

$$= \frac{-2y(x-y)}{y^2(x-y)} = -\frac{2}{y}$$

よって，積分因子は，$N(y) = e^{\int b(y)dy} = e^{-\int \frac{2}{y}dy} = e^{-2\log|y|}$

$$= \frac{1}{y^2} \quad 答$$

① の辺々に $\dfrac{1}{y^2}$ を乗じると，

$$\underbrace{(x - y)dx + \left(\frac{1}{y^2} - x\right)dy = 0}_{㋑} \cdots ②$$

$X_0 = x - y$，$Y_0 = \dfrac{1}{y^2} - x$ とおくと，

②の左辺 $= X_0dx + Y_0dy$

これが $f(x, y)$ 全微分 $df = \dfrac{\partial f}{\partial x}dx + \dfrac{\partial f}{\partial y}dy$ と表せるとすると，

$\underbrace{\dfrac{\partial f}{\partial x} = x - y}_{㋒}$ から $f(x, y) = \dfrac{1}{2}x^2 - xy + p(y) \cdots$③

$\underbrace{\dfrac{\partial f}{\partial y} = -x + p'(y)}_{㋓}$ これが Y_0 に等しくなることから，

$\cancel{-x} + p'(y) = \dfrac{1}{y^2} \cancel{-x}$，$\underbrace{p'(y) = \dfrac{1}{y^2}}_{㋔}$　　$p(y) = \displaystyle\int \frac{1}{y^2}dy = -\frac{1}{y}$

これを ③ 式に代入して，一般解は $\dfrac{1}{2}x^2 - xy - \dfrac{1}{y} = C$　（C：任意定数）答

ポイント

㋐ $\dfrac{\partial Y}{\partial x} = -y^2$

$\dfrac{\partial X}{\partial y} = 2xy - 3y^2$

㋑ ②式は

$\dfrac{\partial}{\partial y}(x - y) = -1$

$\dfrac{\partial}{\partial x}\left(\dfrac{1}{y^2} - x\right) = -1$

となり，完全形．

㋒ $f = \displaystyle\int (x - y)dx$

$= \dfrac{1}{2}x^2 - xy + p(y)$

y を固定し，x で積分．

㋓ ③の辺々を y で微分．

㋔ 辺々を y で積分して，$p(y)$ を決定する．

練習問題　2-14　　解答 p. 216

微分方程式 $(x^2 - e^{x+y})dx + x(x+1)e^{x+y}dy = 0$ は x のみの関数を積分因子としてもつという．それを求め，この方程式の一般解を求めよ．

問題 2-⑮ ▼積分因子 (2)

次の微分方程式は $x^m y^n$ の形の積分因子をもつ．それを求めて，一般解を求めよ．

$$(y^2 - xy)dx + x^2 dy = 0 \cdots ①$$

●考え方●

①の辺々に $x^m y^n$ を乗じて，完全微分方程式になるように m，n を定める．

解答

①の辺々に $x^m y^n$ を乗じると，

$$x^m y^n (y^2 - xy)dx + x^{m+2} y^n dy = 0 \cdots ②$$

$X = x^m y^n (y^2 - xy)$㋐，$Y = x^{m+2} y^n$ とおくと，

$$\frac{\partial X}{\partial y} = (n+2)x^m y^{n+1} - (n+1)x^{m+1} y^n \quad ㋑$$

$$\frac{\partial Y}{\partial x} = (m+2)x^{m+1} \cdot y^n \quad ㋑$$

② が完全形になるためには，両式を比較して次式が成り立てばよい．

$$\begin{cases} n + 2 = 0 \\ -(n+1) = m + 2 \end{cases} \qquad \therefore\ m = -1,\ n = -2$$

よって，積分因子は $\dfrac{1}{xy^2}$ 答

これを①の辺々に乗じて，$\left(\dfrac{1}{x} - \dfrac{1}{y}\right)dx + \dfrac{x}{y^2}dy = 0 \cdots ③$

$\dfrac{\partial f}{\partial x} = \dfrac{1}{x} - \dfrac{1}{y}$㋒ から $f = \displaystyle\int \left(\frac{1}{x} - \frac{1}{y}\right)dx$㋓

$$= \log|x| - \frac{x}{y} + p(y)$$

これより，$\dfrac{\partial f}{\partial y} = \dfrac{x}{y^2} + p'(y)$．一方，$\dfrac{\partial f}{\partial y} = \dfrac{x}{y^2}$ であるから，

$$\frac{x}{y^2} + p'(y) = \frac{x}{y^2},\quad p'(y) = 0 \quad \therefore\ p(y) = 0$$

よって，一般解は，$\log|x| - \dfrac{x}{y} = C$ （C：任意定数） 答

《注意》①は同次形であり，①の辺々を x^2 で割ると，$\left(\left(\dfrac{y}{x}\right)^2 - \dfrac{y}{x}\right)dx + dy = 0$

$u = \dfrac{y}{x}$ とおくと，$\dfrac{1}{u^2}du = -\dfrac{1}{x}dx$㋔ と変数分離形となる．

ポイント

㋐ $X = x^m \cdot y^{n+2} - x^{m+1} \cdot y^{n+1}$

㋑ $\dfrac{\partial X}{\partial y} = \dfrac{\partial Y}{\partial x}$ となるためには，
$x^m y^{n+1}$ の係数 $= 0$
$x^{m+1} y^n$ の係数が等しくなる．

㋒ ③が $f(x, y)$ の全微分
$df = \dfrac{\partial f}{\partial x}dx + \dfrac{\partial f}{\partial y}dy$
と表せるとして，③と比較
$\dfrac{\partial f}{\partial x} = \dfrac{1}{x} - \dfrac{1}{y}$

㋓ y は定数とみなし x で積分．

㋔ $\displaystyle\int \frac{1}{u^2}du = -\int \frac{1}{x}dx$
から $-\dfrac{1}{u} = -\log|x| + C$
$\therefore\ \log|x| - \dfrac{x}{y} = C$

練習問題　2-15　解答 p. 216

次の微分方程式は $x^m y^n$ の積分因子をもつ．それを求めて一般解を求めよ．

$4x^2 y\,dx + (x^3 + 3xy)dy = 0$

問題 2-16 ▼積分因子（3）（微分形の利用）

次の微分方程式を典型的な微分形（p. 30）を利用して，一般解を求めよ．

（1）$2xy\,dx + (y^2 - x^2)dy = 0$

（2）$-y\,dx + (x^2 + y^2 + x)dy = 0$

●考え方●

（1）与式を $2xy\,dx - x^2dy + y^2dy = 0$

$2xy\,dx = yd(x^2)$ より，上式は $yd(x^2) - x^2dy + y^2dy = 0$

〰〰 に着目し，微分形の活用をはかる．

（2）与式を $x\,dy - y\,dx + (x^2 + y^2)dy = 0$．微分形で，$d\left(\tan^{-1}\dfrac{y}{x}\right) = \dfrac{x\,dy - y\,dx}{x^2 + y^2}$

の活用をはかる．

解答

（1）与式を $2xy\,dx$ ㋐ $- x^2dy + y^2dy = 0$ とかくと，

$yd(x^2) - x^2dy$ ㋑ $+ y^2dy = 0$

辺々に $\dfrac{1}{y^2}$ を乗じると，$\dfrac{yd(x^2) - x^2dy}{y^2}$ ㋑ $+ dy = 0$

$\Leftrightarrow d\left(\dfrac{x^2}{y}\right)$ ㋑ $+ dy = 0$，$d\left(\dfrac{x^2}{y} + y\right) = 0$ ㋒

よって，一般解は，$\dfrac{x^2}{y} + y = C$（C：任意定数）答

（2）与式を $x\,dy - y\,dx + (x^2 + y^2)dy = 0 \cdots$ ⊛

微分形 $\dfrac{x\,dy - y\,dx}{x^2 + y^2} = d\left(\tan^{-1}\dfrac{y}{x}\right)$ ㋓ に着目し，上式の辺々を $x^2 + y^2$ で割ると，

$$\frac{x\,dy - y\,dx}{x^2 + y^2} + dy = 0,\quad d\left(\tan^{-1}\frac{y}{x}\right) + dy = 0$$

$$d\left(\tan^{-1}\frac{y}{x} + y\right) = 0$$

よって，一般解は，$\tan^{-1}\dfrac{y}{x} + y = C$　（C：任意定数）答

ポイント

㋐ $2xy\,dx = yd(x^2)$

㋑ p. 30 の微分形

$d\left(\dfrac{x}{y}\right) = \dfrac{y\,dx - x\,dy}{y^2}$

から，

$d\left(\dfrac{x^2}{y}\right) = \dfrac{yd(x^2) - x^2dy}{y^2}$

で辺々に $\dfrac{1}{y^2}$ を乗じる．

㋒ $d\left(\dfrac{x^2}{y} + y\right) = 0$

から，$\dfrac{x^2}{y} + y$ は定数 C になる．

㋓ 左辺の形から $\dfrac{1}{x^2 + y^2}$ は積分因子であることがわかる．

練習問題　2-16　　解答 p. 217

次の微分方程式を典型的な微分形（p. 30）を利用して，一般解を求めよ．

（1）$(x^2y - 1)dx + x^3dy = 0$

（2）$(x^2 + y^2 - x)dx - y\,dy = 0$

問題 2-17 ▼クレローの微分方程式

次の微分方程式を解け．ただし，$p = \dfrac{dy}{dx}$ である．

(1) $y = px + p^2$

(2) $y = px + \sqrt{1 + p^2}$

●考え方●

クレローの微分方程式である．

y について解かれた式であるから，両辺を x で微分する．

解答

(1) 与式の辺々を x で微分すると，

$$\cancel{p} = \cancel{p} + x\frac{dp}{dx} + 2p\cdot\frac{dp}{dx} \Leftrightarrow \underbrace{(x + 2p)\frac{dp}{dx} = 0}_{㋐}$$

(i) $\dfrac{dp}{dx} = 0$ のとき，$p = C$（C：任意定数）

一般解は $\underbrace{y = Cx + C^2}_{㋑}$

(ii) $x + 2p = 0$ のとき，$p = -\dfrac{x}{2}$ これと $y = px + p^2$

から p を消去すると，$y = -\dfrac{1}{2}x^2 + \dfrac{1}{4}x^2 = \underbrace{-\dfrac{1}{4}x^2}_{㋒}$

以上より，一般解 $y = Cx + C^2$，特異解 $y = -\dfrac{x^2}{4}$ 答

(2) 与式の辺々を x で微分すると，

$$\cancel{p} = \cancel{p} + x\cdot\frac{dp}{dx} + \frac{p}{\sqrt{1 + p^2}}\cdot\frac{dp}{dx}$$

$$\Leftrightarrow \left(x + \frac{p}{\sqrt{1 + p^2}}\right)\cdot\frac{dp}{dx} = 0$$

(i) $\dfrac{dp}{dx} = 0$ のとき，$p = C$（C：任意定数）より，

一般解 $\underbrace{y = Cx + \sqrt{1 + C^2}}_{㋓}$

(ii) $x = -\dfrac{p}{\sqrt{1 + p^2}}$ のとき，与式に代入して，$y = \dfrac{1}{\sqrt{1 + p^2}}\ (> 0)$

2 式の辺々を 2 乗してたすと，x, y 関係式は，

$$x^2 + y^2 = \frac{1 + p^2}{1 + p^2} = 1,\ y > 0 \text{ より特異解は } x^2 + y^2 = 1\ (y > 0)$$

以上より，一般解 $y = Cx + \sqrt{1 + C^2}$，特異解 $x^2 + y^2 = 1$ $(y > 0)$ 答

ポイント

㋐ $\dfrac{dp}{dx} = 0$ または $p = -\dfrac{x}{2}$

㋑ これは C を $y = px + p^2$ の p に C を代入した式に一致する．

㋒ p. 32《注意》2. から機械的に $y = Cx + C^2$ の辺々を C で偏微分した

$0 = x + 2C$

$C = -\dfrac{1}{2}x$

これを与式に代入して，

$y = -\dfrac{1}{4}x^2$ を得る．一般解の表す直線群の包絡線である．

㋓ (1) と同様に機械的に求めることができる．

練習問題 2-17

解答 p. 217

次の微分方程式を解け．ただし，$p = \dfrac{dy}{dx}$ である．

(1) $y = xp - 2p^2$　　(2) $e^{y - px} = p^2$

問題 2-⑱ ▼ラグランジュの微分方程式

次の微分方程式を解け．ただし，$p = \dfrac{dy}{dx}$ とする．

$$y = 2xp + p^2$$

●考え方●

y について解かれた形であるから x で微分する．p. 32 を参照せよ．

解答

与式の辺々を x で微分すると，

$$p = 2p + 2x\frac{dp}{dx} + 2p\frac{dp}{dx}$$

$$p + 2x\frac{dp}{dx} + 2p\frac{dp}{dx} = 0 \quad ㋐$$

（i）$p \neq 0$ のとき，p を独立変数，x を未知関数と考えて，

$$\frac{dx}{dp} + \frac{2}{p}x = -2 \quad ㋑$$

解の公式より，㋒

$$x = e^{-\int\frac{2}{p}dp}\left(\int(-2)\cdot e^{\int\frac{2}{p}dp}dp + C\right) \quad (㋓, ㋔)$$

$$= \frac{1}{p^2}\left(-\frac{2}{3}p^3 + C\right) = \frac{C}{p^2} - \frac{2}{3}p$$

これを与式に代入して，$y = \dfrac{2C}{p} - \dfrac{p^2}{3}$ ㋕

（ii）$p = 0$ のとき，与式より特異解 $y = 0$ が得られる．

以上より，

一般解 $\begin{cases} x = \dfrac{C}{p^2} - \dfrac{2}{3}p & (p：パラメータ) \\ y = \dfrac{2C}{p} - \dfrac{p^2}{3} & (C：任意定数) \end{cases}$ 答

特異解　$y = 0$

《注意》 $\dfrac{dx}{dp} + \dfrac{2}{p}x = -2$ の式は，$p\,dx + 2(x + p)dp = 0$ で，積分因数を求め，完全微分方程式に持ち込み処理することができる．

ポイント

㋐ 辺々を $p\cdot\dfrac{dp}{dx}$ で割る．

㋑ 1 階線形微分方程式

㋒ (p. 21 参照)
$x' + A(p)x = B(p)$
のとき，
$A(p) = \dfrac{2}{p}$，$B(p) = -2$
$x = e^{-\int A(p)dp}\cdot\left\{\int e^{\int A(p)dp}\cdot B(p)dp + C\right\}$

㋓ $e^{-\int\frac{2}{p}dp} = e^{-2\log|p|} = \dfrac{1}{p^2}$

㋔ $-2\int p^2 dp = -\dfrac{2}{3}p^3$

㋕ $y = 2\left(\dfrac{2}{p^2} - \dfrac{2}{3}p\right)\cdot p + p^2$
$= \dfrac{2c}{p} - \dfrac{p^3}{3}$

練習問題　2-18　　解答 p. 217

次の微分方程式を解け．ただし，$p = \dfrac{dy}{dx}$ とする．

$$y = p + p^3$$

コラム2 ◆身のまわりの微分方程式 1
年代測定

遺跡や遺物の年代を測定する方法はいろいろある．最も普及しているのは，「放射性炭素による年代測定」である．

アメリカの W. F. リビー博士は（1960 年にノーベル化学賞を受賞），生命が命を失うと体内の炭素 14 が徐々に失われ，5730 年で半減することに着目し，測定法を開発した．

《注意》ラジウムの半減期は 1622 年，ウラン 238 は 45 億年，アクチウムは 0.018 秒である．

そのしくみは，次の事実による．

「生物は生きている間，常時体内に二酸化炭素を取り入れている．その二酸化炭素には，炭素 12 と炭素 14 が一定の割合で存在していて，炭素 14 は，空気中の窒素原子が放射線によって衝撃を受け，中性子が放り出されてできたものである．

炭素 12 は非常に安定しているのに対して，炭素 14 は非常に不安定で一定時間ごとに一定の比率で自然崩壊して窒素になる．生物が生きている間は，炭素 14 の崩壊と代謝による取り込みとの間に平衡状態ができていて，一定量の炭素 14 をもっている．死ぬとその瞬間から炭素 14 の取り込みが終わって崩壊が始まる」

そこで現在，どの程度炭素 14 が残っているかがわかれば，その生物が死んだ時期を特定できることになる．

炭素 14 の崩壊速度は，残存している量に比例する．残存量を $M(t)$ とすると，

$$\frac{dM}{dt} = -kM$$

の微分方程式を得る．これは p. 4 の **例3** の変数分離形の微分方程式で，これを解くと，$M = M_0 e^{-kt}$（M_0 は $t = 0$ のときの炭素 14 の残存量）の減衰曲線が得られる．炭素 14 の残存量がどのくらいになるかで，グラフより年代を測定することができる．この曲線の特徴は，ある現象の残っている量が多いうちは急激に減少し，残っている量が少なくなると穏やかに減少していく．

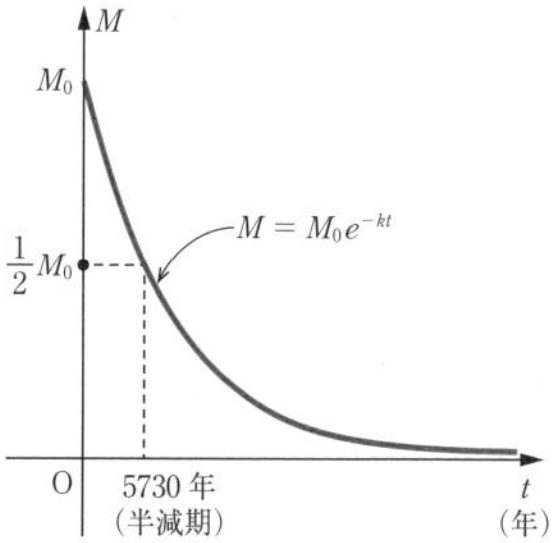

Chapter 3

2 階常微分方程式

2 階常微分方程式の解法を同次方程式，
非同次方程式と段階的に学ぶ．
また，特殊な係数のオイラー微分方程式を学ぶ．

1 2 階微分方程式（一般の場合）
の基本的性質
2 一般解
3 定数係数の同次方程式
4 定数係数の非同次方程式
5 オイラーの微分方程式

基本事項

これから2階常微分方程式について学ぶ.

1, **2** で一般の微分方程式に関する基本的な事項について説明する. **3**, **4** で定数係数の場合についてくわしく述べる. **5** では, 1階微分方程式に帰着させるようないくつかの方程式の解を求める. 級数による解法はChapter 6で取り上げる.

1 2階微分方程式（一般の場合）の基本的性質（問題 3-1, 2）

❶ 同次方程式, 非同次方程式の定義

一般に, 2階常微分方程式は, x, y, y', y'' の関係式として $F(x, y, y', y'') = 0$ の形で表される. このうち, 特に未知の関数 y と導関数 y', y'' についての1次方程式

$$y'' + P(x)y' + Q(x)y = R(x) \quad \cdots ①$$

を **2階線形微分方程式** という.

ただし, $P(x), Q(x), R(x)$ は x のある区間で連続関数を表すものとし, その区間で, ①の微分方程式を考えるものとする. $R(x) = 0$ のとき, ①は

$$y'' + P(x)y' + Q(x)y = 0 \quad \cdots ②$$

となり, これを①に対して **同次方程式** という.

これに対して, $R(x) \neq 0$ のときは, **非同次方程式** ということもある. ②の左辺を $L(y)$ とおくと,

①は $L(y) = R(x)$

②は $L(y) = 0$

と表すことができる.

❷ 関数の1次独立, 1次従属

x の関数 u および v について, $C_1u + C_2v = 0$ が恒等的に成り立つとき, 常に $C_1 = C_2 = 0$ であるならば, u, v は **1次独立** であるという. そうでないとき, u, v は **1次従属** であるという.

1 次従属のときは，$C_1 \neq 0$ または $C_2 \neq 0$ であるから，いま $C_1 \neq 0$ とすれば

$$u = -\frac{C_2}{C_1}v$$

となり，u は v の定数倍として表される．逆に $u = av$（a：定数）であるとき，$1 \cdot u - a \cdot v = av - av = 0$（$C_1 = 1$，$C_2 = -a$）であるから，$u, v$ は 1 次従属．

例 1　x^3, x^2 は x^3 が x^2 の定数倍で表すことができず 1 次独立である．同様に e^x, e^{2x} も 1 次独立．x^4 と $2x^4$ は 1 次従属である．

❸ 同次方程式の解の性質

同次方程式 $L(y) = 0$ の解 y_1, y_2 に関して，次の定理が成り立つ．

> 定理 3-1
>
> 同次方程式 $L(y) = 0$ の解を y_1, y_2 とすれば，$C_1y_1 + C_2y_2$ もまた $L(y) = 0$ の解である（C_1, C_2：任意定数）．

証明

$L(y_1) = 0$ であるから，　$y_1'' + P(x)y_1' + Q(x)y_1 = 0$　　…㋐

$L(y_2) = 0$ であるから，　$y_2'' + P(x)y_2' + Q(x)y_2 = 0$　　…㋑

$C_1 \times$ ㋐ $+ C_2 \times$ ㋑ から，

$$(C_1y_1'' + C_2y_2'') + P(x)(C_1y_1' + C_2y_2') + Q(x)(C_1y_1 + C_2y_2) = 0$$

$$\Leftrightarrow \quad (C_1y_1 + C_2y_2)'' + P(x)(C_1y_1 + C_2y_2)' + Q(x)(C_1y_1 + C_2y_2) = 0$$

$$\therefore \quad L(C_1y_1 + C_2y_2) = 0$$

例2　$y_1 = e^x$，$y_2 = e^{2x}$ はともに微分方程式　$y'' - 3y' + 2y = 0$ の解である．したがって，$C_1e^x + C_2e^{2x}$ もまたこの微分方程式の解である．

定理 3-1 より，y_1, y_2 が同次方程式 $L(y) = 0$ の解であるとき，$C_1y_1 + C_2y_2$ もまた $L(y) = 0$ の解であるが，y_1, y_2 が 1 次独立であるときには，C_1, C_2 は本質的に必要な定数であるから，2 つの任意定数を含む解であり，したがって，$C_1y_1 + C_2y_2$ は $L(y) = 0$ の一般解となる．このことをまとめると 定理 3-2 となる．

定理 3-2

y_1, y_2 が同次方程式 $L(y)=0$ の1次独立な解であるとき，
$y=C_1y_1+C_2y_2$ は $L(y)=0$ の一般解である．

定理 3-2 に述べた1次独立な2つの解 y_1, y_2 を $L(y)=0$ の**基本解**という．

《注意》 y_1, y_2 が1次独立でなければ，例えば $y_2=ay_1$ （a：定数）と表せ．
$C_1y_1+C_2y_2=C_1y_1+C_2ay_1=(C_1+C_2a)y_1=Cy_1$ であるから，$C_1y_1+C_2y_2$ は本質的には1つの任意定数 C だけ含むことになる．

❹ ロンスキー行列式

y_1, y_2 が $L(y)=0$ の1次独立な解であることを判定するものとして，次の**ロンスキー行列式**とよばれるものを用いる．

x の関数 y_1, y_2 から作られた次の行列式

$$W(y_1, y_2)=\begin{vmatrix} y_1 & y_2 \\ y_1' & y_2' \end{vmatrix}$$

を y_1, y_2 の**ロンスキー行列式**または**ロンスキアン**という．

ロンスキー行列式を用いると，y_1, y_2 が1次独立である判定条件として次の性質が成り立つ．

定理 3-3

y_1, y_2 が任意の関数のとき，y_1, y_2 が1次従属であれば，$W(y_1, y_2)=0$ である．

《注意》 上の 定理 3-3 の対偶命題は，

$W(y_1, y_2)\neq 0 \longrightarrow y_1, y_2$ は1次独立である．

証明 y_1, y_2 が1次従属ならば，

$C_1y_1+C_2y_2=0 \quad \cdots$㋐ （$C_1, C_2$ は少なくとも一方が0でない定数）

㋐の両辺を x で微分して，

$C_1y_1'+C_2y_2'=0 \quad \cdots$㋑

㋐㋑を C_1, C_2 の連立1次方程式として，

$$\begin{cases} y_1C_1+y_2C_2=0 \\ y_1'C_1+y_2'C_2=0, \end{cases} \qquad \begin{pmatrix} y_1 & y_2 \\ y_1' & y_2' \end{pmatrix}\begin{pmatrix} C_1 \\ C_2 \end{pmatrix}=\begin{pmatrix} 0 \\ 0 \end{pmatrix}$$

$$\begin{pmatrix} C_1 \\ C_2 \end{pmatrix} \neq \begin{pmatrix} 0 \\ 0 \end{pmatrix} \text{より，} \begin{vmatrix} y_1 & y_2 \\ y_1{}' & y_2{}' \end{vmatrix} = 0 \qquad \therefore \quad W(y_1, y_2) = 0$$

$\left(\begin{vmatrix} y_1 & y_2 \\ y_1{}' & y_2{}' \end{vmatrix} \neq 0$ とすると $\begin{pmatrix} y_1 & y_2 \\ y_1{}' & y_2{}' \end{pmatrix}$ の逆行列 $\begin{pmatrix} y_1 & y_2 \\ y_1{}' & y_2{}' \end{pmatrix}^{-1}$ が存在し，$\begin{pmatrix} C_1 \\ C_2 \end{pmatrix} = \begin{pmatrix} 0 \\ 0 \end{pmatrix}$ となり矛盾. $\right)$

これは次のように処理してもよい．y_1, y_2 が 1 次従属のとき，$y_2 = Cy_1$（C は $C \neq 0$ な定数）と表せ，$\begin{vmatrix} y_1 & y_2 \\ y_1{}' & y_2{}' \end{vmatrix} = \begin{vmatrix} y_1 & Cy \\ y_1{}' & Cy_1{}' \end{vmatrix} = 0$ が成り立つ.

Memo　定理 3-3 で y_1, y_2 が 1 次従属ならば，$W(y_1, y_2) = 0$ であるが，逆に $W(y_1, y_2) = 0$ であるからといって，1 次従属とは限らない.

1 次独立になる例として，

$$y_1 = \begin{cases} x^2 & (x \geqq 0) \\ 0 & (x < 0) \end{cases},$$

$$y_2 = \begin{cases} 0 & (x \geqq 0) \\ x^2 & (x < 0) \end{cases}$$

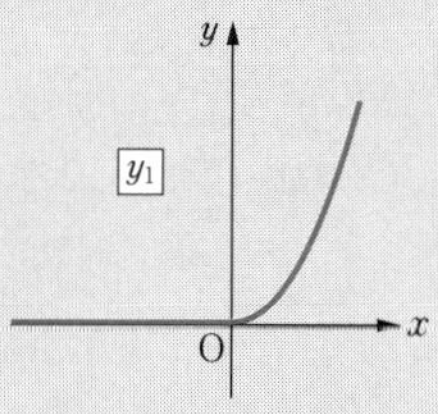

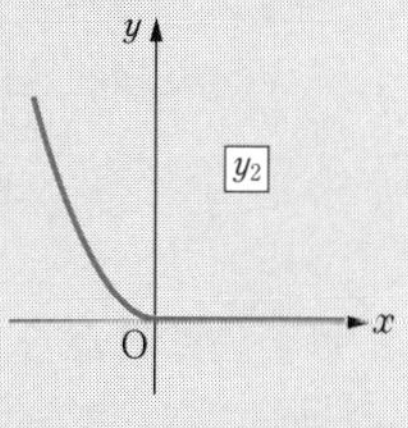

が考えられる.

（i）　$x \geqq 0$ のとき，$W(y_1, y_2) = \begin{vmatrix} x^2 & 0 \\ 2x & 0 \end{vmatrix} = 0$

（ii）　$x < 0$ のとき，$W(y_1, y_2) = \begin{vmatrix} 0 & x^2 \\ 0 & 2x \end{vmatrix} = 0$

のように，任意の実数 x で $W(y_1, y_2) = 0$ となる..

定理 3-3 の任意の関数 y_1, y_2 が特に同次 2 階微分方程式 $L(y) = 0$ の解であるとき，

系

y_1, y_2 が 1 次従属 $\Longleftrightarrow$ $W(y_1, y_2) = 0$

が成り立つ．→ は 定理 3-3 で示しているので以下では ← を示す.

（∵）$W(y_1, y_2) = 0$ の右辺の 0 は，つねに 0 という値をとる定数関数で，その定数関数を $T(x)$ とする．とくにある点 a に対しても，

$$W(y_1(a), y_2(a)) = \begin{vmatrix} y_1(a) & y_2(a) \\ y_1{}'(a) & y_2{}'(a) \end{vmatrix} = 0$$

よって，これを係数行列とする C_1, C_2 の連立１次方程式

$$\begin{cases} C_1y_1(a) + C_2y_2(a) = 0 \\ C_2y_1'(a) + C_2y_2'(a) = 0 \end{cases} \quad \left(\Leftrightarrow \begin{pmatrix} y_1(a) & y_2(a) \\ y_1'(a) & y_2'(a) \end{pmatrix} \begin{pmatrix} C_1 \\ C_2 \end{pmatrix} = \begin{pmatrix} 0 \\ 0 \end{pmatrix}\right)$$

は，$(C_1, C_2) \fallingdotseq (0, 0)$ なる解をもつ．この C_1, C_2 を使って y_1, y_2 の１次結合

$$u(x) = C_1y_1(x) + C_2y_2(x)$$

を作ると，$u(x)$ は $y'' + P(x)y' + Q(x)y = 0$ …② の解であって，さらに点 a において $u(a) = 0$，$u'(a) = 0$ が成り立つ．

ところが，つねに値 0 をとる定数関数 $T(x)$ も②の解であり，点 a で $u(x)$ と同じ初期条件 $T(a) = 0$，$T'(a) = 0$ を満たす．したがって，②の解の一意性から，

$$u(x) = T(x) = 0$$

$$\therefore \quad C_1y_1(x) + C_2y_2(x) = 0$$

$C_1{}^2 + C_2{}^2 \neq 0$ で C_1, C_2 の中には 0 でないものがあるから，y_1, y_2 は１次従属である． ■

以上の結果から，y_1, y_2 が $L(y) = 0$ の解のとき，

整理

$W(y_1, y_2) \neq 0 \iff y_1, y_2$ は１次独立

$W(y_1, y_2) = 0 \iff y_1, y_2$ は１次従属

が成り立つ．また，$W(y_1, y_2)$ について，次の定理が成り立つ．

定理 3-4

同次方程式 $L(y) = 0$ の２つの解を y_1, y_2 とすれば，

$$W(y_1, y_2) = Ce^{-\int P(x)dx} \quad (C \text{ は定数})$$

証明

y_1, y_2 は $L(y) = 0$ の解より，

$$y_1'' + P(x)y_1' + Q(x)y_1 = 0 \quad \cdots ㋐$$

$$y_2'' + P(x)y_2' + Q(x)y_2 = 0 \quad \cdots ㋑$$

$-y_2 \times$ ㋐ $+ y_1 \times$ ㋑ より，

$$(y_1y_2'' - y_2y_1'') + P(x)(y_1y_2' - y_2y_1') = 0 \quad \cdots ㋒$$

$W(y_1, y_2) = y_1 y_2' - y_2 y_1'$ であり，

$$\frac{dW}{dx} = \cancel{y_1' y_2'} + y_1 y_2'' - \cancel{y_2' y_1'} - y_2 y_1'' = y_1 y_2'' - y_2 y_1''$$

であるから，㋒は

$$\frac{dW}{dx} + P(x)W = 0$$

となり，これは変数分離形で解くと，

$$W = Ce^{-\int P(x)dx}$$

となる．

《注意》$W = Ce^{-\int P(x)dx}$ の式は，$C \neq 0$ であれば，$W \neq 0$ を意味している．C の値はある 1 点での x の値からその点で $W \neq 0$ ならば $C \neq 0$ である．このようにある 1 点においてロンスキー行列式を計算することにより，関数の 1 次独立性が確かめられる．

$W(y_1, y_2)$ を活用し，同次方程式の任意の解を基本解 y_1, y_2 を用いて次のように構成できる．

> **定理 3-5**
>
> 同次方程式 $L(y) = 0$ の 1 次独立な 2 つの解を y_1, y_2 とし，$L(y) = 0$ の任意の解を y とすれば，y は y_1, y_2 の 1 次結合として，$y = C_1 y_1 + C_2 y_2$ と表せる．

《注意》上の定理は $L(y) = 0$ の 2 階同次線形微分方程式が特異解をもたないことを示している．

証明

$y = y(x)$ を

$$L(y) = y'' + Py' + Qy = 0 \quad \cdots ①$$

の任意の解とすれば，y_1, y_2 は 1 次独立であることより，$W(y_1, y_2) \neq 0$ であり，

$$\begin{pmatrix} y_1 & y_2 \\ y_1' & y_2' \end{pmatrix}\begin{pmatrix} u_1 \\ u_2 \end{pmatrix} = \begin{pmatrix} y \\ y' \end{pmatrix} \Leftrightarrow \begin{cases} y = u_1 y_1 + u_2 y_2 & \cdots ② \\ y' = u_1 y_1' + u_2 y_2' & \cdots ③ \end{cases}$$

を満たす x の関数 u_1, u_2 が存在する．

《注意》目的は x の関数 u_1, u_2 が定数 C_1, C_2 になることを示そうとする．

②の両辺を x で微分して，

$$y' = \underbrace{u_1y_1' + u_2y_2'}_{y'\ (②より)} + u_1'y_1 + u_2'y_2$$

$$\cancel{y'} = \cancel{y'} + u_1'y_1 + u_2'y_2 \quad \text{から} \quad u_1'y_1 + u_2'y_2 = 0 \quad \cdots④$$

③の両辺を x で微分して，

$$y'' = u_1y_1'' + u_2y_2'' + u_1'y_1' + u_2'y_2' \qquad \cdots⑤$$

②，③，⑤を①に代入して，

$$(u_1y_1'' + u_2y_2'' + u_1'y_1' + u_2'y_2') + P(u_1y_1' + u_2y_2') + Q(u_1y_1 + u_2y_2) = 0$$

$$\Leftrightarrow \ \underbrace{(y_1'' + Py_1' + Qy_1)}_{0}u_1 + \underbrace{(y_2'' + Py_2' + Qy_2)}_{0}u_2 + u_1'y_1' + u_2'y_2' = 0$$

y_1, y_2 は①の解

$$u_1'y_1' + u_2'y_2' = 0 \quad \cdots⑥$$

④，⑥から，

$$\begin{pmatrix} y_1 & y_2 \\ y_1' & y_2' \end{pmatrix}\begin{pmatrix} u_1' \\ u_2' \end{pmatrix} = \begin{pmatrix} 0 \\ 0 \end{pmatrix}$$

$W(y_1, y_2) \neq 0$ より，$\begin{pmatrix} y_1 & y_2 \\ y_1' & y_2' \end{pmatrix}^{-1}$ を上式の左辺から乗じて，

$$\begin{pmatrix} u_1' \\ u_2' \end{pmatrix} = \begin{pmatrix} 0 \\ 0 \end{pmatrix}$$

よって，u_1, u_2 はそれぞれ定数となり，$u_1 = C_1$，$u_2 = C_2$ とおける．これを①に代入して，$y = C_1y_1 + C_2y_2$ が得られる．■

Memo 定理 3-5 は2階の同次方程式　$L(y) = 0$

$$y'' + P(x)y' + Q(x)y = 0 \quad \cdots\cdots①$$

の一般解は1次独立な2つの解 y_1, y_2 を用いて，$y = C_1y_1 + C_2y_2$ で表され，3つ以上の解が1次独立な解にならないことを意味している．このことを確認しておこう．

(∵) y_1, y_2, y_3 が $L(y) = 0$ の1次独立な解になるとすると，

$C_1y_1 + C_2y_2 + C_3y_3 = 0 \quad \cdots㋐ \quad \Leftrightarrow \quad (C_1, C_2, C_3) = (0, 0, 0)$

①の辺々を x で1階，2階微分すると，

$$C_1y_1' + C_2y_2' + C_3y_3' = 0 \quad \cdots㋑$$

$$C_1y_1'' + C_2y_2'' + C_3y_3'' = 0 \quad \cdots㋒$$

㋐, ㋑, ㋒から
$$\begin{pmatrix} y_1 & y_2 & y_3 \\ y_1' & y_2' & y_3' \\ y_1'' & y_2'' & y_3'' \end{pmatrix}\begin{pmatrix} C_1 \\ C_2 \\ C_3 \end{pmatrix} = \begin{pmatrix} 0 \\ 0 \\ 0 \end{pmatrix}$$

$(C_1, C_2, C_3) = (0, 0, 0)$ より $W(y_1, y_2, y_3) = \begin{vmatrix} y_1 & y_2 & y_3 \\ y_1' & y_2' & y_3' \\ y_1'' & y_2'' & y_3'' \end{vmatrix} \neq 0$ …⊛

一方，y_1, y_2, y_3 は①の解であるから，

$$\begin{cases} y_1'' + P(x)y_1' + Q(x)y_1 = 0 & \cdots\cdots ㋓ \\ y_2'' + P(x)y_2' + Q(x)y_2 = 0 & \cdots\cdots ㋔ \\ y_3'' + P(x)y_3' + Q(x)y_3 = 0 & \cdots\cdots ㋕ \end{cases}$$

をみたす．

このとき，

$$W(y_1, y_2, y_3) = \begin{vmatrix} y_1 & y_2 & y_3 \\ y_1' & y_2' & y_3' \\ y_1'' & y_2'' & y_3'' \end{vmatrix}$$

行列式の計算で第 3 行に
（第 2 行）× $P(x)$ ＋（第 1 行）× $Q(x)$
をたしても，値は変わらない．

$$= \begin{vmatrix} y_1 & y_2 & y_3 \\ y_1' & y_2' & y_3' \\ \underset{0(㋓)}{\underline{y_1''+P(x)y_1'+Q(x)y_1}} & \underset{0(㋔)}{\underline{y_2''+P(x)y_2'+Q(x)y_2}} & \underset{0(㋕)}{\underline{y_3''+P(x)y_3'+Q(x)y_3}} \end{vmatrix}$$

$$= \begin{vmatrix} y_1 & y_2 & y_3 \\ y_1' & y_2' & y_3' \\ 0 & 0 & 0 \end{vmatrix} = 0$$

これは，⊛に矛盾．よって，y_1, y_2, y_3 は 1 次独立な解にならない．以上より，$L(y) = 0$ の 1 次独立な基本解の個数は 2 である．

一般に，n 階同次線形微分方程式の 1 次独立な基本解の個数は n であり，その一般解 y は，

$$y = C_1y_1 + C_2y_2 + \cdots\cdots + C_ny_n$$

$W(y_1, y_2, \cdots, y_n) \neq 0$ となる．

2 一般解（問題 3-[3], [4], [5]）

非同次形の微分方程式

$$y'' + P(x)y' + Q(x)y = R(x) \cdots ① \quad (L(y) = R(x))$$

の一般解について考えよう．

①を考えるときは，つねに同次形の微分方程式

$$y'' + P(x)y' + Q(x)y = 0 \quad \cdots ② \quad (L(y) = 0)$$

を考えるとよい．①の特殊解を z とし，②の一般解を y_0 とすると，次の定理が成り立つ．

> **定理 3-6**
>
> ①の一般解 $= y_0 + z$ となる．

証明

z, y_0 はそれぞれ①, ②の解であるから，

$$z'' + P(x)z' + Q(x)z = R(x)$$

$$y_0'' + P(x)y_0' + Q(x)y_0 = 0$$

が成り立つ．2 式を加えて，

$$(z'' + y_0'') + P(x)(z' + y_0') + Q(x)(z + y_0) = R(x)$$

$$\Leftrightarrow \quad (z + y_0)'' + P(x)(z + y_0)' + Q(x)(z + y_0) = R(x)$$

この式は $z + y_0$ が①の解であることを示している．また，y_0 は 2 つの任意定数を含んでいるから，$y_0 + z$ は一般解となる．

以上 定理 3-5, 6 から，非同次形の微分方程式 $L(y) = R(x)$ は次の手順で解くことができる．

（i） 同次方程式 $L(y) = 0$ の基本解 y_1, y_2 を求める．

↓

（ii） 非同次方程式 $L(y) = R(x)$ の特殊解 z を求める．

↓

（iii） $L(y) = R(x)$ の一般解は，$y = C_1y_1 + C_2y_2 + z$ で与えられる．

上のことからも $L(y) = R(x)$ の一般解を求めるとき，$L(y) = 0$ の解が 1 つ求まると，$L(y) = R(x)$ の一般解を求めることが容易になる．

次に幾つかのタイプを紹介しよう.

タイプ1

$L(y)=0$ の1つの解 y_1（y_1 は恒等的に0でない）が得られたとき，解 y_2 を適当に選んで，y_1, y_2 が $L(y)=0$ の基本解となるようにできる.

（解）　$L(y_1)=0$, $y_1''+Py_1'+Qy_1=0$ をみたすとき，

$y_1y_2'-y_1'y_2=e^{-\int P(x)dx}$　|←定理3-4(p.58)を利用して, y_2 を求めようとする.

を満たすような y_2 を求める．辺々を y_1^2 で割ると

$$\underbrace{\frac{y_1y_2'-y_1'y_2}{y_1^2}}_{㋐}=\frac{1}{y_1^2}e^{-\int P(x)dx}$$

$$\Leftrightarrow\quad \underbrace{\left(\frac{y_2}{y_1}\right)'}_{㋐}=\frac{1}{y_1^2}e^{-\int P(x)dx}\quad\cdots①$$　|←㋐は商の微分公式

から　$\dfrac{y_2}{y_1}=\displaystyle\int\frac{1}{y_1^2}e^{-\int P(x)dx}dx+C$

となり，$C=0$ とすると，$y_2=y_1\displaystyle\int\frac{1}{y_1^2}e^{-\int P(x)dx}dx$　$\cdots②$

このように，y_2 を定める.

①より $\dfrac{y_2}{y_1}$ は定数でない$\left(\text{定数であると仮定すると，}\left(\dfrac{y_2}{y_1}\right)'=0\text{ となり，①の右辺}\neq 0\text{ であることに矛盾}\right)$.

よって，y_1, y_2 は1次独立となる．一方，$L(y_2)=y_2''+Py_2'+Qy_2$ を計算すると0となり，y_1, y_2 は基本解となる.

《注意》タイプ2 のように，$y=uy_1$ とおき，これが $L(y)=0$ の一般解になるように u を定めることができる（問題 3-3）.

例3

$$y''+\frac{1}{x}y'-\frac{1}{x^2}y=0 \text{ を解け.}$$

（解）　$y_1=x$ は上式をみたす1つの特殊解であることはすぐわかる．これと1次独立なもう1つの特殊解を求めると，

タイプ1 の方法②より $\left(p(x)=\dfrac{1}{x},\ y_1=x\right)$

$$y_2=x\int\frac{e^{-\int\frac{1}{x}dx}}{x^2}dx=x\int\frac{1}{x^3}dx=x\left(-\frac{1}{2x^2}\right)=-\frac{1}{2x}$$

よって，求める一般解は，$y = C_1x + \dfrac{C_2}{x}$ …(答)

(別解) 上の解は $y_1 = x$ が解の1つであることを視察によってさがしているが，$y = x^n$ と置いて求めてみよう．

$$y' = nx^{n-1},\ y'' = n(n-1)x^{n-2}$$

これを与式に代入して，$n(n-1)x^{n-2} + \dfrac{1}{x}nx^{n-1} - \dfrac{1}{x^2}x^n = 0$

x^2 を乗じて，$\{n(n-1) + n - 1\}x^n = 0$ から $n^2 - 1 = 0$，$n = \pm 1$

よって，$y = x$ および $y = \dfrac{1}{x}$ はともに，もとの方程式の解であり，求める一般解は，$y = C_1x + \dfrac{C_2}{x}$ …(答)

《注意》この例のように同次方程式の1つの特殊解をみつける一般的な方法はないが，別解のような x^n，また $e^{\alpha x}$ や $\sin \alpha x$ などでためすのも1つの方法である．

タイプ2

$L(y) = 0$ の1つの解 y_1（y_1 は恒等的に0でない）が得られたとき，非同次方程式 $L(y) = R(x)$ の一般解をみいだすことができる．

(解) $L(y) = R(x)$ の一般解を y とすると，y も y_1 も x の関数であるから，比 $\dfrac{y}{y_1}$ も x の関数である．$\dfrac{y}{y_1} = u(x)$ とおくと，$y = uy_1$.

これから，$y' = y_1'u + y_1u'$，$y'' = y_1''u + 2y_1'u' + y_1u''$

これらを，$y'' + P(x)y' + Q(x)y = R(x)$ に代入して，

$$u''y_1 + u'(2y_1' + P(x)y_1) + u(\underbrace{y_1'' + P(x)y_1' + Q(x)y_1}_{\substack{\shortparallel \\ 0}}) = R(x)$$

$u' = s$ とおくと，$u'' = s'$

$$s'y_1 + s(2y_1' + P(x)y_1) = R(x)$$

$$s' + \left(\frac{2y_1'}{y_1} + P(x)\right)s = \frac{R(x)}{y_1}$$

これは1階線形微分方程式であるから，s を求めることができる．$\dfrac{du}{dx} = s$ から u を求め，$y = y_1u$ に代入すれば，$L(y) = R(x)$ の一般解 y を求めることができる．

《注意》ここで用いた方法は，**ダランベールの階数降下法**とよばれる．この方法を用いれば，一般に n 回線形微分方程式を $n-1$ 階線形微分方程式に直すことができる．

次の タイプ 3 は同次方程式の特殊解が 2 つ求まっているとき，非同次方程式の解を求めようとするもので，これは p. 21 で取り扱った線形 1 階微分方程式で用いた定数変化法の拡張になる．

タイプ 3

同次方程式 $L(y)=0$ の基本解 y_1, y_2 が得られたとき，$L(y)=R(x)$ の一般解をみいだすことができる．

（解）　c_1, c_2 を定数とすれば，$y=c_1y_1+c_2y_2$ は $L(y)=0$ の一般解である．
c_1, c_2 を x の関数 $C_1(x), C_2(x)$ とみなし，$L(y)=R(x)$ の解を

$$y=C_1(x)y_1+C_2(x)y_2 \quad \cdots①$$

と仮定し，$C_1(x), C_2(x)$ を定めよう．

①を x で微分すると，$y'=C_1'y_1+C_2'y_2+C_1y_1'+C_2y_2'$ $\quad\cdots②$

ここで，$C_1(x), C_2(x)$ に関する新たな条件

$$C_1'y_1+C_2'y_2=0 \quad \cdots③$$

を課すことにする．

このとき，②は　$y'=C_1y_1'+C_2y_2'$　となり，これをさらに x で微分すると，

$$y''=C_1y_1''+C_2y_2''+C_1'y_1'+C_2'y_2' \quad \cdots④$$

②, ④を $L(y)=R(x)$ に代入すると，

$$C_1y_1''+C_2y_2''+\underset{\sim\sim\sim\sim}{C_1'y_1'+C_2'y_2'}+P(x)(C_1y_1'+C_2y_2')$$
$$+Q(x)(C_1y_1+C_2y_2)=R(x)$$
$$\Leftrightarrow \quad C_1\underbrace{(y_1''+P(x)y_1'+Q(x)y_1)}_{=0}+C_2\underbrace{(y_2''+P(x)y_2'+Q(x)y_2)}_{=0}$$
$$+\underset{\sim\sim\sim\sim}{C_1'y_1'+C_2'y_2'}=R(x)$$
$$C_1'y_1'+C_2'y_2'=R(x) \quad \cdots⑤$$

③, ⑤の連立方程式を行列で表現すると，

$$\begin{pmatrix} y_1 & y_2 \\ y_1' & y_2' \end{pmatrix}\begin{pmatrix} C_1' \\ C_2' \end{pmatrix}=\begin{pmatrix} 0 \\ R(x) \end{pmatrix}$$

y_1, y_2 が $L(y)=0$ の 1 次独立の解であるから，$\underbrace{\begin{vmatrix} y_1 & y_2 \\ y_1' & y_2' \end{vmatrix}}_{=W(y_1,\, y_2)} \neq 0$ で，

$$\begin{pmatrix} C_1' \\ C_2' \end{pmatrix} = \begin{pmatrix} y_1 & y_2 \\ y_1' & y_2' \end{pmatrix}^{-1} \begin{pmatrix} 0 \\ R(x) \end{pmatrix} = \frac{1}{W(y_1, y_2)} \begin{pmatrix} y_2' & -y_2 \\ -y_1' & y_1 \end{pmatrix} \begin{pmatrix} 0 \\ R(x) \end{pmatrix}$$

から，

$$C_1' = \frac{-R(x)y_2}{W(y_1, y_2)}, \quad C_2' = \frac{R(x)y_1}{W(y_1, y_2)}$$

これらを積分して，

$$C_1(x) = \int \frac{-R(x)y_2}{W(y_1, y_2)}dx + c_1, \quad C_2(x) = \int \frac{R(x)y_1}{W(y_1, y_2)}dx + c_2 \qquad \cdots ⑥$$

これを①式に代入して，$L(y) = R(x)$ の一般解として

$$y = c_1y_1 + c_2y_2 + y_1\int \frac{-R(x)y_2}{W(y_1, y_2)}dx + y_2\int \frac{R(x)y_1}{W(y_1, y_2)}dx \quad \boxed{\text{公式}}$$

が得られる．

例4 $y'' + 4y' + 3y = 2e^{2x}$ $\cdots$① を解け．

（解） $y'' + 4y' + 3y = 0$ の特殊解を求めるために，$y = e^{tx}$ とおけば（p. 21 定数係数の定数変化法を参照），

$y' = te^{tx}$，$y'' = t^2e^{tx}$ より，

$$(t^2 + 4t + 3)\cdot e^{tx} = 0, \ t^2 + 4t + 3 = (t + 3)(t + 1) = 0$$

これより $t = -3, -1$ で $y_1 = e^{-3x}$，$y_2 = e^{-x}$ は①の基本解である．

$W(y_1, y_2) = \begin{vmatrix} e^{-3x} & e^{-x} \\ -3e^{-3x} & -e^{-x} \end{vmatrix} = 2e^{-4x}$ であり，$R(x) = 2e^{2x}$ であるから，

上の⑥式より，

$$C_1(x) = \int \frac{-2e^{2x}e^{-x}}{2e^{-4x}}dx = -\int e^{5x}dx = -\frac{1}{5}e^{5x}$$

$$C_2(x) = \int \frac{2e^{2x}e^{-3x}}{2e^{-4x}}dx = \int e^{3x}dx = \frac{1}{3}e^{3x}$$

よって，①の一般解は，

$$y = c_1e^{-3x} + c_2e^{-x} + e^{-3x}\left(-\frac{1}{5}e^{5x}\right) + e^{-x}\left(\frac{1}{3}e^{3x}\right)$$

$$= c_1e^{-3x} + c_2e^{-x} + \frac{2}{15}e^{2x} \quad \cdots(\text{答})$$

3　定数係数の同次方程式（問題 3-6, 7, 14）

$$y'' + ay' + by = 0 \quad \cdots①$$

は a, b が定数であり，これは一般の線形微分方程式 $y'' + P(x)y' + Q(x)y = 0$ において y' の係数 $P(x)$，y の係数 $Q(x)$ が定数に等しい場合である．

$y' + ky = 0$ は変数分離形であり，その解は $y = Ce^{-kx}$ となった．そこで，①の解として $\boxed{y = e^{tx}}$ の形のものを考えるのは自然である．これを微分して，$y' = te^{tx}$，$y'' = t^2e^{tx}$ これを①に代入して，$(t^2 + at + b)e^{tx} = 0$

したがって，t が 2 次方程式　$\boldsymbol{t^2 + at + b = 0}$　…②

の解であるならば，$y = e^{tx}$ は①の解になっている．②を①の**特性方程式**という．

②の解は，$t_1 = \dfrac{1}{2}(-a + \sqrt{a^2 - 4b})$，$t_2 = \dfrac{1}{2}(-a - \sqrt{a^2 - 4b})$

であり，以下解の種類（②の判別式 $D = a^2 - 4b$）により次の 3 タイプに分けて考えよう．

タイプ 1	異なる 2 実解をもつ	$(a^2 > 4b)$
タイプ 2	重解をもつ	$(a^2 = 4b)$
タイプ 3	共役な 2 つの虚数解をもつ	$(a^2 < 4b)$

（i）タイプ 1（特性方程式が異なる 2 実解）

e^{t_1x}, e^{t_2x} は 1 次独立であるから，定理 3-2 により①の任意の解は適当に定数 C_1, C_2 を選んで

$$y = C_1e^{t_1x} + C_2e^{t_2x}$$

となる．

（ii）タイプ 2（特性方程式が重解）

$y_1 = e^{t_1x}$ は①の解である．これと 1 次独立な解を p. 63 の タイプ 1 の方法で求めてみる．

$p(x) = a$，$t_1 = -\dfrac{1}{2}a$ であり，

$$y_2 = y_1\int\left(\frac{1}{{y_1}^2}e^{-\int p(x)dx}\right)dx = e^{t_1x}\int\frac{e^{-ax}}{e^{2t_1x}}dx$$

$$= e^{-\frac{1}{2}ax}\int\frac{e^{-ax}}{e^{-ax}}dx = xe^{-\frac{1}{2}ax}$$

$e^{-\frac{1}{2}ax}, xe^{-\frac{1}{2}ax}$ は1次独立であるから，適当に定数 C_1, C_2 を選んで，①の任意の解は，

$y = C_1e^{-\frac{1}{2}ax} + C_2xe^{-\frac{1}{2}ax} = e^{-\frac{1}{2}ax}(C_1 + C_2x)$

となる．

（iii） タイプ3 （特性方程式が共役な虚数解）

特性方程式の2つの虚数解を

$$t_1 = p + qi,\ \ t_2 = p - qi \quad \left(p = -\frac{1}{2}a,\ \ q = \frac{1}{2}\sqrt{4b - a^2}\right)$$

とかくと，

$$e^{t_1x} = e^{(p+qi)x} = e^{px} \cdot \underset{㋐}{e^{iqx}} = e^{px} \cdot \underset{㋐}{(\cos qx + i\sin qx)}$$

←㋐オイラーの定理

$$e^{t_2x} = e^{(p-qi)x} = e^{px} \cdot e^{-iqx} = e^{px} \cdot (\cos qx - i\sin qx)$$

タイプ1 と違うのは，これが複素数値関数になることである．$u(x)$，$v(x)$ を実数値関数として，$u(x) + iv(x)$ が①をみたしているとすると，

$$\{u(x) + iv(x)\}'' + a\{u(x) + iv(x)\}' + b\{u(x) + iv(x)\} = 0$$

$$\underbrace{\{u''(x) + au'(x) + bu(x)\}}_{\text{実部}} + i\underbrace{\{v''(x) + av'(x) + bv(x)\}}_{\text{虚部}} = 0$$

から，

$$\begin{cases} u''(x) + au'(x) + bu(x) = 0 \\ v''(x) + av'(x) + bv(x) = 0 \end{cases}$$

となる．これより，e^{t_1x} の実数部，虚数部はいずれも①の解である．こうして2つの実数値関数

$$y_1(x) = e^{px}\cos qx,\ \ y_2(x) = e^{px}\sin qx$$

が①の解であることがわかった．

$y_1(x), y_2(x)$ はその比が定数でないから1次独立である．

したがって，①の任意の解は適当に C_1, C_2 をとって，

$$y = e^{px}(C_1\cos qx + C_2\sin qx)$$

となる．

以上のことを整理する．

微分方程式　$y'' + ay' + by = 0$　…①　$(a, b$：定数$)$

特性方程式　$t^2 + at + b = 0$　…②

①の一般解と②の解との間には，下表のような密接な関係がある.

②の解	①の一般解
異なる 2 実解 t_1, t_2	$y = C_1e^{t_1x} + C_2e^{t_2x}$
2 重解 $t_1\left(t_1 = -\dfrac{a}{2}\right)$	$y = (C_1 + C_2x)e^{t_1x}$
虚数解 $p \pm qi$	$y = e^{px}(C_1\cos qx + C_2\sin qx)$

例 5　$y'' - 4y' + 3y = 0$ を解け.

（解）　特性方程式　$t^2 - 4t + 3 = 0$ の解は $t = 1, 3$

$\therefore \quad y = C_1e^x + C_2e^{3x} \quad \cdots$(答)

例 6　$y'' + 2y' + y = 0$ を解け.

（解）　特性方程式　$t^2 + 2t + 1 = 0$ の解は $t = -1$（重解）

$\therefore \quad y = e^{-x}(C_1 + C_2x) \quad \cdots$(答)

例 7　$y'' - 4y' + 13y = 0$ を解け.

（解）　特性方程式　$t^2 - 4t + 13 = 0$ の解は $t = 2 \pm 3i$

$\therefore \quad y = e^{2x}(C_1\cos 3x + C_2\sin 3x) \quad \cdots$(答)

4　定数係数の非同次方程式（問題 3-8, 9, 10, 11）

微分方程式　$y'' + ay' + by = R(x) \quad \cdots$①　($a, b$：実定数)

を考える. p. 62 の $P(x), Q(x)$ を定数 a, b で置き換えたもので，定理 3-6 により，同次方程式

$y'' + ay' + by = 0 \quad \cdots$②

の基本解がわかれば，①の一般解が求められる.

②の一般解は 3 で取り扱っているので，あとは①の特殊解を何とか 1 つ見つければ，①を完全に解くことができる.

①の右辺 $R(x)$ が x の多項式，$e^{\alpha x}, \sin\beta x, \cos\beta x$ やこれらの組み合わせでできている場合，①の特殊解 $z(x)$ をだいたい予測することができる.

しかし，特殊解 $z(x)$ は $R(x)$ と②の特性方程式 $t^2 + at + b = 0 \cdots$③ との関係により，$z(x)$ の形も異なってくる. 以下 $R(x)$ と特性方程式によるいく

つかの型を整理し，求め方を例題によって示す．

❶ 未定係数法

〔1〕 タイプ1。 $R(x)$ が x の n 次の整式の場合．

（ｉ） $b \neq 0$ ならば，x の **n 次式**を特殊解としてもつ．

（ii） $b = 0$ ならば，x の **$n+1$ 次式**を特殊解としてもつ．

〔2〕 タイプ2。 $R(x) = pe^{Cx}$（p, C：定数）の場合．

（ｉ） C が特性方程式③の解でない．**ke^{Cx}** となる特殊解をもつ．

（ii） C が特性方程式③の単解である．**kxe^{Cx}** となる特殊解をもつ．

（iii） C が特性方程式③の重解である．**kx^2e^{Cx}** となる特殊解をもつ．

〔3〕 タイプ3。 $R(x) = p\cos cx + q\sin cx$（$p, q, c$：定数）の場合．

（ｉ） ③が虚数 ci を解にもたないとき，**$k\cos cx + l\sin cx$** となる特殊解をもつ．

（ii） ③が虚数 ci を解にもつとき，**$x(k\cos cx + l\sin cx)$** となる特殊解をもつ．

《注意》$R(x)$ が〔1〕,〔2〕,〔3〕以外の場合には適当な工夫を必要とする．これは難しい．

例8 $y'' - y = x^2 \quad \cdots①$ を解け．

（解） （$b = -1$，$R(x) = x^2$． タイプ1。 の（ｉ）で特殊解は x の 2 次式となり，$z(x) = \alpha x^2 + \beta x + \gamma$ とおける．）

特性方程式 $x^2 - 1 = 0$ 解は $x = \pm 1$．同次方程式の一般解は $C_1e^x + C_2e^{-x}$

①の特殊解を $z(x) = \alpha x^2 + \beta x + \gamma$ とおき，①に代入すると，

$$(\alpha x^2 + \beta x + \gamma)'' - (\alpha x^2 + \beta x + \gamma) = x^2,\ 2\alpha - (\alpha x^2 + \beta x + \gamma) = x^2$$

$$\Leftrightarrow \quad (\alpha + 1)x^2 + \beta x + (\gamma - 2\alpha) = 0$$

x^2, x の係数，定数項を 0 とおいて，$\alpha = -1$，$\beta = 0$，$\gamma = -2$

よって，①の特殊解は，$z(x) = -x^2 - 2$

求める一般解は，$y = C_1e^x + C_2e^{-x} - (x^2 + 2)$ $\cdots$(答)

例9 $y'' - y' = x \quad \cdots①$ を解け．

（解）

（$b = 0$ で $R(x) = x$． タイプ1。 の（ii）で特殊解は $z(x) = x(\alpha + \beta x)$ とおける．）

特性方程式　$x^2 - x = x(x-1) = 0$ の解は $x = 0, 1.$

同次方程式の一般解は　$C_1 + C_2e^x$. ①の特殊解を　$z(x) = x(\alpha + \beta x)$ とおき，①に代入すると，

$$(\alpha x + \beta x^2)'' - (\alpha x + \beta x^2)' = x,\ 2\beta - \alpha - 2\beta x = x$$

$$\Leftrightarrow \quad (2\beta + 1)x + \alpha - 2\beta = 0$$

$$\therefore \quad \alpha = -1,\ \beta = -\frac{1}{2}$$

よって，①の特殊解は，$z(x) = -\left(\frac{1}{2}x^2 + x\right)$

求める一般解は，$y = C_1 + C_2e^x - \left(\frac{x^2}{2} + x\right)$　…(答)

例 10　$y'' - 5y' + 6y = e^{4x}$　…①　を解け．

(解)

（①の特性方程式の解は 2, 3．よって，$C = 4$ は特性方程式の解でなく，［タイプ 2。］の(ⅰ)．$z(x) = ke^{4x}$ とおける．）

特性方程式の解は $x = 2, 3$ より，同次方程式の一般解は $C_1e^{2x} + C_2e^{3x}$. ①の特殊解を $z(x) = ke^{4x}$ とおき①式に代入すると，

$$(ke^{4x})'' - 5(ke^{4x})' + 6(ke^{4x}) = e^{4x}$$

$$\Leftrightarrow \quad 16ke^{4x} - 20ke^{4x} + 6ke^{4x} = e^{4x},\ (2k-1)e^{4x} = 0$$

$$\therefore \quad k = \frac{1}{2}$$

よって，①の特殊解は，$z(x) = \frac{1}{2}e^{4x}$

求める一般解は，$y = C_1e^{2x} + C_2e^{3x} + \frac{1}{2}e^{4x}$　…(答)

例 11　$y'' - 4y' + 4y = e^{2x}$　…①　を解け．

(解)　（①の特性方程式の解は $x = 2$ で $R(x) = e^{2x}$ から $C = 2$ は特性方程式の重解となるから，［タイプ 2。］(ⅲ)．$z(x) = kx^2e^{2x}$ とおける．）

①の特性方程式の解は重解で $x = 2.$

同次方程式の一般解は　$(C_1 + C_2x)e^{2x}$

①の特殊解を　$z(x) = kx^2e^{2x}$ とおくと，

$$z'(x) = 2ke^{2x}(x^2 + x)$$

$$z''(x) = 2ke^{2x}(2x^2 + 4x + 1)$$

を①に代入して，$2k(2x^2 + 4x + 1) - 8k(x^2 + x) + 4kx^2 = 1$，$2k = 1$

$$\therefore \quad k = \frac{1}{2}$$

よって，①の特殊解は，$z(x) = \dfrac{1}{2}x^2e^{2x}$

求める一般解は，$y = \left(C_1 + C_2x + \dfrac{1}{2}x^2\right)e^{2x}$　…(答)

例 12　$y'' + 4y = \cos 2x$　…①　を解け．

（解）（①の特性方程式の 2 解は $x = \pm 2i$．$R(x) = \cos 2x$ で $x = 2i$ を解にもつことから，タイプ 3。の (ii)．$z(x) = x(k\cos 2x + l\sin 2x)$ とおける．）

①の特性方程式の解は $x = \pm 2i$ であるから，同次方程式の一般解は，

$$C_1\cos 2x + C_2\sin 2x$$

①の特殊解を $z(x) = x(k\cos 2x + l\sin 2x)$ とおくと，

$$z'(x) = (k + 2lx)\cos 2x + (l - 2kx)\sin 2x$$

$$z''(x) = 4(l - kx)\cos 2x - 4(lx + k)\sin 2x$$

を①に代入して，

$$(4l - 1)\cos 2x - 4k\sin 2x = 0$$

$$\therefore \quad l = \frac{1}{4},\ k = 0$$

よって，①の特殊解は，$z(x) = \dfrac{1}{4}x\sin 2x$

求める一般解は，$y = C_1\cos 2x + C_2\sin 2x + \dfrac{x}{4}\sin 2x$　…(答)

❷ 定数変化法

　微分方程式　$y^2 + ay' + by = R(x)$　…①　(a, b：実定数)

の特殊解 $z(x)$ を求める方法は，$R(x)$ が考えている区間で連続であれば，どんな関数に対しても，p. 66 で紹介した公式で $z(x)$ を求めることができる．①の同次方程式の一般解を $C_1y_1 + C_2y_2$ として，特殊解 $z(x)$ は

$$z(x) = -y_1\int \frac{y_2R(x)}{W(y_1, y_2)}dx + y_2\int \frac{y_1R(x)}{W(y_1, y_2)}dx$$

例 13

（**例 9** と同じ微分方程式）

$y'' - y' = x$　…①

を上の公式を用いて，一般解を求めよ．

（解）　**例 9** より，①の同次方程式の一般解は，$C_1 + C_2e^x$

$\therefore\ \ y_1 = 1,\ y_2 = e^x,\ R(x) = x$

$$W(y_1, y_2) = \begin{vmatrix} 1 & e^x \\ 0 & e^x \end{vmatrix} = e^x$$

$$\therefore\ \ z(x) = -\int \frac{xe^x}{e^x}dx + e^x\int \frac{x}{e^x}dx = -\int xdx + e^x\underbrace{\int xe^{-x}dx}_{㋐}$$

$$= -\frac{1}{2}x^2 - e^x \cdot e^{-x}(x+1) = -\frac{1}{2}x^2 - x - 1$$

$$\left(㋐\ \ \int x\underset{(-e^{-x})'}{\underset{\parallel}{e^{-x}}}dx = -xe^{-x} + \int e^{-x}dx = -(x+1)e^{-x} \right)$$

求める一般解は，$y = C_1 + C_2e^x - \left(\dfrac{x^2}{2} + x\right)$　…(答)

例 14

（**例 10** と同じ微分方程式）

$y'' - 5y' + 6y = e^{4x}$　…①

を上の公式を用いて，一般解を求めよ．

（解）　**例 10** より，①の同次方程式の一般解は，$C_1e^{2x} + C_2e^{3x}$

$\therefore\ \ y_1 = e^{2x},\ y_2 = e^{3x},\ R(x) = e^{4x}$

$$W = \begin{vmatrix} e^{2x} & e^{3x} \\ 2e^{2x} & 3e^{3x} \end{vmatrix} = e^{5x}$$

$$\therefore\ \ z(x) = -e^{2x}\int \frac{e^{3x} \cdot e^{4x}}{e^{5x}}dx + e^{3x}\int \frac{e^{2x} \cdot e^{4x}}{e^{5x}}dx$$

$$= -e^{2x}\int e^{2x}dx + e^{3x}\int e^{x}dx = -\frac{1}{2}e^{2x} \cdot e^{2x} + e^{3x} \cdot e^{x}$$

$$= \frac{1}{2}e^{4x}$$

求める一般解は，$y = C_1e^{2x} + C_2e^{3x} + \dfrac{1}{2}e^{4x}$　…(答)

5　オイラーの微分方程式（問題 3-12, 13）

次の形の微分方程式を**オイラーの微分方程式**または**コーシーの微分方程式**とよぶ．

$$x^2y'' + axy' + by = 0 \quad \cdots ① \quad (x > 0)$$

$$x^2y'' + axy' + by = R(x) \quad \cdots ②$$

❶ 同次方程式（①）の解法

$y = x^t$（t：定数）とおくことにより，①の基本解を求めることができる．

$y' = tx^{t-1}$，$y'' = t(t-1)x^{t-2}$ を①に代入して，

$$t(t-1)x^t + atx^t + bx^t = 0 \Leftrightarrow \{t^2 + (a-1)t + b\}x^t = 0$$

から，$t^2 + (a-1)t + b = 0 \quad \cdots ③$

③を①の特性方程式とよぶ．p. 67 と同様な考え方で，③の解の種類により，次の3タイプに分けて考える．

- タイプ1′　異なる2実解をもつ．
- タイプ2′　重解をもつ．
- タイプ3′　共役な2つの虚数解をもつ．

（i）タイプ1′　③の異なる2実解を t_1, t_2 とするとき，

①の基本解は，$y_1 = x^{t_1}$，$y_2 = x^{t_2}$ となる．

なぜなら，

$$W(y_1, y_2) = \begin{vmatrix} x^{t_1} & x^{t_2} \\ t_1x^{t_1-1} & t_2x^{t_2-1} \end{vmatrix} = t_2x^{t_1+t_2-1} - t_1x^{t_1+t_2-1}$$

$$= (t_2 - t_1)x^{t_1+t_2-1} \neq 0$$

となり，y_1, y_2 は1次独立となり，①の一般解は，

$$y = C_1x^{t_1} + C_2x^{t_2}$$

（ii）タイプ2′　③の重解を t_1 とするとき，

①の基本解は，$y_1 = x^{t_1}$，$y_2 = x^{t_1}\cdot\log x$ となる（証明 問題 3-12，p. 87）．

一般解は，$y = (C_1 + C_2\log x)x^{t_1}$

（iii）タイプ3′　③の共役な虚数解を $t_1 = p + qi$，$t_2 = p - qi$（$q \neq 0$）とおくと，

①の基本解は，

$$y_1 = \frac{1}{2}(x^{t_1} + x^{t_2}) = x^p\cdot\cos(q\log x)$$

$$y_2 = \frac{1}{2i}(x^{t_1} - x^{t_2}) = x^p\cdot\sin(q\log x)$$

となる（証明 **練習問題 3-12**, p. 87）.

①の一般解は，$y = x^p\{C_1\cos(q\log x) + C_2\sin(q\log x)\}$

例 15　$x^2y'' + 2xy' - 2y = 0$　$(x > 0)$ の一般解を求めよ.

（解）　$y = x^t$ とおくと，$y' = tx^{t-1}$，$y'' = t(t-1)x^{t-2}$ を与式に代入して，

$(t^2 + t - 2)\cdot x^t = 0$，特性方程式の解は $(t-1)(t+2) = 0$

から $t = 1, -2$　基本解は $y_1 = x$，$y_2 = x^{-2}$ となり，

一般解は，$y = C_1x + \dfrac{C_2}{x^2}$　…(答)

❷ 非同次方程式（②）の解法

（ i ）　同次方程式の基本解 y_1, y_2 が求まれば，②の特殊解 $z(x)$ は p. 66 の公式から，

$$z(x) = y_1\int\frac{-R(x)y_2}{W(y_1, y_2)}dx + y_2\int\frac{R(x)y_1}{W(y_1, y_2)}dx$$

と求められる.

（ii）　②は $x = e^t$ の変換によって，定数係数の微分方程式に変形することができる. 以下それを示す.

（∵）　$x = e^t$ から $t = \log x$，$\dfrac{dt}{dx} = \dfrac{1}{x}$

$$xy' = x\cdot\frac{dy}{dx} = x\cdot\frac{dy}{dt}\cdot\underbrace{\frac{dt}{dx}}_{=\frac{1}{x}} = \frac{dy}{dt}$$ であり，$y' = \dfrac{1}{x}\dfrac{dy}{dt}$

$$x^2y'' = x^2\cdot\frac{d}{dx}\left(\frac{1}{x}\frac{dy}{dt}\right) = x^2\left(-\frac{1}{x^2}\frac{dy}{dt} + \frac{1}{x}\frac{d^2y}{dt^2}\cdot\underbrace{\frac{dt}{dx}}_{=\frac{1}{x}}\right)$$

$$= \frac{d^2y}{dt^2} - \frac{dy}{dt}$$ を②に代入して，

$$\left(\frac{d^2y}{dt^2} - \frac{dy}{dt}\right) + a\left(\frac{dy}{dt}\right) + by = R(e^t)$$

$$\therefore\quad \frac{d^2y}{dt^2} + (a-1)\frac{dy}{dt} + by = R(e^t)$$

定数係数の微分方程式になる.

問題 3-1 ▼**1次独立，1次従属**

〔1〕次の関数は1次独立かどうか．

(1) $\cos x$, $\sin x$　(2) x, x^2

(3) $\log x$, $\log x^3$　(4) $3x^2 - 4x - 5$, $-x^2 + 6x + 5$, $-2x^2 - 9x - 5$

〔2〕次の関数 y_1, y_2 のロンスキー行列式 $W(y_1, y_2)$ を計算せよ．

(1) $y_1(x) = e^x$, $y_2(x) = e^{-x}$

(2) $y_1(x) = \cos\omega x$, $y_2 = \sin\omega x$

●考え方●

x の関数 u および v について，$C_1u + C_2v = 0$ が恒等的に成り立つとき，

u, v：1次独立 $\Leftrightarrow C_1 = C_2 = 0$

u, v：1次従属 $\Leftrightarrow C_1{}^2 + C_2{}^2 \neq 0$

u, v が1次従属であるということは，u, v が $v = Cu$ $(C \neq 0)$ のように定数倍で表すことができる．

解答

〔1〕(1) 1次独立㋐　(2) 1次独立㋑　(3) 1次従属㋒

(4) 1次従属㋓ 答

$$\left(\begin{array}{l} \because)\ C_1(3x^2 - 4x - 5) + C_2(-x^2 + 6x + 5) \\ \qquad\qquad + C_3(-2x^3 - 9x - 5) = 0 \\ (C_1, C_2, C_3) = (3, 5, 2) \text{ のとき，} \\ 3(3x^2 - 4x - 5) + 5(-x^2 + 6x + 5) \\ \qquad\qquad +2(-2x^3 - 9x - 5) = 0 \\ \text{となることから，1次従属．} \end{array}\right)$$

〔2〕

(1) $W(y_1, y_2) = \begin{vmatrix} y_1 & y_2 \\ y_1' & y_2' \end{vmatrix} = \begin{vmatrix} e^x & e^{-x} \\ e^x & -e^{-x} \end{vmatrix} = -2$㋔ 答

(2) $W(y_1, y_2) = \begin{vmatrix} y_1 & y_2 \\ y_1' & y_2' \end{vmatrix} = \begin{vmatrix} \cos\omega x & \sin\omega x \\ -\omega\sin\omega x & \omega\cos\omega x \end{vmatrix}$

$= \omega(\cos^2\omega x + \sin^2\omega x) = \omega$㋔ 答

ポイント

㋐ $\sin x = C\cos x$ $(C \neq 0)$ と表せるとすると，$C = \tan x$ となり矛盾．

㋑ $x^2 = Cx$ と表すことはできない．

㋒ $\log x^3 = 3\log x$ となり，1次従属．

㋓ 一般に関数の列 $y_1, y_2, \cdots, y_n$ が $C_1y_1 + C_2y_2 + \cdots + C_ny_n = 0$ をみたすとき，

・$(C_1, C_2, \cdots, C_n) = (0, 0, \cdots, 0)$

$\Leftrightarrow y_1, y_2, \cdots, y_n$ は1次独立．

・$C_1 = C_2 = \cdots = C_n = 0$ 以外にある．

$\Leftrightarrow y_1, y_2, \cdots, y_n$ は1次従属である．

㋔ $W(y_1, y_2) \neq 0$ より y_1, y_2 は1次独立．

練習問題　3-1　解答 p. 218

次の関数 y_1, y_2 のロンスキー行列式 $W(y_1, y_2)$ を計算せよ．

(1) $y_1(x) = e^{ax}$, $y_2(x) = xe^{ax}$

(2) $y_1(x) = x^m$, $y_2(x) = x^n$

問題 3-2 ▼解の判定

$y'' - y' - 2y = 0$ …① と関数　$y_1 = e^{2x}$, $y_2 = e^{-x}$ について，次の問に答えよ．

(1) y_1, y_2 は①の解であることを示せ．

(2) y_1, y_2 は任意の区間で1次独立であることを示し，①の一般解を求めよ．

(3) y_1 と y_2 の線形結合の関数 $y = 2e^{2x} - e^{-x}$ も①の解であることを示せ．

●考え方●

(1) 解の確認は直接代入．

(2) 1次独立性はロンスキー行列式で判定する．

解答

(1) $y_1 = e^{2x}$, $y_2 = e^{-x}$ を①の左辺に代入すると，

①の左辺 $= \underbrace{(e^{2x})''}_{㋐} - \underbrace{(e^{2x})'}_{㋐} - 2(e^{2x})$

$= 4e^{2x} - 2e^{2x} - 2e^{2x} = 0 =$ (①の右辺)

①の左辺 $= (e^{-x})'' - (e^{-x})' - 2(e^{-x})$

$= e^{-x} + e^{-x} - 2e^{-x} - 0 =$ (①の右辺)

よって，y_1, y_2 とも①の解である．

(2) ロンスキー行列式 $W(y_1, y_2)$ を計算すると，

$$W(y_1, y_2) = \begin{vmatrix} y_1 & y_2 \\ y_1' & y_2' \end{vmatrix} = \begin{vmatrix} e^{2x} & e^{-x} \\ 2e^{2x} & -e^{-x} \end{vmatrix} = e^{2x}\cdot(-e^{-x}) - (e^{-x})(2e^{2x})$$

$$= -e^{x} - 2e^{x} = -3e^{x} \neq 0$$

よって，$y_1 = e^{2x}$, $y_2 = e^{-x}$ は1次独立で㋑①の基本解となる．

①の一般解は，$y = C_1 e^{2x} + C_2 e^{-x}$ 答

(3) $y = 2e^{2x} - e^{-x}$ が①をみたせばよい．

①の左辺 $= \underbrace{(2e^{2x} - e^{-x})''}_{㋒} - \underbrace{(2e^{2x} - e^{-x})'}_{㋒} - 2(2e^{2x} - e^{-x})$

$= (8e^{2x} - e^{-x}) - (4e^{2x} + e^{-x}) - (4e^{2x} - 2e^{-x}) = 0$

$=$ (①の右辺)

ポイント

㋐ $(e^{ax})' = ae^{ax}$

$(e^{ax})'' = a^2 e^{ax}$

㋑ $W(y_1, y_2) \neq 0$

$\Leftrightarrow y_1, y_2$ は1次独立

㋒ $(2e^{2x} - e^{-x})'$

$= 4e^{2x} + e^{-x}$

$(2e^{2x} - e^{-x})''$

$= (4e^{2x} + e^{-x})'$

$= 8e^{2x} - e^{-x}$

練習問題　3-2　解答 p. 218

$y'' + 4y = 0$　…①　について，関数 $y_1 = \cos 2x$, $y_2 = \sin 2x$ が基本解であることを示し，一般解を求めよ．

問題 3-3 ▼ $L(y)=0$ の一般解

$y''+P(x)y'+Q(x)y=0$ …① の1つの特殊解 y_1 を知るとき，$y=uy_1$ とおき，一般解を y_1 を用いて表せ.

●考え方●

y', y'' を求め，①をみたすように $u(x)$ を決定する.

解答

$y'=u'y_1+uy_1'$ ㋐，　$y''=u''y_1+2u'y_1'+uy_1''$

これらを①式に代入して，

$(y_1u''+2y_1'u'+y_1''u)+P(x)(y_1u'+y_1'u)+Q(x)y_1u=0$

$\Leftrightarrow y_1u''+(2y_1'+P(x)\cdot y_1)u'$

$\quad +\{y_1''+P(x)y_1'+Q(x)y_1\}u=0$ ㋑

$y_1\neq 0$，$u'\neq 0$ として辺々を y_1u' で割ると

$$\frac{u''}{u'}+2\frac{y_1'}{y_1}+P(x)=0$$

辺々を x で積分して，

$$\int\frac{u''}{u'}dx \text{ ㋒} +2\int\frac{y_1'}{y_1}dx \text{ ㋓} +\int P(x)dx=C_1$$

$$\log|u'|+2\log|y_1| \text{ ㋔} +\int P(x)dx=C_1 \text{ ㋕}$$

$$\Leftrightarrow\quad \log|u'\cdot y_1^2|=\log e^{C_1}\cdot e^{-\int P(x)dx}$$

$$u'\cdot y_1^2=C\cdot e^{-\int P(x)dx}\quad (C=\pm e^{C_1})$$

$$u'=\frac{C}{y_1^2}e^{-\int P(x)dx}$$

$$\therefore\quad u=C\int\frac{1}{y_1^2}e^{-\int P(x)dx}dx+C_0$$

$$\therefore\quad \frac{y}{y_1}=C\int\frac{1}{y_1^2}e^{-\int P(x)dx}dx+C_0$$

$$y=y_1\left(C\int\frac{1}{y_1^2}e^{-\int P(x)dx}dx+C_0\right)$$ 答

ポイント

㋐ 積の微分法

㋑ y_1 は①の特殊解であるから，
$y_1''+P(x)y_1'+Q(x)y_1=0$

㋒ $u'=t$ とおくと，
$u''=\dfrac{dt}{dx}$ から $u''dx=dt$
$\displaystyle\int\frac{u''}{u'}dx=\int\frac{1}{t}dt$
$=\log|t|=\log|u'|$

㋓ ㋒と同じ考え方.

㋔ $\log|u'|+\log y_1^2$
$=\log|u'y_1^2|$

㋕ $C_1-\displaystyle\int P(x)dx$
$=\log e^{C_1}+\log e^{-\int P(x)dx}$
$=\log e^{C_1}\cdot e^{-\int P(x)dx}$

練習問題 3-3　　解答 p. 218

$(1+x^2)y''-2xy'+2y=0$ …①

$y=x$ は①の特殊解である.

(1) $y=ux$ とおき，一般解を求めよ.

(2) p. 63 の公式　$y_2=y_1\displaystyle\int\frac{1}{y_1^2}e^{-\int P(x)dx}dx$ を用いて一般解を求めよ.

問題 3-4 ▼定数変化法

$(x-1)y''-xy'+y=(x-1)^2 \quad \cdots①$

①の左辺を$L(y)$とおくと，$L(y)=0$の特殊解は，$y=x$，$y=e^x$である．定数変化法により，①の一般解を求めよ．

●考え方●

$y=x$，$y=e^x$はともに①をみたし，1次独立．$L(y)=0$の一般解は$y=C_1x+C_2e^x$．C_1, C_2をxの関数$C_1(x), C_2(x)$とみなし，$L(y)=(x-1)^2$の解が$y=C_1(x)x+C_2e^x$と仮定し，$C_1(x), C_2(x)$を決定する（定数変化法）．

解答

$y=C_1x+C_2e^x$とおき，C_1, C_2をxの関数とみなして微分すれば，$y'=C_1'x+C_1+C_2'e^x+C_2e^x$

ここで$\underset{㋐}{\underline{C_1'x+C_2'e^x=0}}\cdots①$ の条件を新たに課すと，

上式は，　$y'=C_1+C_2e^x$

$$y''=C_1'+C_2'e^x+C_2e^x$$

これを①式に代入して，

$(x-1)(C_1'+C_2'e^x+C_2e^x)-x(C_1+C_2e^x)+C_1x+C_2e^x$
$=(x-1)^2$

$(x-1)(C_1'+C_2'e^x)+\cancel{C_2xe^x}-\cancel{C_2e^x}-\cancel{C_1x}-\cancel{C_2xe^x}+\cancel{C_1x}$
$+\cancel{C_2e^x}=(x-1)^2$

$$\therefore\ \underset{㋑}{\underline{C_1'+C_2'e^x=x-1}}\quad\cdots②$$

$\underset{㋒}{\underline{①,②より，}}$

$$\begin{cases}C_1'=-1\\ C_2'=xe^{-x}\end{cases}\quad\therefore\ \begin{cases}C_1=-\displaystyle\int dx=-x+A\\ C_2=\displaystyle\int \underset{㋓}{\underline{xe^{-x}dx=-xe^{-x}-e^{-x}+B}}\end{cases}$$

これらを$y=C_1x+C_2e^x$に代入して，

$$\begin{aligned}y&=(-x+A)x+(-xe^{-x}-e^{-x}+B)e^x\\&=(A-1)x+Be^x-x^2-1\\&=\underset{㋔}{\underline{C_1x}}+\underset{㋔}{\underline{C_2e^x}}-x^2-1\quad 答\end{aligned}$$

ポイント

㋐ 決定すべきものは，$C_1(x)$，$C_2(x)$の2つ．自由度が2だから，1つの条件①を設定しても差し支えない．もちろん別の条件を入れてもよいが，そのときは②が別の形になる．

㋑ 共通因子$x-1\ (\neq 0)$で両辺を割る．

㋒ $\begin{cases}C_1'x+C_2'e^x=0\\ C_1'+C_2'e^x=x-1\end{cases}$

$C_1'(x-1)=-(x-1)$

から$C_1'=-1$

㋓ $\displaystyle\int x\underset{(-e^{-x})'}{\underset{\shortparallel}{e^{-x}}}dx$

$=-xe^{-x}+\displaystyle\int e^{-x}dx$

$=-xe^{-x}-e^{-x}+B$

㋔ $A-1=C_1$

$B=C_2$

練習問題　3-4

解答 p. 218

①をp. 66の公式を用いて，一般解を求めよ．

問題 3-5 ▼非同次形の微分方程式の一般解

$x^2y'' - xy' + y = x^2 \quad \cdots①$

を解け．

●考え方●

①の辺々を x^2 で割った $y'' - \dfrac{1}{x}y' + \dfrac{1}{x^2}y = 1 \quad \cdots②$ の左辺を0とおいた同次方程式の1つの特殊解を $y = x^n$ とおき求めてみよ．

解答

$y'' - \dfrac{1}{x}y' + \dfrac{y}{x^2} = 0 \cdots③$ の特殊解の1つを $y = x^n$ とおき，みたす n を求めてみる．$y' = nx^{n-1}$，

$y'' = n(n-1)x^{n-2}$ を③式に代入して，

$$n(n-1)x^{n-2} - nx^{n-2} + x^{n-2} = 0,$$

$$(n^2 - 2n + 1)x^{n-2} = 0$$

$n^2 - 2n + 1 = (n-1)^2 = 0$ から $n = 1$

すなわち，$y = x$ は③の1つの特殊解である．㋐

①の一般解を y とし，$y = ux$ ㋑ とおくと，

$y' = u'x + u$，$y'' = u''x + 2u'$ を②式に代入すると，

$$u''x + 2u' - \frac{1}{x}(u'x + u) + \frac{1}{x^2}(ux) = 1$$

$$u''x + 2u' - u' - \frac{1}{x}u + \frac{1}{x}u = 1,\quad u''x + u' = 1$$

$u' = p$ とおくと，$p'x + p = 1$，$p' + \dfrac{1}{x}p = \dfrac{1}{x}$

これは，p に関する1階微分方程式 ㋒ であるから，

$$p = e^{-\int\frac{1}{x}dx}{}_{㋓}\cdot\left\{\int\frac{1}{x}e^{\int\frac{1}{x}dx}dx{}_{㋔} + C_0\right\}$$

$$= \frac{1}{|x|}\cdot(|x| + C_0) = 1 + \frac{C_0}{|x|}$$

$C_1 = \pm C_0$ とおいて，

$$\frac{du}{dx} = 1 + \frac{C_1}{x}$$

この式を積分すれば，

$$u = x + C_1\log|x| + C_2,\quad \therefore\quad y = x(x + C_1\log|x| + C_2)$$ 答

ポイント

㋐ ③の特殊解の1つは，視察によって $y = x$ であることはすぐに気づく．

㋑ 定数変化法

㋒ p.21を参照．

$y' + f(x)y = g(x)$ で

$f(x) = \dfrac{1}{x}$，$g(x) = \dfrac{1}{x}$

と置いたもの．

このとき y は

$$y = e^{-\int f(x)dx}\cdot\left(\int e^{\int f(x)dx}\cdot g(x)dx + C\right)$$

㋓ $e^{-\int\frac{1}{x}dx} = e^{-\log|x|}$

$= e^{\log\frac{1}{|x|}} = \dfrac{1}{|x|}$

㋔ $e^{\int\frac{1}{x}dx} = e^{\log|x|} = |x|$

練習問題　3-5　解答 p.219

$y_1 = x$ が 問題 3-5 の特殊解であるとき，一般解を次の手順で求めよ．

(1) ①の他の基本解を p.63 の方法を用いて求めよ．

(2) y_1, y_2 を用いて，①の一般解を p.66 の公式を用いて求めよ．

問題 3-6 ▼定数係数の同次方程式（1）

次の方程式の一般解を求めよ．

(1) $y'' + 2y' - 15y = 0$　　(2) $y'' - 2y' = 0$

(3) $y'' - 2y' + 2y = 0$　　(4) $y'' - 4y' + 5y = 0$

(5) $y'' - 2y' + 10y = 0$　　(6) $y'' + 4y' + 3y = 0$

(7) $y'' - 6y' + 9y = 0$　　(8) $y'' - 2y' + y = 0$

●考え方●

$y'' + ay' + b = 0$ の特性方程式 $t^2 + at + b = 0$ の解により，$D = a^2 - 4b > 0$，$D = a^2 - 4b = 0$，$D = a^2 - 4b < 0$ により，タイプ 1, 2, 3（p. 67）になる．すべて機械的に一般解を求める．

解答

(1) $t^2 + 2t - 15 = 0$ ㋐ より，$t = 3, -5$

$\therefore\ y = C_1 e^{3x} + C_2 e^{-5x}$ 答

(2) $t^2 - 2t = 0$ ㋐ より，$t = 0, 2$

$\therefore\ y = C_1 + C_2 e^{2x}$ 答

(3) $t^2 - 2t + 2 = 0$ ㋑ より，$t = 1 \pm i$

$\therefore\ y = e^x (C_1 \cos x + C_2 \sin x)$ 答

(4) $t^2 - 4t + 5 = 0$ ㋑ より，$t = 2 \pm i$

$\therefore\ y = e^{2x} (C_1 \cos x + C_2 \sin x)$ 答

(5) $t^2 - 2t + 10 = 0$ ㋑ より，$t = 1 \pm 3i$　$\therefore\ y = e^x (C_1 \cos 3x + C_2 \sin 3x)$ 答

(6) $t^2 + 4t + 3 = 0$ ㋒ より，$t = -1, -3$　$\therefore\ y = C_1 e^{-x} + C_2 e^{-3x}$ 答

(7) $t^2 - 6t + 9 = 0$ ㋓ より，$t = 3$（重解）　$\therefore\ y = e^{3x}(C_1 + C_2 x)$ 答

(8) $t^2 - 2t + 1 = 0$ ㋓ より，$t = 1$（重解）　$\therefore\ y = e^x (C_1 + C_2 x)$ 答

ポイント

㋐ 特性方程式の解が異なる2実解．p. 67 タイプ 1

㋑ p. 67 タイプ 3

㋒ p. 67 タイプ 1

㋓ 特性方程式の解が重解．p. 67 タイプ 2
特性方程式の重解が $x = p$ のとき，
$y = e^{px}(C_1 + C_2 x)$

練習問題　3-6　　解答 p. 219

次の方程式の一般解を求めよ．

(1) $4y'' - 3y = 0$　　(2) $4y'' + 4y' + y = 0$

(3) $y'' + 2y' + 5y = 0$　　(4) $y'' + y' + y = 0$

(5) $y^2 + ky = 0$（k は実数）

問題 3-7 ▼定数係数の同次方程式（2）

次の微分方程式の与えられた初期条件をみたす特殊解を求めよ.

(1) $y'' + 6y' - 16y = 0$, $y(0) = 3$, $y'(0) = -4$

(2) $y'' + 6y' + 25y = 0$, $y(0) = 1$, $y'(0) = 1$

(3) $y'' + 6y' + 9y = 0$, $y(0) = 1$, $y'(0) = -1$

●考え方●

問題 3-6 と同様に特性方程式の解により，一般解を決定し，初期条件をみたすように定数 C_1, C_2 を決定し，特殊解を求める.

解答

(1) 一般解は，㋐ $y = C_1e^{-8x} + C_2e^{2x}$,

$y' = -8C_1e^{-8x} + 2C_2e^{2x}$

よって，$y(0) = C_1 + C_2 = 3$,

$y'(0) = -8C_1 + 2C_2 = -4$

両式を解いて，$C_1 = 1$, $C_2 = 2$

$\therefore\ y = e^{-8x} + 2e^{2x}$ 答

(2) 一般解は，㋑ $y = e^{-3x}(C_1\cos 4x + C_2\sin 4x)$

y'㋒ $= e^{-3x}\{(-3C_1+4C_2)\cos 4x - (4C_1+3C_2)\sin 4x\}$

よって，$y(0) = C_1 = 1$, $y'(0) = -3C_1 + 4C_2 = 1$

両式を解いて，$C_1 = 1$, $C_2 = 1$

$\therefore\ y = e^{-3x}(\cos 4x + \sin 4x)$ 答

(3) 一般解は，㋓ $y = (C_1 + C_2x)e^{-3x}$

$y' = (-3C_1 + C_2 - 3C_2x)e^{-3x}$

よって，$y(0) = C_1 = 1$, $y'(0) = -3C_1 + C_2 = -1$

両式を解いて，$C_1 = 1$, $C_2 = 2$ $\therefore\ y = (2x + 1)e^{-3x}$ 答

ポイント

㋐ 特性方程式

$t^2+6t-16=(t+8)(t-2)$
$=0$

の解は $t = -8, 2$

e^{-8t}, e^{2t} が基本解.

㋑ 特性方程式

$t^2 + 6t + 25 = 0$ の解は，

$t = -3 \pm 4i$

㋒ 積の微分法

㋓ 特性方程式

$t^2 + 6t + 9 = (t+3)^2 = 0$

の解は $t = -3$（重解）

一般解は

$y = (C_1 + C_2x)e^{-3x}$

練習問題 3-7

解答 p. 219

次の微分方程式の与えられた初期条件を満たす特殊解を求めよ.

(1) $y'' - 4y' + 13y = 0$, $y(0) = 1$, $y'(0) = 0$

(2) $y'' - 4y' + 13y = 0$, $y(0) = 0$, $y'(1) = 1$

(3) $y'' - 3y' + 2y = 0$, $y(0) = 1$, $y'(0) = -1$

(4) $y'' - y' - 20y = 0$, $y(0) = 1$, $\lim_{x \to \infty} y(x) = 0$

問題 3-8 ▼定数係数の非同次方程式（1）

次の方程式の特殊解を求めよ．

(1) $y'' - y' + y = 8x$　　(2) $y'' - y' = x^2 + 2x - 1$

(3) $y'' + 5y' - y = 5e^{2x}$　　(4) $y'' - 6y' + 9y = 2e^{3x}$

(5) $y'' + 2y = 4\sin x$

●考え方●

特殊解を p. 70 の タイプ 1。，タイプ 2。，タイプ 3。 のどれに属するか判定し，決定する．

解答

以下，特殊解を $z(x)$ とおく．

(1) $z(x) = \alpha x + \beta$ ㋐ とおけ，$z'(x) = \alpha$，$z''(x) = 0$

$z'' - z' + z = 8x$ に代入して，$\alpha x + \beta - \alpha = 8x$

$\alpha = 8$, $\beta - \alpha = 0$ から $\alpha = \beta = 8$

$\therefore\ z(x) = 8(x+1)$ 答

(2) $z(x) = x(\alpha x^2 + \beta x + \gamma)$ ㋑ とおけ，$z'(x) = 3\alpha x^2 + 2\beta x + \gamma$，$z''(x) = 6\alpha x + 2\beta$ を $z'' - z' = x^2 + 2x - 1$ に代入して，

$-3\alpha x^2 + 2(3\alpha - \beta)x + 2\beta - \gamma = x^2 + 2x - 1$

$-3\alpha = 1$，$2(3\alpha - \beta) = 2$，$2\beta - \gamma = -1$，

$\alpha = -\dfrac{1}{3}$，$\beta = -2$，$\gamma = -3$

$$\therefore\ z(x) = x\left(-\frac{1}{3}x^2 - 2x - \frac{1}{3}\right)$$ 答

(3) $z(x) = ke^{2x}$ ㋒ とおけ，$z' = 2ke^{2x}$，$z'' = 4ke^{2x}$ を

$z'' + 5z' - z = 5e^{2x}$ に代入して，$(4k + 10k - k)\cdot e^{2x} = 5e^{2x}$

より，$k = \dfrac{5}{13}$　　$\therefore\ z(x) = \dfrac{5}{13}e^{2x}$ 答

(4) $z(x) = kx^2e^{3x}$ ㋓ とおけ，$z' = (2kx + 3kx^2)e^{3x}$

$z'' = (2k + 12kx + 9kx^2)e^{3x}$ を $z'' - 6z' + 9z = 2e^{3x}$ に代入して，

$2ke^{3x} = 2e^{3x}$ から $k = 1$．　$\therefore\ z(x) = x^2e^{3x}$ 答

(5) $z(x) = k\cos x + l\sin x$ ㋔ とおけ $z' = -k\sin x + l\cos x$

$z'' = -k\cos x - l\sin x$ を $z'' + 2z = 4\sin x$ に代入して，

$k\cos x + l\sin x = 4\sin x$ より $k = 0$，$l = 4$

$\therefore\ z(x) = 4\sin x$ 答

ポイント

㋐ p. 70 タイプ 1。(ⅰ)

㋑ タイプ 1。(ⅱ)
$y'' + ay' + by = R(x)$ で $b = 0$ のタイプで $z(x)$ は 3 次式となる．

㋒ タイプ 2。(ⅰ)
$R(x) = 5e^{2x}$ で 2 は特性方程式 $t^2 + 5t - 1 = 0$ の解でない．

㋓ タイプ 2。(ⅲ)
$R(x) = 2e^{3x}$ で 3 は特性方程式の重解．

㋔ タイプ 3。(ⅰ)
$R(x) = 4\sin x$．
i が特性方程式の解でない．

練習問題　3-8　　解答 p. 220

次の方程式の特殊解を求めよ．(1) $y'' - y' - 2y = e^{-x}$　(2) $y'' + y = 4\sin x$

問題 3-9 ▼定数係数の非同次方程式（2）

次の方程式の一般解を求めよ．

(1) $y'' - 2y' + y = x^3 - 6x$

(2) $y'' - y' - 12y = -2e^{4x}$

●考え方●

左辺を0とおいた方程式を解く．次に非同次方程式の特殊解をみつける．

解答

(1) 特性方程式 $t^2 - 2t + 1 = 0$ の解は $t = 1$(重解)

より，$y''-2y'+y=0$ の一般解㋐は $y=(C_1+C_2x)e^x$

特殊解は x の3次式で $z(x) = ax^3 + bx^2 + cx + d$

とおけ，$z'(x) = 3ax^2 + 2bx + c$，$z''(x) = 6ax + 2b$ を $z'' - 2z' + z = x^3 - 6x$㋑ に代入して，

$$ax^3+(-6a+b)x^2+(6a-4b+c)x+2b-2c+d$$
$$=x^3-6x$$

$a = 1$，$-6a + b = 0$，$6a - 4b + c = -6$，$2b - 2c + d = 0$

$\therefore\ a = 1$，$b = 6$，$c = 12$，$d = 12$

一般解は，$y = (C_1 + C_2x)e^x + x^3 + 6x^2 + 12x + 12$ 答

(2) 特性方程式の解は，$t^2 - t - 12 = (t + 3)(t - 4) = 0$

から $t = -3, 4$．$y'' - y' - 12y = 0$ の一般解㋒は，$y = C_1e^{-3x} + C_2e^{4x}$

特殊解は $z(x) = kxe^{4x}$㋓ とおける．

$z'(x) = (k + 4kx)e^{4x}$，$z''(x) = (8k + 16kx)e^{4x}$ を

$z'' - z' - 12z = -2e^{4x}$ に代入して，

$$7ke^{4x}㋔ = -2e^{4x} \text{ から } k = -\frac{2}{7}$$

一般解は，$y = C_1e^{-3x} + C_2e^{4x} - \dfrac{2}{7}xe^{4x}$ 答

ポイント

㋐ p. 69 参照．

㋑ $(6ax + 2b)$
$-2(3ax^2 + 2bx + c)$
$+ax^3 + bx^2 + cx + d$

㋒ p. 69 参照．

㋓ p. 70 タイプ 2。(ii)

㋔ $(8k + 16kx - k - 4kx$
$- 12kx)e^{4x}$
$= 7ke^{4x}$

練習問題　3-9

解答 p. 220

次の方程式の一般解を求めよ．

(1) $y'' + 4y' = \sin x$

(2) $y'' + 4y = -3\cos 2x$

問題 3-10 ▼定数係数の非同次方程式（3）

次の方程式の一般解を p. 66 の公式を用いて求めよ．

(1) $y'' - 2y' + y = x^3 - 6x$

(2) $y'' - y' + 2y = -2e^{4x}$

●考え方●

問題 3-9 と同じ問題．

$$y = c_1y_1 + c_2y_2 + y_1\int\frac{-R(x)y_2}{W(y_1, y_2)}dx + y_2\int\frac{R(x)y_1}{W(y_1, y_2)}dx$$

を用いて，一般解を求める．

解答

(1) $y'' - 2y' + y = 0$ の基本解は $y_1 = e^x,\ y_2 = xe^x$ ㋐

$$W(y_1, y_2) = \begin{vmatrix} e^x & xe^x \\ e^x & (x+1)e^x \end{vmatrix} = e^{2x}$$

$$\int\frac{-R(x)y_2}{W(y_1, y_2)}dx = \int\frac{-(x^3-6x)xe^x}{e^{2x}}dx$$

$$= -\int(x^4 - 6x^2)e^{-x}dx \quad ㋑$$

$$= (x^4 + 4x^3 + 6x^2 + 12x + 12)e^{-x}$$

$$\int\frac{R(x)y_1}{W(y_1, y_2)}dx = \int\frac{(x^3-6x)e^x}{e^{2x}}dx = \int(x^3 - 6x)e^{-x}dx \quad ㋑$$

$$= -(x^3 + 3x^2)e^{-x}$$

$$\therefore\ y = (C_1 + C_2x)e^x + (\cancel{x^4} + 4x^3 + 6x^2 + 12x + 12) - (\cancel{x^4} + 3x^3)$$

$$= (C_1 + C_2x)e^x + x^3 + 6x^2 + 12x + 12 \quad 答$$

(2) $y'' - y' - 12y = 0$ の基本解は $y_1 = e^{-3x},\ y_2 = e^{4x}$ ㋒

$$W(y_1, y_2) = \begin{vmatrix} e^{-3x} & e^{4x} \\ -3e^{-3x} & 4e^{4x} \end{vmatrix} = 4e^x + 3e^x = 7e^x$$

$$\int\frac{-R(x)y_2}{W(y_1, y_2)}dx = \int\frac{2e^{4x}\cdot e^{4x}}{7e^x}dx = \frac{2}{7}\int e^{7x}dx = \frac{2}{49}e^{7x}$$

$$\int\frac{R(x)y_1}{W(y_1, y_2)}dx = \int\frac{-2e^{4x}\cdot e^{-3x}}{7e^x}dx = -\frac{2}{7}\int dx = -\frac{2}{7}x$$

$$\therefore\ y = C_1e^{-3x} + C_2e^{4x} + \frac{2}{49}e^{-3x}\cdot e^{7x} - \frac{2}{7}xe^{4x} = C_1e^{-3x} + C_0e^{4x} - \frac{2}{7}xe^{4x} \quad 答$$

（$C_2e^{4x} + \frac{2}{49}e^{-3x}\cdot e^{7x}$ ㋓）

ポイント

㋐ 問題 3-9 (1) より．

㋑ 部分積分法による計算は一定の計算量がある．問題 3-9 の未定係数法の方が早くできる．

㋒ 問題 3-9 (2) より．

㋓ $C_2 + \dfrac{2}{49} = C_0$ とおく．

練習問題　3-10　　解答 p. 220

次の方程式の一般解を p. 66 の公式を用いて求めよ．

(1) $y'' + 4y' = \sin x$　　(2) $y'' + 4y = -3\cos 2x$

問題 3-11 ▼定数係数の非同次方程式（4）

次の微分方程式を解け．

(1) $y'' - 3y' + 2y = e^x + \cos x$

(2) $y'' - 5y' + 6y = e^x x^2$

●考え方●

特殊解を求めるのに工夫を要する．

(1) $y'' - 3y' + 2y = e^x$，$y'' - 3y' + 2y = \cos x$ の特殊解を求めればよい．

(2) 特殊解を求めるために，$y = e^x z$ とおいて，z の関係式を作ってみよ．

解答

(1) $y'' - 3y' + 2y = 0$ ㋐の一般解は $y = C_1 e^x + C_2 e^{2x}$

特殊解を $z(x) = axe^x$ ㋑ $+ b\cos x + c\sin x$ ㋒とおくと，

$$z'(x) = a(1 + x)e^x - b\sin x + c\cos x$$

$$z''(x) = a(2 + x)e^x - b\cos x - c\sin x$$ を

$z'' - 3z' + 2z = e^x + \cos x$ に代入して，

$-ae^x + (b - 3c)\cos x + (3b + c)\sin x = e^x + \cos x$ ㋓

から，$a = -1$，$b = \dfrac{1}{10}$，$c = -\dfrac{3}{10}$

一般解は，

$$y = C_1 e^x + C_2 e^{2x} - xe^x + \frac{1}{10}(\cos x - 3\sin x) \quad 答$$

(2) $y'' - 5y' + 6y = 0$ の一般解は $y = C_1 e^{2x} + C_2 e^{3x}$ ㋔

$y = e^x z$ とおくと，$y' = e^x(z + z')$，

$y'' = e^x(z + 2z' + z'')$ を与式に代入して，

$z'' - 3z' + 2z = x^2$ ㋕ $\cdots$①

①の特殊解を $z = ax^2 + bx + c$ ㋖とおき，a, b, c

を定めると，$a = \dfrac{1}{2}$，$b = \dfrac{3}{2}$，$c = \dfrac{7}{4}$ ㋗

$$z = \frac{1}{4}(2x^2 + 6x + 7) \quad \therefore \ y = \frac{e^x}{4}(2x^2 + 6x + 7)$$

一般解は，

$$y = C_1 e^{2x} + C_2 e^{3x} + \frac{1}{4}e^x(2x^2 + 6x + 7) \quad 答$$

ポイント

㋐ 特性方程式
$t^2 - 3t + 2 = 0$ の解は
$t = 1, 2.$

㋑ p. 70 タイプ2。(ii)

㋒ p. 70 タイプ3。(i)

㋓
$$\begin{cases} -a = 1 \\ b - 3c = 1 \\ 3b + c = 0 \end{cases}$$

㋔ 特性方程式
$t^2 - 5t + 6 = 0$ の解は
$t = 2, 3.$

㋕ $e^x(z + 2z' + z'')$
$-5e^x(z + z') + 6e^x z$
$= e^x x^2$
から，$z'' - 3z' + 2z = x^2$

㋖ p. 70 タイプ1。(i)

㋗ $z' = 2ax + b$
$z'' = 2a$
を①に代入
$(2a - 1)x^2 + 2(b - 3a)x$
$+ (2a - 3b + 2c) = 0$

練習問題 3-11

解答 p. 221

次の微分方程式を解け．

(1) $y'' + 3y' + 2y = e^x + \sin x$

(2) $y'' + 2y' + 2y = 2e^x \cos x$（特殊解を $z = e^x(a\cos x + b\sin x)$ と置いてみよ．）

問題 3-12 ▼オイラーの微分方程式（1）

$$x^2y'' + axy' + by = 0 \quad \cdots ① \quad (x > 0) \quad (a, b：定数)$$

の特性方程式 $t^2 + (a-1)t + b = 0$ …②の解が重解 t_1 ㋐をもつとき，①の一般解を求めよ．

●考え方●

$y_1 = x^{t_1}$ は①をみたすことはすぐ確かめられる．他の解を $y_2 = u(x)y_1 = ux^{t_1}$ とおき，①をみたすように $u(x)$ を定める．

解答

①の他の解を $y_2 = ux^{t_1}$ とおくと，$y_2' = u'x^{t_1} + t_1ux^{t_1-1}$

$$y_2'' = u''x^{t_1} + 2t_1u'x^{t_1-1} + t_1(t_1-1)ux^{t_1-2}$$

を①に代入して整理すると，

$$\underbrace{\{t_1{}^2 + (a-1)t_1 + b\}}_{=0\ ㋑}u \cdot x^{t_1} + u'' \cdot x^{t_1+2} + \underbrace{(2t_1 + a)}_{㋒}u'x^{t_1+1} = 0$$

$$\Leftrightarrow \underbrace{u'' \cdot x + u'}_{㋓} = 0 \quad \cdots ③$$

$u' = p$ とおくと，③ $\Leftrightarrow xp' + p = 0$，$\underbrace{x\dfrac{dp}{dx} + p = 0}_{㋔}$

$$\Leftrightarrow \int \frac{1}{p}dp = -\int \frac{1}{x}dx,\quad \underbrace{\log|p| = -\log x + C_0}_{㋕}$$

から，$p = \dfrac{C_1}{x}$，$u' = \dfrac{C_1}{x}$

$$\therefore\ u = C_1\int \frac{1}{x}dx = C_1\log x + C_2$$

u は特殊解の 1 つでよいので，$C_1 = 1$，$C_2 = 0$ として，

$$u = \log x$$

$y_2 = (\log x)x^{t_1}$ となる．

このとき，

$$W(y_1, y_2) = \begin{vmatrix} x^{t_1} & (\log x)x^{t_1} \\ t_1x^{t_1-1} & \underbrace{(t_1\log x + 1)x^{t_1-1}}_{㋖} \end{vmatrix} = \underbrace{x^{2t_1-1}}_{㋗} \neq 0$$

から y_1, y_2 は 1 次独立で，①の一般解は，

$$y = (C_1 + C_2\log x)x^{t_1} \quad 答$$

ポイント

㋐ p. 74 の タイプ 2′

㋑ t_1 は特性方程式の解より，0 となる．

㋒ ②の重解は

$t_1 = \dfrac{-(a-1)}{2}$ より，

$2t_1 + a = 1$

㋓ x^{t_1+1} で辺々を割った式．

㋔ 変数分離形

㋕ $\log|p| = \log\dfrac{e^{C_0}}{x}$

$p = \pm\dfrac{e^{C_0}}{x} = \dfrac{C_1}{x}$

㋖ $\{(\log x)x^{t_1}\}'$

$= \dfrac{1}{x} \cdot x^{t_1} + (\log x) \cdot t_1x^{t_1-1}$

$= (t_1\log x + 1)x^{t_1-1}$

㋗ $(t_1\log x + 1)x^{2t_1-1}$

$\quad - (t_1\log x)x^{2t_1-1}$

$= x^{2t_1-1}$

練習問題　3-12　解答 p. 221

②の解が虚数解 $t_1 = p + qi$，$t_2 = p - qi$ $(q \neq 0)$ となるとき，一般解は，
$y = x^p\{C_1\cos(q\log x) + C_2\sin(q\log x)\}$ となることを示せ．

問題 3-13 ▼オイラーの微分方程式（2）

$x^2y'' - xy' + y = \log x$　…①　$(x > 0)$ の一般解を次の方法で求めよ．

(1)　$x^2y'' - xy' + y = 0$　…②　の一般解を求め，①の一般解を求めよ．

(2)　$x = e^t$ とおいて，①を定数係数の微分方程式に変形して求めよ．

●考え方●

(1)　$y = x^t$ とおくと，$y' = tx^{t-1}$，$y'' = t\cdot(t-1)x^{t-2}$ を②に代入して，特性方程式 $t^2 - 2t + 1 = 0$ が得られ，$t = 1$(重解)となる．

(2)　$x = e^t$ とおくと，$t = \log x$ から $\dfrac{dt}{dx} = \dfrac{1}{x}$，$y', y''$ を x, t を用いて表す．

解答

(1)　②の特性方程式 $t^2 - 2t + 1 = 0$ でその解は 1(重解) で，②の基本解㋐は $y_1 = x$，$y_2 = x\log x$ とおけ 1 次独立㋑となる．

① $\Leftrightarrow y'' - \dfrac{1}{x}y' + \dfrac{1}{x^2}y = \dfrac{\log x}{x^2}$，$R(x) = \dfrac{\log x}{x^2}$ とおくと，

$$z(x) = y_1\int\frac{-R(x)\cdot y_2}{W(y_1, y_2)}dx + y_2\int\frac{R(x)\cdot y_1}{W(y_1, y_2)}dx$$

ここで，
$$\int\frac{-R(x)\cdot y_2}{W(y_1, y_2)}dx = -\int\frac{\dfrac{\log x}{x^2}\cdot(x\log x)}{x}dx = -\int\frac{(\log x)^2}{x^2}dx \text{㋒} = \frac{1}{x}\{(\log x)^2 + 2\log x + 2\}$$

$$\int\frac{R(x)\cdot y_1}{W(y_1, y_2)}dx = \int\frac{\dfrac{\log x}{x^2}\cdot x}{x}dx = \int\frac{\log x}{x^2}dx \text{㋓} = -\frac{1}{x}(\log x + 1)$$

$z(x) = (\log x)^2 + 2\log x + 2 - (\log x)^2 - \log x = \log x + 2$

①の一般解は，$y = (C_1 + C_2\log x)x + \log x + 2$　答

(2)　$x = e^t$，$t = \log x$ とおくと，$\dfrac{dt}{dx} = \dfrac{1}{x}$，$y' = \dfrac{dy}{dx} = \dfrac{dy}{dt}\cdot\dfrac{dt}{dx} = \dfrac{1}{x}\cdot\dfrac{dy}{dt}$

$$y'' = \frac{d}{dx}\left(\frac{1}{x}\frac{dy}{dt}\right) = -\frac{1}{x^2}\frac{dy}{dt} + \frac{1}{x}\frac{d}{dt}\cdot\frac{dt}{dx}\left(\frac{dy}{dt}\right) = -\frac{1}{x^2}\frac{dy}{dt} + \frac{1}{x}\frac{d^2y}{dt^2}\cdot\frac{dt}{dx}\left(= \frac{1}{x}\right)$$

$= \dfrac{1}{x^2}\left(\dfrac{d^2y}{dt^2} - \dfrac{dy}{dt}\right)$ を①に代入して，$y'' - 2y' + y = t$　…③

$y'' - 2y' + y = 0$ の一般解は $(C_1 + C_2t)e^t$，特性解は $z(t) = at + b$ とおけ，③に代入して，$a = 1$，$b = 2$，①の一般解は $y = (C_1 + C_2\log x)x + \log x + 2$　答

ポイント

㋐ p. 74 タイプ 2′

㋑ $W(y_1, y_2) = \begin{vmatrix} x & x\log x \\ 1 & \log x + 1 \end{vmatrix} = x \neq 0$

㋒ $t = \log x$ とおくと，
$-\displaystyle\int\frac{(\log x)^2}{x^2}dx = -\int\frac{t^2}{e^t}dt = (t^2 + 2t + 2)e^{-t}$

㋓ $t = \log x$ とおくと，
$\displaystyle\int\frac{\log x}{x^2}dx = \int te^{-t}dt = -(t + 1)e^{-t}$

練習問題　3-13　解答 p. 221

$y'' - \dfrac{2}{x}y' + \dfrac{2}{x^2}y = xe^x$　…①　の一般解を求めよ．

問題 3-14 ▼運動方程式の解法

質量 m の質点が y 軸上を運動するとき，原点からの距離 y に比例する力，および速度に比例する力を受けるものとすると，その運動方程式は次の式で表される．

$$m\frac{d^2y}{dt^2}+h\frac{dy}{dt}+ky=0 \quad \cdots①$$

$h>0$，$k>0$ のとき，この微分方程式を解き，運動の状態を述べよ．

●考え方●

① ⇔ $\dfrac{d^2y}{dt^2}+\dfrac{h}{m}\dfrac{dy}{dt}+\dfrac{k}{m}y=0$，$a=\dfrac{h}{m}$，$b=\dfrac{k}{m}$ とおくと，

$y''+ay'+by=0 \cdots②$ で p. 67 の同次方程式と同じである．

特性方程式の解の種類により場合分けする．

解答

②の特性方程式 $s^2+as+b=0 \cdots③$ の判別式 $D=a^2-4b$ の正，負で場合分けする．

（i）$D=a^2-4b>0$ ㋐ のとき，③の解は

$$s_1=\frac{-a-\sqrt{a^2-4b}}{2},\quad s_2=\frac{-a+\sqrt{a^2-4b}}{2}$$

一般解は，$y=C_1e^{s_1t}+C_2e^{s_2t}$

$h>0$，$k>0$ より，$a>0$，$b>0$．よって，

$s_1<0$，$s_2<0$ ㋑ で $t\to\infty$ のとき，$y\to 0$ となる．

（ii）$D=a^2-4b=0$ ㋒ のとき，③の解は重解で $s=-\dfrac{a}{2}$ をもち，一般解は，

$y=(C_1+C_2t)e^{-\frac{a}{2}t}$ ㋓

運動の状態は右図のように 2 つの運動を合成したもので表される．

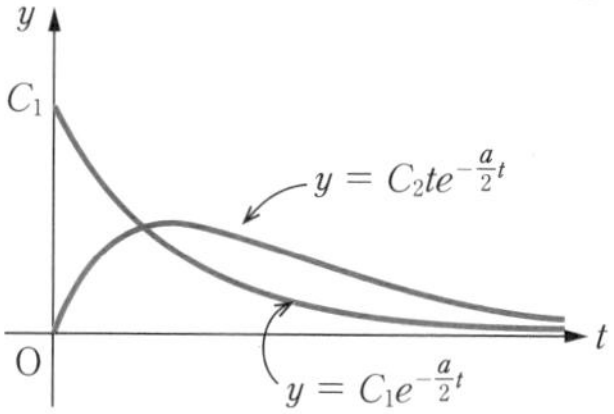

（iii）$D=a^2-4b<0$ ㋔ のとき，③の解は，

$$s_1=\alpha+\beta i,\quad s_2=\alpha-\beta i\left(\alpha=-\frac{a}{2},\ \beta=\frac{\sqrt{4b-a^2}}{2}\right)$$

一般解は，$y=e^{-\frac{a}{2}t}(C_1\cos\beta t+C_2\sin\beta t)$ ㋕

$\qquad\qquad =Ae^{-\frac{a}{2}t}\sin(\beta t+B)$ ㋕

$a>0$ であるから $t\to\infty$ のとき，

$y\to 0$ で運動の状態は右図．

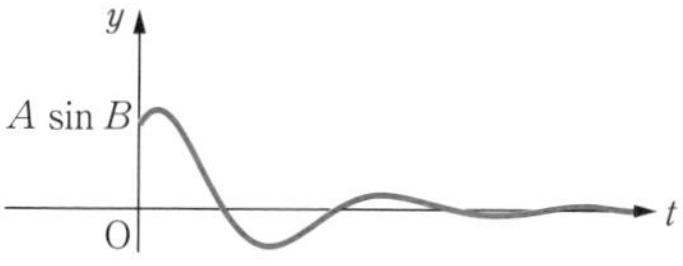

ポイント

㋐ p. 67 タイプ 1

$a^2>4b \Leftrightarrow h^2>4mh$

㋑ e^{s_1t}, e^{s_2t} はともに単調に減少し，運動の状態は下図．

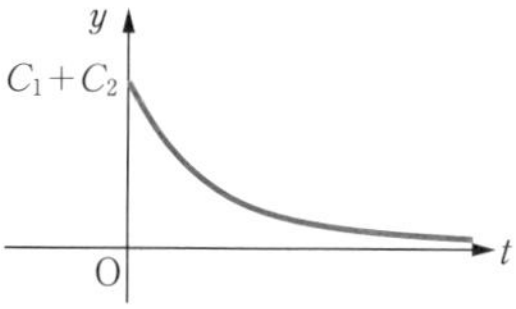

㋒ p. 67 タイプ 2

㋓ $\displaystyle\lim_{t\to\infty}e^{-\frac{a}{2}t}=0$

$\displaystyle\lim_{t\to\infty}te^{-\frac{a}{2}t}=0$

㋔ p. 67 タイプ 3

㋕ 3 角関数

合成公式活用

運動の状態は**減衰振動**とよばれる．

練習問題　3-14　　解答 p. 222

①の微分方程式で $h=0$ のとき，$\dfrac{d^2y}{dt^2}+by=0$ $(b>0)$ を解き，運動の状態を述べよ．

コラム3　◆身のまわりの微分方程式2

① ばね運動　② 簡単な電気回路（*RLC* 回路）

❶ ばね運動

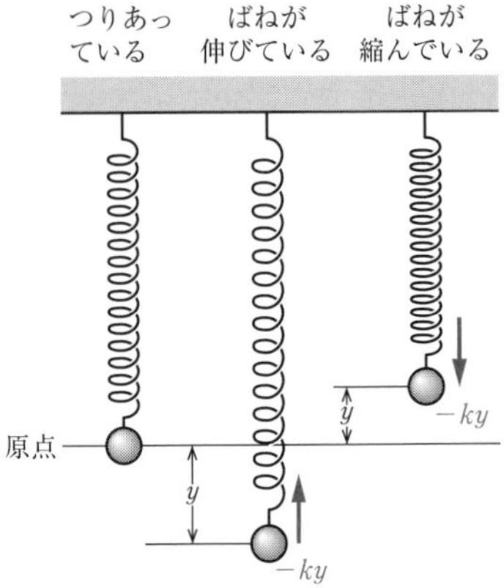

質量 m の球がばねでぶら下がっている状態を考える．ばねが y だけ伸びた位置が球に作用する力は，y に比例し，$-ky$ と表せるから，このときの球の運動方程式は，

$$m\frac{d^2y}{dt^2} = -ky \quad \Leftrightarrow \quad \frac{d^2y}{dt^2} + by = 0$$

$k>0\left(b = \dfrac{k}{m}\right)$ と表される．

一般解は，**練習問題3-14** より，

$y = A\sin(\sqrt{b}\,t + B)$ となる．

一般解が $y = A\sin(\sqrt{b}\,t + B)$ ということは，この運動は一定の振幅で永久に振動を続けることになる．しかし実際にそういうことは起こらなく，いつかは，おとなしくなって静止してしまう．

上式は空気などの抵抗を無視して方程式をたてているが，現実の世界では空気の抵抗やばねの分子間の摩擦などが，球の振動を止めさせる方向に作用する．

運動を止めさせようとする力が球の速度に比例するものとすると，球の運動方程式は，

$$m\frac{d^2y}{dt^2} = -h\frac{dy}{dt} - ky \quad \Leftrightarrow \quad y'' + ay' + by = 0 \left(a = \frac{h}{m},\, b = \frac{k}{m}\right)$$

一般解は **問題** 3-14 で，特性方程式の判別式 $D = a^2 - 4b$ で，$D > 0$，$D = 0$，$D < 0$ のどの状態でも，e^{-t} の影響で $\lim_{t\to\infty} y = 0$ となり，振動はおさまっていく．

❷ 簡単な電気回路

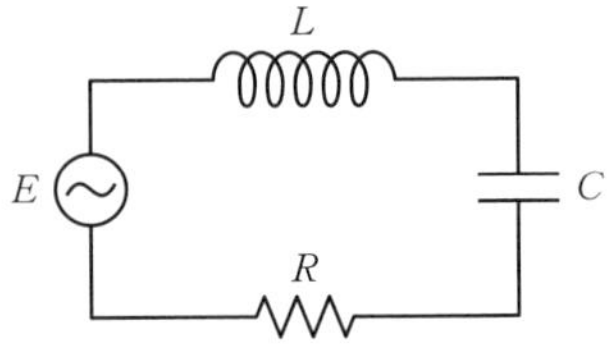

閉回路の要素による電圧降下の和は，回路による全体の起電力の大きさに等しい．

抵抗による電圧降下は Ri で，インダクタンス L ヘンリーのコイルによる電圧降下は $L\left(\dfrac{di}{dt}\right)$ で，容量 C ファラッドのコンデンサーによる電圧降下は $\dfrac{q}{C}$ である．電流 i アンペアと電荷 q クーロンの関係は $i = \dfrac{dq}{dt}$ で，この電気回路の微分方程式は，$L\dfrac{di}{dt} + Ri + \dfrac{q}{C} = E(t)$ $(R, C, L$：定数$)$，$i = \dfrac{dq}{dt}$，$\dfrac{di}{dt} = \dfrac{d^2q}{dt^2}$ であるから，$L\dfrac{d^2q}{dt^2} + R\dfrac{dq}{dt} + \dfrac{q}{C} = E(t)$ となる．これは p. 69 の $y'' + ay' + by = R(x)$ と同じ型である．

Chapter 4

高階常微分方程式

高階常微分方程式を解くための道具立て
の1つとして，演算子，逆演算子の概念を学ぶ.
そしてそれを用いて，
様々なタイプの微分方程式の解法を学ぶ.

基本事項

Chapter 4 では，初めに n 階微分方程式について簡単に説明し，次に演算子法を利用して定数係数線形微分方程式の解を求める方法を述べる．そのあとで，連立微分方程式の解法を述べる．

1　n 階線形微分方程式

2 階線形微分方程式（p. 67，p. 69）を拡張した n 階同次線形微分方程式，n 階非同次の微分方程式

$$y^{(n)} + p_1(x)y^{(n-1)} + \cdots\cdots + p_{n-1}(x)y^{(1)} + p_n(x)y = 0 \quad \cdots①$$

$$y^{(n)} + p_1(x)y^{(n-1)} + \cdots\cdots + p_{n-1}(x)y^{(1)} + p_n(x)y = R(x) \quad \cdots②$$

の解の一般解は次の性質が成り立つ．

定理 4-1

$y_1(x), y_2(x), \cdots\cdots, y_n(x)$ は同次線形微分方程式①の解で 1 次独立であるとすると，任意の解 $y(x)$ は適当に定数 $C_1, C_2, \cdots\cdots, C_n$ を選べば，

$$y(x) = C_1y_1(x) + C_2y_2(x) + \cdots\cdots + C_ny_n(x)$$

と表せる．

証明は省略する．

《注意》 n 個の関数 $y_1(x), y_2(x), \cdots\cdots, y_n(x)$ が 1 次独立であるとは，2 次のときと同様に，
$C_1y_1(x) + C_2y_2(x) + \cdots\cdots + C_ny_n(x) = 0$（$C_1, C_2, \cdots, C_n$ は定数）
ならば，$C_1 = C_2 = \cdots = C_n = 0$ が成り立つ場合をいう．

定理 4-2

②の 1 つの解を $z(x)$ とする．①の解が 1 次独立であるとする．このとき，②の任意の解 $y(x)$ は適当に定数 $C_1, C_2, \cdots, C_n$ を選ぶと

$$y(x) = C_1y_1(x) + C_2y_2(x) + \cdots + C_ny_n(x) + z(x)$$

と表される．

証明

②の左辺を $L(y)$ とおき，$L(y) = R(x)$ の解を $y(x)$ とすると，

$$
\begin{aligned}
&L\{y(x) - z(x)\} \\
&= \{y(x) - z(x)\}^{(n)} + p_1(x)\{y(x) - z(x)\}^{(n-1)} + \cdots\cdots + p_n(x)\{y_n(x) - z(x)\} \\
&= \{y^{(n)}(x) + p_1(x)y^{(n-1)}(x) + \cdots\cdots + p_n(x)y(x)\} \\
&\qquad\qquad - \{z^{(n)}(x) + p_1(x)z^{(n-1)}(x) + \cdots + p_n(x)z(x)\} \\
&= R(x) - R(x) = 0
\end{aligned}
$$

したがって，定理 4-1 により，適当に定数 $C_1, C_2, \cdots, C_n$ を選べば，

$$y(x) - z(x) = C_1y_1(x) + C_2y_2(x) + \cdots\cdots + C_ny_n(x)$$

$$\therefore\ y(x) = C_1y_1(x) + C_2y_2(x) + \cdots\cdots + C_ny_n(x) + z(x) \quad ■$$

2　微分演算子（問題 4-1, 2）

Chapter 3 で取り上げた定数係数の微分方程式を再度取り上げる．

定数係数の微分方程式には，演算子法とよばれる方法が適用でき，積分計算をほとんど行うことなく，代数演算で機械的に微分方程式が解ける．

❶ 微分演算子

x の関数 $y(x)$ を x で微分するとは，y にある演算を行って別の関数 $\dfrac{dy}{dx}$ をつくる操作とみなすことができる．この操作を記号 D で表すことにする．すなわち，$Dy = \dfrac{dy}{dx}$ である．この D のことを**微分演算子**という．ある関数 y の 2 回微分とはその関数を 1 回微分した Dy をもう一度微分することなので，DDy であるが，これを D^2y と記すことにする．同様に n 回微分は D^n と記すことにする．

$$Dy = \frac{dy}{dx},\ D^2y = \frac{d^2y}{dx^2}, \cdots\cdots, D^ny = \frac{d^ny}{dx^n}$$

となり，ひとたびこのように演算子を定義すれば，D を単なる文字のように取り扱えることがこの記法の利点である．例えば，$y'' + ay' + by = R(x)$ を微分演算子を用いて表すと，$(D^2 + aD + b)y = R(x)$

$D^2 + aD + b$ は関数 y に関数 $y'' + ay' + by$ を対応させる 1 つの演算子である．

一般に，$(D-\alpha)(D-\beta)=\{D^2-(\alpha+\beta)D+\alpha\beta\}$ が成り立ち，このことから D をふつうの文字のように考えて，多項式の計算のように因数分解できることがわかる．また，$(D-\alpha)(D-\beta)$ と $(D-\beta)(D-\alpha)$ が演算子として同じであることも明らかである．

《注意》 D は文字とみなして計算してもよいが，D は演算子であるため，D 単独では意味をもたず，あくまで関数に作用してはじめて意味をもつことに注意したい．

例1 $D(x)=x'=1$，$D(\sin x)=(\sin x)'=\cos x$，

$$D(e^x-\log x)=(e^x-\log x)'=e^x-\frac{1}{x}$$

❷ 微分多項式

定義1

y を n 回連続微分可能な関数とする．微分演算子 D の多項式

$$f(D)=a_0D^n+a_1D^{n-1}+\cdots\cdots+a_{n-1}D+a_n$$

に対して，

$$f(D)y=a_0D^ny+a_1D^{n-1}y+\cdots\cdots+a_{n-1}yD+a_ny$$

と定義する．この $f(D)$ を**微分多項式**という．

この演算子 $f(D)$ を使うと，定数係数の n 階微分方程式

$a_0y^{(n)}+a_1y^{(n-1)}+\cdots\cdots+a_ny=R(x)$ は

$\{a_0D^n+a_1D^{n-1}+\cdots\cdots+a_n\}y=R(x) \Leftrightarrow \boxed{f(D)y=R(x)}$

と表せる．この式による演算子 $f(D)$ は関数 y に作用させて，既知の関数 $R(x)$ をつくる演算子とみなせる．

D の2つの多項式 $f_1(D), f_2(D)$ について

定義2

$\{f_1(D)+f_2(D)\}y=f_1(D)y+f_2(D)y$ 　　和

$f_1(D)\cdot f_2(D)y=f_1(D)\{f_2(D)y\}$ 　　積

と定義する．この定義により，微分多項式は普通の多項式と同じように取り扱うことができる．

例2 $y''+4y'+3y=0$ を微分演算子 D を用いて表すと，$(D^2+4D+3)y=0$

次に演算子 $f(D)$ の性質を調べる．

$$D(e^{\alpha x})=(e^{\alpha x})'=\alpha e^{\alpha x},\ D^2(e^{\alpha x})=\alpha^2e^{\alpha x},\cdots\cdots,D^ne^{\alpha x}=\alpha^ne^{\alpha x}$$

であり，

> 定理 4-3
>
> $$D^n\{e^{\alpha x}f(x)\} = e^{\alpha x}(D+\alpha)^n f(x)$$

が成り立つ．証明 は **問題** 4-2(1)で取り扱う．

定理 4-3 のもとに，次の 公式 1 が成り立つ．

> 公式 1
>
> (i) $f(D)e^{\alpha x} = f(\alpha)e^{\alpha x}$
>
> (ii) $f(D)\{e^{\alpha x}R(x)\} = e^{\alpha x}f(D+\alpha)R(x)$

証明 (i) **問題** 4-2(2)　(ii) **練習問題 4-2**

3 逆演算子（**問題** 4-3, 4, 5, 6, 7, 8）

❶ 逆演算子の定義

関数 $y(x)$ を x で微分して導関数をつくることを Dy で表した．ここで定義する逆演算子とは，演算子を作用して得られた新しい関数をもとの関数に戻す働きをする演算子のことで，微分に対して積分が対応し，積分に対応する演算子を D^{-1} または $\dfrac{1}{D}$ と表すと，$\int ydx = \dfrac{1}{D}y(x)$ と記すことができる．$y(x)$ を積分したものを微分すると y にもどるため，

$$y = DD^{-1}y$$

も成り立つ．

例えば，$Dy = x$ のとき，$y' = x$ であり，$y = \dfrac{1}{D}x = \int xdx = \dfrac{1}{2}x^2 + C$（$C$：任意定数）と一般解が求められる．このことは，$Dy = x$ となる関数は無数にあることを示している．

このことから，D の逆の対応は，対応先が無数にあるので，写像とはならない．そこで，C を 1 つ定めて対応先から 1 つだけ関数を選ぶことにする．以後，記号の混乱を避けるため，$\int ydx$ で積分定数 C を $C=0$ と置いたものを $\int_p ydx$ と表すものとする．

例3 $\dfrac{1}{D}e^{2x} = \displaystyle\int_p e^{2x}dx = \dfrac{1}{2}e^{2x}$

$$\frac{1}{D^2}x = \frac{1}{D}\left(\frac{1}{D}x\right) = \frac{1}{D}\int_p xdx = \frac{1}{D}\left(\frac{1}{2}x^2\right) = \frac{1}{2}\int_p x^2dx = \frac{1}{6}x^3$$

《注意》後でも述べることであるが，逆演算子は線形非同次微分方程式の特殊解を見つけるときに利用される．すなわち，任意の1つの解を決めるため，一意であることにこだわる必要がなく，$C = 0$とおいて考えてもさしつかえがない．

同様にして，$f(D)$を微分多項式とするとき，$f(D)y = R(x)$となる関数の1つを$y = \dfrac{1}{f(D)}\cdot R(x)$とかき，$\dfrac{1}{f(D)}$を$f(D)$の**逆演算子**という．これを用いて$a_0y^{(n)} + a_1y^{(n-1)} + \cdots\cdots + a_{n-1}y^{(1)} + a_n = R(x)$を表すと，

$$f(D)\cdot y = R(x) \quad \cdots ⊛$$

となる．⊛での微分演算子$f(D)$は，関数yに作用させて，既知の関数$R(x)$をつくる演算子とみなせる．そして微分方程式を解くとは，yを既知の関数$R(x)$から求める操作である．⊛は$f(D)$の逆演算子$\dfrac{1}{f(D)}$を用いれば，

$$y = \frac{1}{f(D)}R(x)$$

これは，形式的には⊛を$f(D)$で割っている状態で表されている．右辺の逆演算子の実際の演算規則がわかれば，微分方程式の特殊解を求めることができる（**5 逆演算子と定数係数非同次線形微分方程式**で取り扱う．p. 105）．

逆演算子$\dfrac{1}{f(D)}$については，一般に次の性質がある．

定理 4-4

$f(D)$，$g(D)$を微分多項式とするとき，

① $f(D)\cdot\dfrac{1}{f(D)}R(x) = R(x)$

② $\dfrac{1}{f(D)}\{R(x) + Q(x)\} = \dfrac{1}{f(D)}R(x) + \dfrac{1}{f(D)}Q(x)$

③ $\dfrac{1}{f(D)}\{kR(x)\} = k\dfrac{1}{f(D)}R(x)$　(k：定数)

④ $\dfrac{1}{f(D)g(D)}R(x) = \dfrac{1}{f(D)}\left\{\dfrac{1}{g(D)}R(x)\right\} = \dfrac{1}{g(D)}\left\{\dfrac{1}{f(D)}R(x)\right\}$

《注意》いずれも，もとの演算子の性質よりすぐに示せる．どの逆演算子も，関数に作用させた結果はひと通りに定まらないことは，再び注意しておく．

❷ 逆演算子の公式

定数係数非同次微分方程式の１つの特殊解を求めるのによく用いられる逆演算子の公式を次にあげる.

公式 2

$f(x) = a_0x^n + a_1x^{n-1} + a_2x^{n-2} + \cdots\cdots + a_{n-1}x + a_n$ とするとき,

① $\dfrac{1}{D}R(x) = \displaystyle\int R(x)dx$

② (ⅰ) $\dfrac{1}{D-\alpha}R(x) = e^{\alpha x}\dfrac{1}{D}\{e^{-\alpha x}R(x)\} = e^{\alpha x}\displaystyle\int e^{-\alpha x}R(x)dx$　　$\dfrac{1}{D-\alpha}$ 公式

(ⅱ) $\dfrac{1}{D-\alpha}\{e^{\alpha x}R(x)\} = e^{\alpha x}\dfrac{1}{D}R(x)$　　例題5 (p. 106)

③ $\dfrac{1}{f(D)}e^{\alpha x} = \dfrac{1}{f(\alpha)}e^{\alpha x}$　(ただし $f(\alpha) \neq 0$)　　指数代入公式 例題4 (p. 106)

④ (ⅰ) $\dfrac{1}{f(D)}R(x) = e^{\alpha x}\dfrac{1}{f(D+\alpha)}\{e^{-\alpha x}R(x)\}$

(ⅱ) $\dfrac{1}{f(D)}\{e^{\alpha x}R(x)\} = e^{\alpha x}\dfrac{1}{f(D+\alpha)}R(x)$

⑤ (ⅰ) $\dfrac{1}{(D-\alpha)^n}e^{\alpha x} = \dfrac{x^n}{n!}e^{\alpha x}$

(ⅱ) $\dfrac{1}{(D-\alpha)^n}R(x) = e^{\alpha x}\underbrace{\int\cdots\cdots\int}_{n\text{回積分}} e^{-\alpha x}R(x)\underbrace{dx\,dx\cdots dx}_{n\text{個}}$

⑥ $R(x) = b_0 + b_1x + \cdots\cdots + b_mx^{m+1}$ のとき,

$\dfrac{1}{1-D}R(x) = (1 + D + D^2 + \cdots\cdots + D^{m+1})R(x)$　　例題5

《注意》②, ④の(ⅰ)で $R(x)$ を $e^{\alpha x}R(x)$ とおきかえれば, ②, ④の(ⅱ)が得られる.

証明

②(ⅰ)　右辺の関数を y とおくと,

$$y = e^{\alpha x}\frac{1}{D}\{e^{-\alpha x}R(x)\} = e^{\alpha x}\int e^{-\alpha x}R(x)dx$$

辺々に $e^{-\alpha x}$ を乗じて, $e^{-\alpha x}y = \displaystyle\int e^{-\alpha x}R(x)dx$

辺々を x で微分して, $-\alpha e^{-\alpha x}y + e^{-\alpha x}y' = e^{-\alpha x}R(x)$

$$\Leftrightarrow\ y' - \alpha y = R(x),\ (D-\alpha)y = R(x)$$

$$\therefore\ y = \frac{1}{D-\alpha}R(x)\quad (= \text{左辺})$$

③　右辺の関数を y とおくと，

$$y = \frac{1}{f(\alpha)}e^{\alpha x}$$

辺々に $f(D)$ を施すと，$f(D)y = f(D)\left\{\frac{1}{f(\alpha)}e^{\alpha x}\right\}$

$$= \frac{1}{f(\alpha)}\{f(D)e^{\alpha x}\} = \frac{1}{f(\alpha)}\{f(\alpha)e^{\alpha x}\} = e^{\alpha x}$$

公式 1 の(ｉ)

$$\therefore\ y = \frac{1}{f(D)}e^{\alpha x}\quad (= \text{左辺})$$

④(ｉ)　右辺の式で $u(x) = \dfrac{1}{f(D+\alpha)}\{e^{-\alpha x}R(x)\}$ とおく．

$$f(D)\{e^{\alpha x}u(x)\} = e^{\alpha x}f(D+\alpha)u(x) = e^{\alpha x}\cancel{f(D+\alpha)}\cdot\frac{1}{\cancel{f(D+\alpha)}}\{e^{-\alpha x}R(x)\}$$

公式 1 の(ii)(p. 95)

$$= R(x)$$

$$\therefore\ \frac{1}{f(D)}R(x) = e^{\alpha x}u(x) = e^{\alpha x}\frac{1}{f(D+\alpha)}\{e^{-\alpha x}R(x)\}$$

⑤(ｉ)　④の(ii)の特別な場合として，$f(D) = (D-\alpha)^n$，$R(x) = 1$ とおくと，

$$\frac{1}{(D-\alpha)^n}e^{\alpha x} = e^{\alpha x}\frac{1}{f(D+\alpha)} = e^{\alpha x}\frac{1}{D^n}\cdot 1$$

$$= e^{\alpha x}\iint\cdots\cdots\int(dx)^n = \frac{x^n}{n!}e^{\alpha x}$$

$$\therefore\ \frac{1}{(D-\alpha)^n}e^{\alpha x} = \frac{x^n}{n!}e^{\alpha x}$$

⑤(ii)　⑤(ｉ)と同様の考え方で，$f(D) = (D-\alpha)^n$ とおくと，④の(ｉ)から

$$\frac{1}{(D-\alpha)^n}R(x) = e^{\alpha x}\frac{1}{D^n}\{e^{-\alpha x}R(x)\}$$

$$= e^{\alpha x}\underbrace{\iint\cdots\cdots\int}_{n\,\text{回積分}}e^{-\alpha x}R(x)\underbrace{dx\cdots dx}_{n\,\text{個}}$$

⑥　右辺を $Q(x)$ とおく．$D^iR(x) = R^i(x)$　$(i = 1, 2, \cdots, m+1)$ とし，

$Q(x) - Q'(x)$ を計算して，

$$\begin{array}{rrl} & Q(x) = & R(x) + \cancel{R^{(1)}(x)} + \cancel{R^{(2)}(x)} + \cdots\cdots + \cancel{R^{(m+1)}(x)} \\ -) & Q'(x) = & \cancel{R^{(1)}(x)} + \cancel{R^{(2)}(x)} + \cdots\cdots + \cancel{R^{(m+1)}(x)} + \underset{\underset{0}{\parallel}}{R^{(m+2)}(x)} \\ \hline & (1-D)Q(x) = & R(x) \end{array}$$

$$\therefore\ Q(x) = \frac{1}{1-D}R(x)$$

$$\therefore\ \frac{1}{1-D}R(x) = (1 + D + D^2 + \cdots\cdots + D^{m+1})R(x)$$

Memo　$R(x)$ は $m+1$ 次の整式より，$R^{(m+2)}(x)=0$ となる．上の考え方⑥を拡張して無限等比級数を利用してみる．

$-1<r<1$ のとき，

$$\frac{1}{1-r}=1+r+r^2+r^3+\cdots\cdots$$

にならって，

$$\frac{1}{1-D}=1+D+D^2+D^3+\cdots\cdots$$

$$\frac{1}{1+D}=1-D+D^2-D^3+\cdots\cdots$$

このべき級数を利用して原関数を計算する．例えば，

$$\frac{1}{1+D}x^3=(1-D+D^2-D^3+D^4-\cdots\cdots)x^3$$

$D^4x^3=D^5x^3=\cdots\cdots=0$ であるから展開項は D^3 の項までで十分である．

$$\frac{1}{1+D}x^3=(1-D+D^2-D^3)x^3=x^3-3x^2+6x-6$$

とあっさりと結果が求まる．

上の方法は $R(x)$ が x の多項式のとき，威力を発揮する．

例4

(1) $\dfrac{1}{D-2}x$　　(2) $\dfrac{1}{(D-2)^2}e^{3x}$ を積分定数を 0 として計算せよ．

(解)

公式 2 の②(ｉ)

(1) $\dfrac{1}{D-2}x=e^{2x}\displaystyle\int e^{-2x}x\,dx=e^{2x}\left(-\frac{1}{2}xe^{-2x}-\frac{1}{4}e^{-2x}\right)=-\frac{1}{2}x-\frac{1}{4}$　…(答)

別解 (上のコメントで述べた無限等比級数を利用)

$$\frac{1}{D-2}=\frac{-\dfrac{1}{2}}{1-\dfrac{D}{2}}$$ と変形でき，

$\left(\dfrac{D}{2}\right)^i x=0,\ i\geqq 2$

$$\frac{1}{D-2}x=-\frac{1}{2}\frac{1}{1-\dfrac{D}{2}}x=-\frac{1}{2}\left\{1+\frac{D}{2}+\left(\frac{D}{2}\right)^2+\cdots\right\}x$$

$$=-\frac{1}{2}\left(1+\frac{D}{2}\right)x=-\frac{1}{2}\left(x+\frac{1}{2}\right)=-\frac{1}{2}x-\frac{1}{4}$$　…(答)

(2) $\dfrac{1}{(D-2)^2}e^{3x}=\dfrac{1}{(3-2)^2}e^{3x}=e^{3x}$　…(答)

公式 2 の③で $f(D)=(D-2)^2$，$\alpha=3$

公式 2 の②を用いて，$R(x)$ を具体的に指数関数，三角関数をあてはめて計算すると，次の 公式 3 と 公式 4 が得られる．

公式 3

① $\dfrac{1}{D-\alpha}(e^{\alpha x}) = xe^{\alpha x}$, $\dfrac{1}{D-\alpha}(e^{\beta x}) = \dfrac{1}{\beta-\alpha}e^{\beta x}$ $(\alpha \neq \beta)$

② $\dfrac{1}{D-\alpha}(e^{\alpha x}\sin\beta x) = -\dfrac{1}{\beta}e^{\alpha x}\cos\beta x$, $\dfrac{1}{D-\alpha}(e^{\alpha x}\cos\beta x) = \dfrac{1}{\beta}e^{\alpha x}\sin\beta x$

③ $\dfrac{1}{D-\alpha}\sin\beta x = -\dfrac{1}{\alpha^2+\beta^2}(\alpha\sin\beta x + \beta\cos\beta x)$ $(\beta \neq 0)$

$\dfrac{1}{D-\alpha}\cos\beta x = \dfrac{1}{\alpha^2+\beta^2}(\beta\sin\beta x - \alpha\cos\beta x)$ $(\beta \neq 0)$

証明 **問題** 4-4，**練習問題 4-4**

次に逆演算子の分母が 2 次式で表された次の公式は 公式 3 を用いて示される．

公式 4

① $\dfrac{1}{(D-\alpha)^2}e^{\alpha x} = \dfrac{1}{2}x^2e^{\alpha x}$, $\dfrac{1}{(D-\alpha)^2}e^{\beta x} = \dfrac{1}{(\beta-\alpha)^2}e^{\beta x}$ $(\alpha \neq \beta)$

② $\dfrac{1}{(D-\alpha)^2}(e^{\alpha x}\sin\beta x) = -\dfrac{1}{\beta^2}e^{\alpha x}\sin\beta x$

$\dfrac{1}{(D-\alpha)^2}(e^{\alpha x}\cos\beta x) = -\dfrac{1}{\beta^2}e^{\alpha x}\cos\beta x$

③ $\dfrac{1}{(D-\alpha)^2}\sin\beta x = \dfrac{1}{\alpha^2+\beta^2}\{(\alpha^2-\beta^2)\sin\beta x + 2\alpha\beta\cos\beta x\}$ $(\beta \neq 0)$

$\dfrac{1}{(D-\alpha)^2}\cos\beta x = \dfrac{1}{(\alpha^2+\beta^2)^2}\{(\alpha^2-\beta^2)\cos\beta x - 2\alpha\beta\sin\beta x\}$ $(\beta \neq 0)$

証明 **問題** 4-5，**練習問題 4-5**

公式 5

① $\dfrac{1}{D^2+\beta^2}\sin\beta x = -\dfrac{1}{2\beta}x\cos\beta x$

$\dfrac{1}{D^2+\beta^2}\cos\beta x = \dfrac{1}{2\beta}x\sin\beta x$ $(\beta \neq 0)$

② $\dfrac{1}{D^2+k^2}\sin\beta x = \dfrac{1}{k^2-\beta^2}\sin\beta x$ $(k \neq \beta)$

$\dfrac{1}{D^2+k^2}\cos\beta x = \dfrac{1}{k^2-\beta^2}\cos\beta x$ $(k \neq \beta)$

証明

問題 4-6

練習問題 4-6

微分多項式 $f(x)$ に対して，$f(-k^2) \neq 0$ のとき，次の公式が成り立つ．

> 公式 6
>
> ①　$\dfrac{1}{f(D^2)}\sin kx = \dfrac{1}{f(-k^2)}\sin kx$
>
> ②　$\dfrac{1}{f(D^2)}\cos kx = \dfrac{1}{f(-k^2)}\cos kx$

←例題 6 [1]

証明

①　$D^2\sin kx = D(\sin kx)' = D(k\cos kx) = -k^2\sin kx$

$\therefore\ D^{2l}\sin kx = (-k^2)^l\sin kx$

辺々に α_{n-l} を乗じて，$\alpha_{n-l}(D^2)^l\sin kx = \alpha_{n-l}(-k^2)^l\sin kx$

$l = 0, 1, 2, \cdots\cdots, m$ を代入して辺々をたすと，

$$\sum_{l=0}^{m}\alpha_{n-l}(D^2)^l\sin kx = \sum_{l=0}^{m}\alpha_{n-l}(-k^2)^l\sin kx$$

$$f(D^2)\sin kx = f(-k^2)\sin kx$$

$$\therefore\ \frac{1}{f(D^2)}\sin kx = \frac{1}{f(-k^2)}\sin kx \quad ■$$

②も同様に示される．

4　演算子と定数係数同次線形微分方程式（問題 4-9, 10）

演算子を利用して，定数係数同次線形微分方程式

$$a_0y^n + a_1y^{n-1} + \cdots\cdots + a_{n-1}y' + a_ny = 0 \quad \Leftrightarrow \quad f(D)y = 0$$

を解くことを考える．

まずはじめに，

$$D^ny = 0 \quad \Leftrightarrow \quad \frac{d^ny}{dx^n} = 0 \quad \cdots①$$

の解は，n 回積分することによりただちに解けて，一般解

$$y = C_0 + C_1x + \cdots\cdots + C_{n-1}x^{n-1} \quad \cdots② \quad (C_0, C_1, \cdots, C_{n-1}\text{ は任意定数})$$

が求まる．このことは②を n 回微分すると 0 になることからも，容易に確かめられる．

次に①式の y に $e^{-\alpha x}y$ を代入して，$D^n(e^{-\alpha x}y) = 0 \quad \cdots③$

を考える．③の一般解は②式から，

$$e^{-\alpha x}y = C_0 + C_1x + \cdots\cdots + C_{n-1}x^{n-1}$$

$$\therefore\ y = (C_0 + C_1x + \cdots\cdots + C_{n-1}x^{n-1})e^{\alpha x} \quad \cdots④$$

となる．

一方，③は 定理 4-3 （p. 95）を用いると，

$$0 = D^n(e^{-\alpha x}y) = e^{-\alpha x}(D-\alpha)^n y$$

$$\therefore\ (D-\alpha)^n y = 0$$

上式をみたす一般解は④に一致する．

上の結果をまとめてみると，

> **定理 4-5**
>
> 微分方程式
>
> $$(D-\alpha)^n y = 0$$
>
> の一般解は，
>
> $$y = (C_0 + C_1 x + \cdots\cdots + C_{n-1}x^{n-1})e^{\alpha x}$$
>
> で与えられる．

《注意》$n=2$ のとき，定数係数の 2 階同次微分方程式で，p. 67 の特性方程式が重解である タイプ 2 になる．

x に関する多項式 $f(x)$ が $f(x) = f_1(x)f_2(x)$ と x の多項式 $f_1(x)$ と $f_2(x)$ で分解できるとき，次の定理が成り立つ．

> **定理 4-6**
>
> x に関する多項式 $f(x), f_1(x), f_2(x)$ の間に
>
> $$f(x) = f_1(x)f_2(x) = f_2(x)f_1(x)$$
>
> が成り立つとき，
>
> $f_1(D)y = 0$　ならば　$f(D)y = 0$
>
> $f_2(D)y = 0$　ならば　$f(D)y = 0$
>
> となる．

証明

$f(D)y = \{f_2(D)\cdot f_1(D)\}y = f_2(D)\cdot\{f_1(D)y\}$ から

$f_1(D) = 0$ なら $f(D)y = 0$

$f_2(D)y = 0$ のときも同様　■

このことから，$f(D) = 0$ の一般解は $f(D_1) = 0$，$f(D_2) = 0$ の一般解の総和となる．

次に，$(D^2 + aD + b)^n y = 0$ …⑤ の微分方程式を考える．

$x^2 + ax + b = 0$ の解を α, β とすると，

⑤　⇔　$(D-\alpha)^n(D-\beta)^n y=(D-\beta)^n(D-\alpha)^n y=0$

定理 4-6 より $(D-\alpha)^n y=0$，$(D-\beta)^n y=0$ のとき，⑤が成り立つ．

⑤の一般解は，$(D-\alpha)^n y=0$，$(D-\beta)^n y=0$ の一般解の総和になる．α，β の解により，場合分けする．

（ⅰ）　α, β が異なる実数解のとき，

$(D-\alpha)^n y=0$，$(D-\beta)^n y=0$ をみたす一般解をそれぞれ，y_1, y_2 とすると，定理 4-5 より，

$$\begin{aligned} y_1 &= (c_0+c_1x+\cdots+c_{n-1}x^{n-1})e^{\alpha x} \\ y_2 &= (d_0+d_1x+\cdots+d_{n-1}x^{n-1})e^{\beta x} \end{aligned} \quad \left(\begin{matrix} c_0, c_1, \cdots, c_{n-1} \\ d_0, d_1, \cdots, d_{n-1} \end{matrix} \text{：任意定数}\right)$$

このとき，⑤の一般解 y は，

$$\boxed{y=y_1+y_2}$$

となる．なぜなら，この解は $2n$ 個の任意定数を含んでおり，さらに，

$$(D^2+aD+b)^n y=(D-\beta)^n(D-\alpha)^n y_1+(D-\alpha)^n(D-\beta)^n y_2=0$$

が成り立つからである．

（ⅱ）　α, β が重解（$\alpha=\beta$）のとき，

⑤　⇔　$(D-\alpha)^{2n}y=0$

これは，p. 101 の①を解くことに帰着する．

（ⅲ）　α, β が虚数解のとき，次の 定理 4-7，定理 4-8 が成り立つ．

定理 4-7

微分方程式　$(D^2+k^2)^n y=0$　$(k \neq 0)$ の一般解は，

$$y=(c_0+c_1x+\cdots+c_{n-1}x^{n-1})\cos kx+(d_0+d_1x+\cdots\cdots+d_{n-1}x^{n-1})\sin kx$$

$$\left(\begin{matrix} c_0, c_1, \cdots, c_{n-1} \\ d_0, d_1, \cdots, d_{n-1} \end{matrix} \text{：任意定数}\right)$$

証明

すべての自然数 n で

$$(D^2+k^2)^n\{P_{n-1}(x)\cos kx+Q_{n-1}(x)\sin kx\}=0$$

が成り立つことを，帰納法を用いて示す．

$$\left(\begin{aligned} P_{n-1} &= c_0+c_1x+\cdots\cdots+c_{n-1}x^{n-1} \\ Q_{n-1} &= d_0+d_1x+\cdots\cdots+d_{n-1}x^{n-1} \text{ とする．} \end{aligned}\right)$$

(∵)　$n=1$ のときは明らかに成り立つ．

$n=l$ のとき，成り立つと仮定する．

$n=l+1$ のとき，

$$(D^2+k^2)^{l+1}\{P_l(x)\cos kx+Q_l(x)\sin kx\}$$
$$=(D^2+k^2)^l[(D^2+k^2)\{P_l(x)\cos kx+Q_l(x)\sin kx\}]$$
$$=(D^2+k^2)^l\{\underline{P_l''\cos kx}-2kP_l'\sin kx+Q_l''\sin kx+\underline{2kQ_l'\cos kx}$$
$$-\cancel{k^2P_l\cos kx}-\cancel{k^2Q_l\sin kx}+\cancel{k^2P_l\cos kx}+\cancel{k^2Q_l\sin kx}\}$$
$$=(D^2+k^2)^l\{(P_l''+2kQ_l')\cos kx+(Q_l''-2kP_l')\sin kx\}$$

$P_l''+2kQ_l'$，$Q_l''-2kP_l'$ は高々 $(l-1)$ 次の多項式であるから，帰納法の仮定により，上式の右辺は 0 となり，$n=l+1$ のときも成り立ち，すべての自然数 n で成り立つ．

　また，この解は $2n$ 個の任意定数を含んでおり，$x^p\cos kx, x^p\sin kx$（$p=0,1,2,\cdots\cdots,n-1$）は 1 次独立となる．■

《注意》 定理 4-7 は $n=2$ のとき，p. 68 の拡張になっている．

定理 4-7 から次の 定理 8 を得る．

定理 4-8

微分方程式

$\{(D-\alpha)^2+k^2\}^n y=0$ の一般解は，

$$y=e^{\alpha x}\{(c_0+c_1x+\cdots\cdots+c_{n-1}x^{n-1})\cos kx+(d_0+d_1x+\cdots\cdots+d_{n-1}x^{n-1})\sin kx\}$$

$$\left(\begin{matrix}c_0, c_1, \cdots, c_{n-1}\\ d_0, d_1, \cdots, d_{n-1}\end{matrix}\ \text{は任意定数}\right)$$

証明

$f(D)=\{(D-\alpha)^2+k^2\}^n$，$y=e^{\alpha x}Y$ とおくと，

$$f(D)y=0 \iff f(D)(e^{\alpha x}Y)=e^{\alpha x}f(D+\alpha)Y=0$$

（公式 1 の（ii））

$$f(D+\alpha)=\{(D+\cancel{\alpha}-\cancel{\alpha})^2+k^2\}^n=(D^2+k^2)^n \text{ より}$$
$$f(D)(e^{\alpha x}Y)=e^{\alpha x}(D^2+k^2)^nY=0$$

$e^{\alpha x}\neq 0$ より $(D^2+k^2)^nY=0$．これをみたす解 Y は，定理 4-6 より

$$Y=(c_0+c_1x+\cdots+c_{n-1}x^{n-1})\cos kx+(d_0+d_1x+\cdots+d_{n-1}x^{n-1})\sin kx$$
$$\therefore\ y=e^{\alpha x}Y=e^{\alpha x}\{(c_0+c_1x+\cdots+c_{n-1}x^{n-1})\cos kx$$
$$+(d_0+d_1x+\cdots+d_{n-1}x^{n-1})\sin kx\}$$ ■

例題 1

$y''' - 2y'' - y' + 2y = 0$ を解け．

（解）　$f(t) = t^3 - 2t^2 - t + 2$ とおくと，$f(t) = (t-1)(t+1)(t-2)$
ゆえに $f(D)y = 0$ の一般解は，$y = C_1e^x + C_2e^{-x} + C_3e^{2x}$　…（答）

例題 2

$y^{(4)} - 2y^{(3)} + 2y^{(1)} - y = 0$ を解け．

（解）　$f(t) = t^4 - 2t^3 + 2t - 1 = (t+1)(t-1)^3$
$f(D) = (D+1)(D-1)^3y$
定理 4-5 から，$f(D)y=0$ の一般解は，$y=C_1e^{-x}+(C_2+C_3x+C_4x^2)e^x$
…（答）

例題 3

$y''' - 7y'' + 19y' - 13y = 0$ を解け．

（解）　$f(t) = t^3-7t^2+19t-13 = (t^2-6t+13)(t-1) = \{(t-3)^2+4\}(t-1)$
定理 4-5，定理 4-8 から，$f(D)y = 0$ の一般解は

$$y = C_1e^x + e^{3x}(C_1\cos 2x + C_3\sin 2x)$$

上の性質は，n 階同次微分方程式が
$(D-\alpha_1)^{m_1}(D-\alpha_2)^{m_2}\cdots\cdots(D-\alpha_r)^{m_r}y = 0$ と分解できるとき，
$(n = m_1 + m_2 + \cdots\cdots + m_r)$
の一般解は，$(D-\alpha_i)^{m_i}\cdot y = 0$ の一般解 $y_i = e^{\alpha_i x}\cdot(m_i - 1$ 次関数）の総和となる．なお，$\alpha_1, \alpha_2, \cdots\cdots, \alpha_r$ が相異なることから，$y_1, y_2, \cdots, y_r$ の 1 次独立性は明らか．ただし，一般解の任意定数は各 $m_i - 1$ 次の計 $n = m_1 + m_2 + \cdots + m_r$ 個の係数である．

5　逆演算子と定数係数非同次線形微分方程式（問題 4-11～16）

逆演算子を用いて，定数係数非同次線形微分方程式

$$f(D)y = R(x)$$

の一つの特殊解を求める方法を示す．一般解は対応する同次方程式の一般解を 4（p. 101）の方法で求めて，それに特殊解を足しあわせればよい．記号法で特殊解が求まるのは上式の右辺 $R(x)$ が多項式，指数関数，三角関数など特殊な関数の場合であるが，関数の形によって方法が決まっている．以下 $R(x)$ の

形に応じた解法を **例題** を用いて解説する.

例題 4　($R(x) = Ae^{\alpha x}$ のタイプ)

次の微分方程式の特殊解を求めよ.

(1) $(D^2 - 4D - 5)y = 3e^{4x}$

(2) $(D^3 - 2D^2 - 5D + 6)y = 3e^{2x}$

(1) ●考え方●　$y = \dfrac{1}{D^2 - 4D - 5}(3e^{4x})$

$f(t) = t^2 - 4t - 5 = (t+1)(t-5)$ とおくと, e^{4x} から $t = 4$ を代入すると, $f(4) \neq 0$ であり, 公式 2 の③指数代入公式の活用ができる.

(解)　$y = \dfrac{1}{D^2-4D-5}(3e^{4x}) = \dfrac{1}{f(4)}(3e^{4x}) = \dfrac{3}{5\cdot(-1)}e^{4x} = -\dfrac{3}{5}e^{4x}$ …(答)

(2) ●考え方●

$f(t) = t^3 - 2t^2 - 5t + 6 = (t-1)(t+2)(t-3)$ とおくと, e^{2x} から $t = 2$ を代入すると, $f(2) \neq 0$. 公式 2 の③ 指数代入公式の活用ができる.

(解)　$y = \dfrac{1}{D^3-2D^2-5D+6}(3e^{2x}) = \dfrac{3}{f(2)}e^{2x} = \dfrac{3}{1\cdot 4\cdot(-1)}e^{2x} = -\dfrac{3}{4}e^{2x}$

…(答)

例題 5　($R(x)$ が多項式のタイプ)

次の微分方程式の特殊解を求めよ.

$(D^2 + D - 2)y = x - 1$

●考え方●

2 通りの解答を紹介する.

〔1〕 公式 2 の②(ⅰ)を活用し, 部分積分法の計算に持ち込む方法.

〔2〕 $\dfrac{1}{D-1}(x-1)$, $\dfrac{1}{D+2}(x-1)$ の計算を p. 99 の **Memo** での

$$\frac{1}{1-D} = 1 + D + D^2 + \cdots\cdots$$

$$\frac{1}{1+D} = 1 - D + D^2 + \cdots\cdots$$ を利用する方法.

(解)

〔1〕 $y = \dfrac{1}{D^2 + D - 2}(x-1) = \dfrac{1}{(D-1)(D+2)}(x-1)$

$$= \frac{1}{3}\left\{\frac{1}{D-1} - \frac{1}{D+2}\right\}(x-1)$$

$$\frac{1}{D-1}(x-1) = e^x\frac{1}{D}\{e^{-x}(x-1)\} = e^x\int_p e^{-x}(x-1)\,dx = e^x(-xe^{-x})$$

$$= -x$$

（公式 2 の②（i）） （部分積分法）

$$\frac{1}{D+2}(x-1) = e^{-2x}\frac{1}{D}\{e^{2x}(x-1)\} = e^{-2x}\int_p e^{2x}(x-1)\,dx$$

$$= e^{-2x}\left\{\frac{1}{2}\left(x-\frac{3}{2}\right)e^{2x}\right\} = \frac{1}{2}\left(x-\frac{3}{2}\right)$$

よって，特殊解は

$$y = \frac{1}{3}\left\{-x-\frac{1}{2}\left(x-\frac{3}{2}\right)\right\} = \frac{1}{3}\left(-\frac{3}{2}x+\frac{3}{4}\right) = -\frac{1}{2}x+\frac{1}{4} \quad \cdots(答)$$

〔2〕 $$\frac{1}{D-1}(x-1) = \frac{-1}{1-D}(x-1) = -(1+D+D^2+\cdots)(x-1)$$

$$= -(1+D)(x-1)$$

$$= -(x-1+1) = -x$$

（$D^i(x-1) = 0 \ (i \geqq 2)$）

$$\frac{1}{D+2}(x-1) = \frac{\frac{1}{2}}{1+\frac{D}{2}}(x-1) = \frac{1}{2}\left\{1-\frac{D}{2}+\left(\frac{D}{2}\right)^2-\left(\frac{D}{2}\right)^3+\cdots\right\}(x-1)$$

$$= \frac{1}{2}\left(1-\frac{D}{2}\right)(x-1) = \frac{1}{2}\left(x-1-\frac{1}{2}\right) = \frac{1}{2}x-\frac{3}{4}$$

よって，特殊解は

$$y = \frac{1}{3}\left\{-x-\frac{1}{2}\left(x-\frac{3}{2}\right)\right\} = -\frac{1}{2}x+\frac{1}{4} \quad \cdots(答)$$

例題 6　$(R(x) = \sin x)$

次の微分方程式の特殊解を求めよ．

$(D^4 + 4D^2)y = \sin x$

●考え方●

2 通りの解答を紹介する．

〔1〕 $y = \dfrac{1}{(D^2)^2 + 4(D^2)}\sin x$ で 公式 6 の①を活用．

〔2〕 $y = \dfrac{1}{D^2(D^2+4)}\sin x = \dfrac{1}{4}\left(\dfrac{1}{D^2} - \dfrac{1}{D^2+4}\right)\sin x$ から

$\dfrac{1}{D^2}\sin x$，$\dfrac{1}{D^2+4}\sin x$ を求める．

（解）

〔1〕 $y = \dfrac{1}{(D^2)^2 + 4(D^2)}\sin x$

$f(x) = x^2 + 4x$ とおくと，$f(-1^2) = -3 \neq 0$ より 公式 6 の①を用いて，

$$y = \frac{1}{f(D^2)}\sin x = \frac{1}{f(-1^2)}\sin x = -\frac{1}{3}\sin x \quad \cdots(答)$$

〔2〕 $y=\dfrac{1}{D^4+4D^2}\sin x=\dfrac{1}{D^2(D^2+4)}\sin x=\dfrac{1}{4}\left(\dfrac{1}{D^2}-\dfrac{1}{D^2+4}\right)\sin x$

$$\frac{1}{D^2}\sin x=\frac{1}{0^2-1^2}\sin x=-\sin x$$

↑ 公式5 の②

$$\frac{1}{D^2+4}\sin x=\frac{1}{4-1}\sin x=\frac{1}{3}\sin x$$

↑ 公式5 の②

よって，特殊解は，$y=\dfrac{1}{4}\left(-\sin x-\dfrac{1}{3}\sin x\right)=-\dfrac{1}{3}\sin x$ …(答)

6 定数係数連立微分方程式（問題 4-17, 18, 19）

これまでは，2つの変数だけを含む微分方程式を扱ってきた．ここでは3つ以上の変数を含む微分方程式を考える．

例えば，

$$\begin{cases}\dfrac{dx}{dt}+4x+3y=t\\[2mm]\dfrac{dy}{dt}+2x+5y=e^t\end{cases}$$

連立方程式の数は2であり，従属変数 x, y の個数2個と等しくなる．これを微分演算子 D を用いて表すと，

$$\begin{cases}(D+4)x+3y=t\\(D+5)y+2x=e^t\end{cases}\quad\cdots\circledast$$

となる．

$$\begin{cases}\dfrac{dx}{dt}+\dfrac{dy}{dt}+y=1\\[2mm]\dfrac{dx}{dt}-\dfrac{dz}{dt}+2x+z=1\\[2mm]\dfrac{dy}{dt}+\dfrac{dz}{dt}+y+2z=0\end{cases}\Leftrightarrow\begin{cases}Dx+(D+1)y=1\\(D+2)x-(D-1)z=1\\(D+1)y+(D+2)z=0\end{cases}$$

は従属変数は3で連立方程式の数は3個となる．

n 個の従属変数をもつ，n 個の常微分方程式を解くための基本的な方法は，与えられた方程式を微分して得られた方程式の集合から，1つの従属変数，例えば，x 以外のすべてを消去するというものである．消去されて得られた方程式は，この変数 x について解くことができる．それぞれの従属変数についても，同様にして解が得られる．

ここでは，定数係数2元微分方程式の解法について，例題を中心に解説する．2元でなくとも，定数係数であるならば，一般に n 元連立微分方程式にそのま

ま拡張できる.

定理 4-9

連立方程式

$$\begin{cases} f_1(D)x + g_1(D)y = h_1(t) \\ f_2(D)x + g_2(D)y = h_2(t) \end{cases}$$

の一般解に現れる任意定数の数は，行列式

$$\varDelta = \begin{vmatrix} f_1(D) & g_1(D) \\ f_2(D) & g_2(D) \end{vmatrix}$$

の D の次数と一致する.

例えば，㊍（p. 108）の場合

$$\varDelta = \begin{vmatrix} D+4 & 3 \\ 2 & D+5 \end{vmatrix} = D^2 + 9D + 14$$

D の次数は 2 であり，一般解に現れる任意定数の数は 2 となる（⇨**例題8**）.
この定理は n 個の従属変数をもつ n 個の方程式の場合に簡単に拡張することができる.

例題 7

連立微分方程式

$$\begin{cases} (D-1)x + Dy = 2t + 1 & \cdots ① \\ (2D+1)x + 2Dy = t & \cdots ② \end{cases}$$ を解け.

$\varDelta = \begin{vmatrix} D-1 & D \\ 2D+1 & 2D \end{vmatrix} = \cancel{2D^2} - 2D - \cancel{2D^2} - D = -3D$. D の次数が 1 で任意定数は 1 つだけになる.

（解）

$2 \times ① - ②$ を求めると，$3x = -3t - 2$ から，$x = -t - \dfrac{2}{3}$

①より，$Dy = 2t + 1 - (D-1)x = 2t + 1 + 1 - t - \dfrac{2}{3} = t + \dfrac{4}{3}$

$$\therefore\ y = \frac{1}{D}\left(t + \frac{4}{3}\right) = \int\left(t + \frac{4}{3}\right)dt = \frac{1}{2}t^2 + \frac{4}{3}t + C_1$$

よって，一般解は

$$x = -t - \frac{2}{3},\quad y = \frac{1}{2}t^2 + \frac{4}{3}t + C_1 \quad \cdots(\text{答})$$

例題 8　連立微分方程式（p. 108 の⊛）

$$\begin{cases} (D+4)x+3y=t & \cdots ① \\ 2x+(D+5)y=e^t & \cdots ② \end{cases}$$

を解け．

$$\Delta=\begin{vmatrix} D+4 & 3 \\ 2 & D+5 \end{vmatrix}=D^2+9D+14$$

D の次数は 2.

（解）　①式の辺々に $D+5$ を作用させた式から②式の辺々を 3 倍した式を引くと，$(D+4)(D+5)x-6x=(D+5)t-3e^t$，$(D^2+9D+14)x=5t+1-3e^t$

$$x=\frac{1}{(D+2)(D+7)}(5t+1-3e^t)$$

上式の補関数は $x=C_1e^{-2t}+C_2e^{-7t}$

特殊解は，$\dfrac{1}{(D+2)(D+7)}e^t=\dfrac{1}{24}e^t$ であり，（公式 2 の③）

$$\frac{1}{(D+2)(D+7)}(5t+1)=\frac{1}{14+9D+D^2}(5t+1)=\left(\frac{1}{14}-\frac{9}{196}D\right)(5t+1)$$

$$=\frac{1}{14}(5t+1)-\frac{45}{196}$$ となるから，

$$x=\frac{1}{14}(5t+1)-\frac{45}{196}-\frac{1}{8}e^t=\frac{5}{14}t-\frac{31}{196}-\frac{1}{8}e^t$$

一般解は　$x=C_1e^{-2t}+C_2e^{-7t}+\dfrac{5}{14}t-\dfrac{31}{196}-\dfrac{1}{8}e^t$　…(答)

①より $y=\dfrac{1}{3}(t-Dx-4x)=-\dfrac{2}{3}C_1e^{-2t}+C_2e^{-7t}-\dfrac{1}{7}t+\dfrac{9}{98}+\dfrac{5}{24}e^t$…(答)

Memo　①, ②は普通の文字定数の連立方程式の解法のように，行列で処理することができる．

$$\begin{pmatrix} D+4 & 3 \\ 2 & D+5 \end{pmatrix}\begin{pmatrix} x \\ y \end{pmatrix}=\begin{pmatrix} t \\ e^t \end{pmatrix},\quad \begin{vmatrix} D+4 & 3 \\ 2 & D+5 \end{vmatrix}=(D+4)(D+5)-6$$

$$=D^2+9D+14$$ より

$$\begin{pmatrix} x \\ y \end{pmatrix}=\frac{1}{D^2+9D+14}\begin{pmatrix} D+5 & -3 \\ -2 & D+4 \end{pmatrix}\begin{pmatrix} t \\ e^t \end{pmatrix}=\frac{1}{D^2+9D+14}\begin{pmatrix} (D+5)t-3e^t \\ -2t+(D+4)e^t \end{pmatrix}$$

$$x=\frac{1}{D^2+9D+14}(5t+1-3e^t),\quad y=\frac{1}{D^2+9D+14}(5e^t-2t)$$

x だけを求めるとき，行列式を用いて次のようにして求めることもできる．

$$\begin{vmatrix} D+4 & 3 \\ 2 & D+5 \end{vmatrix}x=\begin{vmatrix} t & 3 \\ e^t & D+5 \end{vmatrix} \Leftrightarrow (D^2+9D+14)x=(D+5)t-3e^t$$

$$=(5t+1)-3e^t$$

1 列目を $\begin{pmatrix} t \\ e^t \end{pmatrix}$ で置き換える．

$$\therefore\ x=\frac{1}{D^2+9D+14}(5t+1-3e^t)$$

y を求めるときも同様にして，

$\begin{vmatrix} D+4 & 3 \\ 2 & D+5 \end{vmatrix}y=\begin{vmatrix} D+4 & t \\ 2 & e^t \end{vmatrix}$ から y を求めることができる．

問題 4-1 ▼微分演算子（1）

〔1〕次の関数を求めよ．

(1) $D(\cos 2x + \log x)$　　(2) $D(e^{3x} + x^3)$

(3) $D^3(e^{-x}) - D^2(\log x)$　　(4) $D^2(\sin 2x) + D(\tan x)$

〔2〕次の微分方程式を微分演算子 D を用いて表せ．

(1) $y'' - 5y' + 4y = \sin 2x$　　(2) $y'' + 2y' = x$

〔3〕次の微分方程式を y'', y', y を使って書き直せ．

(1) $(D^2 - 2D + 2)y = 0$　　(2) $(D + 3)^2 y = \cos x$

●考え方●

$Dy = y'$ のことである．すなわち D は“微分せよ”ということである．

解答

〔1〕(1) $D(\cos 2x + \log x) = (\cos 2x + \log x)'$

$$= -2\sin x + \frac{1}{x}$$ 答

(2) $D(e^{3x} + x^3) = (e^{3x} + x^3)' = 3e^{3x} + 3x^2$ 答

(3) $D^3(e^{-x}) - D^2(\log x) = (e^{-x})'''$㋐ $- (\log x)''$㋑

$$= -e^{-x} + \frac{1}{x^2}$$ 答

(4) $D^2(\sin 2x) + D(\tan x) = (\sin 2x)''$㋒ $+ (\tan x)'$㋓

$$= -4\sin 2x + \frac{1}{\cos^2 x}$$ 答

〔2〕(1) $(D^2 - 5D + 4)y$㋔ $= \sin 2x$ 答

(2) $(D^2 + 2D)y$㋕ $= x$ 答

〔3〕(1) $(D^2 - 2D + 2)y = D^2 y - 2Dy + 2y = y'' - 2y' + 2y$

$\therefore\ y'' - 2y' + 2y = 0$ 答

(2) $(D + 3)^2 y$㋖ $= (D^2 + 6D + 9)y = y'' + 6y' + 9y$

$\therefore\ y'' + 6y' + 9y = \cos x$ 答

ポイント

㋐ $(e^{-x})''' = (-e^{-x})''$
$= (e^{-x})' = -e^{-x}$

㋑ $(\log x)'' = \left(\frac{1}{x}\right)'$
$= -\frac{1}{x^2}$

㋒ $(\sin 2x)'' = (2\cos 2x)'$
$= -4\sin 2x$

㋓ $(\tan x)' = \frac{1}{\cos^2 x}$

㋔ $(D - 4)(D - 1)y = \sin 2x$ と表してもよい．

㋕ $y'' + 2y'$
$= D^2 y + 2Dy$
$= (D^2 + 2D)y$

㋖ 因数分解されているときは，先に展開してから書き直す．

練習問題 4-1

解答 p. 222

〔1〕次の微分方程式を微分演算子 D を用いて書き直せ．

(1) $y'' + 10y' + 9y = 0$　　(2) $y'' + 6y' = \cos 2x$

〔2〕次の微分方程式を y'', y', y を使って書き直せ．

(1) $(D + 1)(D - 1)y = 3x + 1$　　(2) $(D + 3)^2 y = e^x \sin x$

問題 4-2 ▼微分演算子（2）

次の関係式が成り立つことを示せ．

(1) $D^n\{e^{\alpha x}f(x)\} = e^{\alpha x}(D+\alpha)^n f(x)$ …① 定理 4-3 (p. 95)

(2) $f(D)e^{\alpha x} = f(\alpha)e^{\alpha x}$ …② 公式 1 の（ｉ）(p. 95)

●考え方●

(1) 数学的帰納法で示す．

(2) $f(x) = a_0x^n + a_1x^{n-1} + a_2x^{n-2} + \cdots\cdots + a_{n-1}x + a_n$ のとき，

$f(D) = a_0D^n + a_1D^{n-1} + a_2D^{n-2} + \cdots\cdots + a_{n-1}D + a_n$

$D^ke^{\alpha x} = \alpha^ke^{\alpha x}$ $(k = 0, 1, 2, \cdots\cdots, n)$ である．

解答

(1) $n = 1$ のとき，

$$De^{\alpha x}f(x) = \{e^{\alpha x}f(x)\}' = \alpha e^{\alpha x}f(x) + e^{\alpha x}f'(x)$$ ㋐

$$= \alpha e^{\alpha x}f(x) + e^{\alpha x}Df(x)$$

$$= e^{\alpha x}(D+\alpha)f(x)$$

となり成り立つ．

$n = k$ のとき成り立つと仮定する．㋑

$n = k+1$ のとき，

$D^{k+1}\{e^{\alpha x}f(x)\}$ ㋒

$$= D\{D^k(e^{\alpha x}f(x))\} = D\{e^{\alpha x}(D+\alpha)^kf(x)\}$$ ㋓

$$= \alpha e^{\alpha x}(D+\alpha)^kf(x) + e^{\alpha x}D\{(D+\alpha)^kf(x)\}$$ ㋔

$$= e^{\alpha x}(D+\alpha)(D+\alpha)^kf(x) = e^{\alpha x}(D+\alpha)^{k+1}f(x)$$

となり，$n = k+1$ のときも成り立ち，すべての自然数 n で①は成り立つ．■

(2) $f(x) = a_0x^n + a_1x^{n-1} + \cdots\cdots + a_{n-1}x + a_n$ とすると，

$$f(D)e^{\alpha x} = (a_0D^n + a_1D^{n-1} + \cdots\cdots + a_{n-1}D + a_n)e^{\alpha x}$$ ㋕

$$= (a_0\alpha^n + a_1\alpha^{n-1} + \cdots\cdots + a_{n-1}\alpha + a_n)e^{\alpha x} = f(\alpha)e^{\alpha x}$$

= (②の右辺)■

ポイント

㋐ 積の微分法．

㋑ $D^k\{e^{\alpha x}f(x)\} = e^{\alpha x}(D+\alpha)^kf(x)$

㋒ ①の右辺．

㋓ 仮定を適用．

㋔ 共通項 $e^{\alpha x}$ でくくる．

㋕ $D^ke^{\alpha x} = \alpha^ke^{\alpha x}$ $(k = 0, 1, 2, \cdots, n)$ の指数関数の微分の性質によって次式が得られる．

練習問題 4-2

解答 p. 222

$f(D)\{e^{\alpha x}R(x)\} = e^{\alpha x}f(D+\alpha)R(x)$ …… 公式 1 の（ii）(p. 95) を示せ．

問題 4-3 ▼逆演算子（1）

次の各式を p. 97 の 公式 2 を利用して計算せよ．ただし，積分定数 C は $C=0$ とする．

(1)　$\dfrac{1}{D^2}(\cos x-\sin 3x)$　(2)　$\dfrac{1}{D-1}(\sin x)$　(3)　$\dfrac{1}{(D-2)(D-1)}e^{2x}$

●考え方●

(1)　公式 2 ①を 2 回適用．

(2)　公式 2 ②(ⅰ)（p. 97）を適用し，部分積分法を用いて不定積分．

(3)　$\dfrac{1}{(D-2)(D-1)}=\dfrac{1}{D-2}-\dfrac{1}{D-1}$ と変形し，公式 2 の②(ⅱ)および④(ⅰ)の活用．

解答

(1)　(与式) $=\dfrac{1}{D}\left\{\dfrac{1}{D}(\cos x-\sin 3x)\right\}$

$$=\frac{1}{D}\int_p(\cos x-\sin 3x)\,dx$$

$$=\frac{1}{D}\left(\sin x+\frac{1}{3}\cos 3x\right)=\int_p\left(\sin x+\frac{1}{3}\cos 3x\right)dx$$

$$=-\cos x+\frac{1}{9}\sin 3x$$ 答

(2)　$\dfrac{1}{D-1}\sin x$ ㋐ $=e^{x}\cdot\displaystyle\int_p e^{-x}\sin x\,dx$ ㋑

$$=e^{x}\left\{-\frac{1}{2}e^{-x}(\sin x+\cos x)\right\}$$

$$=-\frac{1}{2}(\sin x+\cos x)$$ 答

(3)　$\dfrac{1}{(D-2)(D-1)}e^{2x}=\left(\dfrac{1}{D-2}-\dfrac{1}{D-1}\right)e^{2x}$

$=\dfrac{1}{D-2}e^{2x}$ ㋒ $-\dfrac{1}{D-1}e^{2x}$ ㋓

$=e^{2x}\dfrac{1}{D}\cdot 1-e^{1\cdot x}\displaystyle\int_p e^{-x}\cdot e^{2x}dx$ ㋔

$$=e^{2x}\int_p dx-e^{x}\cdot e^{x}=xe^{2x}-e^{2x}=(x-1)e^{2x}$$ 答

ポイント

㋐ 公式 2 の②(ⅰ)

$\dfrac{1}{D-\alpha}R(x)$

$=e^{\alpha x}\dfrac{1}{D}\{e^{-\alpha x}R(x)\}$

で $\alpha=1$，$R(x)=\sin x$ とおく．

㋑ 部分積分法より

$-\dfrac{1}{2}e^{-x}(\sin x+\cos x)$

㋒ 公式 2 の②(ⅱ)

$\dfrac{1}{D-\alpha}\{e^{\alpha x}R(x)\}$

$=e^{\alpha x}\cdot\dfrac{1}{D}R(x)$ で

$\alpha=2$，$R(x)=1$ とおく．

㋓ 公式 2 の②(ⅰ)

$\alpha=1$，$R(x)=e^{2x}$ とおく．

または，公式 2 の③

$f(x)=x-1$ とおくと，

$\dfrac{1}{f(D)}e^{2x}=\dfrac{1}{f(2)}e^{2x}=e^{2x}$

㋔ $\displaystyle\int_p e^{-x}\cdot e^{2x}dx=\int_p e^{x}dx$

$=e^{x}$

練習問題　4-3　解答 p. 222

次の各式を p. 97 の 公式 2 を利用して計算せよ．

ただし，積分定数 C は $C=0$ とする．

(1)　$\dfrac{1}{(D-1)(D-3)(D+2)}e^{4x}$

(2)　$\dfrac{1}{(D-1)(D-2)^2}e^{2x}$

問題 4-④ ▼逆演算子 (2)

次の関係式（公式 3）を 公式 2 を用いて示せ.

(1) $\dfrac{1}{D-\alpha}e^{\alpha x}=xe^{\alpha x}$

(2) $\dfrac{1}{D-\alpha}\sin\beta x=-\dfrac{1}{\alpha^2+\beta^2}(\alpha\sin\beta x+\beta\cos\beta x)\quad(\beta\neq 0)$

(3) $\dfrac{1}{D-\alpha}\cos\beta x=\dfrac{1}{\alpha^2+\beta^2}(\beta\sin\beta x-\alpha\cos\beta x)\quad(\beta\neq 0)$

●考え方●

公式 2 の②を利用. $\dfrac{1}{D-\alpha}R(x)=e^{\alpha x}\dfrac{1}{D}\{e^{-\alpha x}R(x)\}=e^{\alpha x}\int e^{-\alpha x}R(x)dx$

解答

(1) $\dfrac{1}{D-\alpha}e^{\alpha x}$㋐ $=e^{\alpha x}\dfrac{1}{D}\{e^{-\alpha x}\cdot e^{\alpha x}\}=e^{\alpha x}\int_p 1\cdot dx=xe^{\alpha x}$

(2) $\dfrac{1}{D-\alpha}\sin\beta x$㋑ $=e^{\alpha x}\dfrac{1}{D}\{e^{-\alpha x}\sin\beta x\}=e^{\alpha x}\int_p e^{-\alpha x}\sin\beta x\,dx$㋒

$=e^{\alpha x}\cdot\dfrac{-e^{\alpha x}}{\alpha^2+\beta^2}(\alpha\sin\beta x+\beta\cos\beta x)$

$=-\dfrac{1}{\alpha^2+\beta^2}(\alpha\sin\beta x+\beta\cos\beta x)\quad(\beta\neq 0)$

(3) $\dfrac{1}{D-\alpha}\cos\beta x$㋓ $=e^{\alpha x}\int_p e^{-\alpha x}\cos\beta x\,dx$㋔

$=e^{\alpha x}\cdot\dfrac{e^{-\alpha x}}{\alpha^2+\beta^2}(\beta\sin\beta x-\alpha\cos\beta x)$

$=\dfrac{1}{\alpha^2+\beta^2}(\beta\sin\beta x-\alpha\cos\beta x)\quad(\beta\neq 0)$

ポイント

㋐ 公式 2 の②(i)
$R(x)=e^{\alpha x}$ とおく.

㋑ 公式 2 の②(i)
$R(x)=\sin\beta x$ とおく.

㋒ $I=\int_p e^{-\alpha x}\sin\beta x dx$
とおくと, 部分積分法より
$I=-\dfrac{1}{\beta^2}e^{-\alpha x}(\beta\cos\beta x+\alpha\sin\beta x)-\dfrac{\alpha^2}{\beta^2}I$
から
$I=-\dfrac{e^{-\alpha x}}{\alpha^2+\beta^2}(\alpha\sin\beta x+\beta\cos\beta x)$

㋓ 公式 2 の②(i)
$R(x)=\cos\beta x$ とおく.

㋔ 部分積分法

上の(2), (3)をオイラーの公式 $\boxed{\cos\beta x+i\sin\beta x=e^{i\beta x}}$ で三角関数を指数関数として扱って考えてみよう.

$\dfrac{1}{D-\alpha}e^{i\beta x}=\dfrac{1}{f(i\beta)}e^{i\beta x}=\dfrac{1}{i\beta-\alpha}e^{i\beta x}=\dfrac{-i\beta-\alpha}{\alpha^2+\beta^2}e^{i\beta x}$

$=-\dfrac{\alpha+i\beta}{\alpha^2+\beta^2}(\cos\beta x+i\sin\beta x)$. この式の実部, 虚部をとって,

$\dfrac{1}{D-\alpha}\cos\beta x=\dfrac{1}{\alpha^2+\beta^2}(\beta\sin\beta x-\alpha\cos\beta x)$, $\dfrac{1}{D-\alpha}\sin\beta x=-\dfrac{1}{\alpha^2+\beta^2}(\alpha\sin\beta x+\beta\cos\beta x)$

《注意》 どちらか一方を求めるときも, $\cos\beta x$ と $\sin\beta x$ をいっしょに計算して, 上のように実部, 虚部を分離すればよい.

練習問題 4-4

解答 p. 222

次の関係式を示せ（公式 3）. (1) $\dfrac{1}{D-\alpha}e^{\beta x}=\dfrac{1}{\beta-\alpha}e^{\beta x}\quad(\alpha\neq\beta)$

(2) $\dfrac{1}{D-\alpha}(e^{\alpha x}\cos\beta x)=\dfrac{1}{\beta}e^{\alpha x}\sin\beta x$

問題 4-5 ▼逆演算子（3）

公式4（p. 100）の次の関係式を 公式3 を用いて示せ．

(1) $\dfrac{1}{(D-\alpha)^2}e^{\alpha x}=\dfrac{1}{2}x^2e^{\alpha x}$

(2) $\dfrac{1}{(D-\alpha)^2}(e^{\alpha x}\sin\beta x)=-\dfrac{1}{\beta^2}e^{\alpha x}\sin\beta x\quad(\beta\neq 0)$

(3) $\dfrac{1}{(D-\alpha)^2}\sin\beta x=\dfrac{1}{\alpha^2+\beta^2}\{(\alpha^2-\beta^2)\sin\beta x+2\alpha\beta\cos\beta x\}\quad(\beta\neq 0)$

●考え方●

公式2　$\dfrac{1}{D-\alpha}\{e^{\alpha x}R(x)\}=e^{\alpha x}\dfrac{1}{D}R(x)$

公式3　① $\dfrac{1}{D-\alpha}e^{\alpha x}=xe^{\alpha x}$　② $\dfrac{1}{D-\alpha}(e^{\alpha x}\sin\beta x)=-\dfrac{1}{\beta}e^{\alpha x}\cos\beta x$

③ $\dfrac{1}{D-\alpha}\sin\beta x=-\dfrac{1}{\alpha^2+\beta^2}(\alpha\sin\beta x+\beta\cos\beta x)\ (\beta\neq 0)$　の活用．

解答

(1) $\dfrac{1}{(D-\alpha)^2}e^{\alpha x}=\dfrac{1}{D-\alpha}\left(\underbrace{\dfrac{1}{D-\alpha}e^{\alpha x}}_{㋐}\right)=\underbrace{\dfrac{1}{D-\alpha}xe^{\alpha x}}_{㋑}$

$=e^{\alpha x}\displaystyle\int_p xdx=\dfrac{1}{2}x^2e^{\alpha x}$

(2) $\dfrac{1}{(D-\alpha)^2}(e^{\alpha x}\sin\beta x)=\dfrac{1}{D-\alpha}\left(\underbrace{\dfrac{1}{D-\alpha}e^{\alpha x}\sin\beta x}_{㋒}\right)$

$=\dfrac{1}{D-\alpha}\left(-\dfrac{1}{\beta}e^{\alpha x}\cos\beta x\right)$

$=-\dfrac{1}{\beta}\underbrace{\dfrac{1}{D-\alpha}(e^{\alpha x}\cos\beta x)}_{㋓}=-\dfrac{1}{\beta^2}e^{\alpha x}\sin\beta x$

(3) $\dfrac{1}{(D-\alpha)^2}\sin\beta x=\dfrac{1}{D-\alpha}\left(\underbrace{\dfrac{1}{D-\alpha}\sin\beta x}_{㋔}\right)=\dfrac{1}{D-\alpha}\left\{-\dfrac{1}{\alpha^2+\beta^2}(\alpha\sin\beta x+\beta\cos\beta x)\right\}$

$=-\dfrac{\alpha}{\alpha^2+\beta^2}\cdot\underbrace{\dfrac{1}{D-\alpha}\sin\beta x}_{㋕}-\dfrac{\beta}{\alpha^2+\beta^2}\underbrace{\dfrac{1}{D-\alpha}\cos\beta x}_{㋕}$

$=-\dfrac{\alpha}{\alpha^2+\beta^2}\left\{-\dfrac{1}{\alpha^2+\beta^2}(\alpha\sin\beta x+\beta\cos\beta x)\right\}-\dfrac{\beta}{\alpha^2+\beta^2}\left\{\dfrac{1}{\alpha^2+\beta^2}(\beta\sin\beta x-\alpha\cos\beta x)\right\}$

$=\dfrac{1}{(\alpha^2+\beta^2)^2}\left\{(\alpha^2-\beta^2)\sin\beta x+2\alpha\beta\cos\beta x\right\}$

ポイント

㋐ 公式3の①
㋑ 公式2の②(ii)
　$R(x)=x$とおく．
㋒ 公式3の②
㋓ 公式3の②
㋔ 公式3の③
㋕ 公式3の③

練習問題　4-5

解答 p. 223

次の関係式を 問題 4-5 と同様に示せ．

(1) $\dfrac{1}{(D-\alpha)^2}(e^{\alpha x}\cos\beta x)=-\dfrac{1}{\beta^2}e^{\alpha x}\cos\beta x\qquad(\beta\neq 0)$

(2) $\dfrac{1}{(D-\alpha)^2}\cos\beta x=\dfrac{1}{(\alpha^2+\beta^2)^2}\{(\alpha^2-\beta^2)\cos\beta x-2\alpha\beta\sin\beta x\}\qquad(\beta\neq 0)$

問題 4-6 ▼逆演算子（4）

公式 5（p. 100）の次の関係式を示せ．

(1) $\dfrac{1}{D^2+\beta^2}\sin\beta x = -\dfrac{1}{2\beta}x\cos\beta x \quad (\beta \neq 0)$

(2) $\dfrac{1}{D^2+k^2}\sin\beta x = \dfrac{1}{k^2-\beta^2}\sin\beta x \quad (k \neq \beta)$

●考え方●

(1) $(D^2+\beta^2)(x\cos\beta x) = D^2(x\cos\beta x) + \beta^2 x\cos\beta x$ を計算してみる．

(2) $(D^2+k^2)\sin\beta x = D^2\sin\beta x + k^2\sin\beta x$ を計算してみる．

解答

(1) $D^2(x\cos\beta x) = (x\cos\beta x)'' = \{\underbrace{(x\cos\beta x)'}_{㋐}\}'$

$= (\cos\beta x - \underbrace{\beta x\sin\beta x}_{㋑})'$

$= -\beta\sin\beta x - \beta(\sin\beta x + \beta x\cos\beta x)$

$= -2\beta\sin\beta x - \beta^2 x\cos\beta x$

よって，

$(D^2+\beta^2)(x\cos\beta x) = -2\beta\sin\beta x - \cancel{\beta^2 x\cos\beta x}$

$+ \cancel{\beta^2 x\cos\beta x}$

$= -2\beta\sin\beta x$

$\beta \neq 0$ より，　$\therefore\ \dfrac{1}{D^2+\beta^2}\sin\beta x = -\dfrac{1}{2\beta}x\cos\beta x$ ■

(2) $D^2\sin\beta x = (\sin\beta x)'' = (\beta\cos\beta x)' = -\beta^2\sin\beta x$

よって，

$(D^2+k^2)\sin\beta x = -\beta^2\sin\beta x + k^2\sin\beta x = (k^2-\beta^2)\sin\beta x$

$k \neq \beta$ より，

$\therefore\ \dfrac{1}{D^2+k^2}\sin\beta x = \dfrac{1}{k^2-\beta^2}\sin\beta x$ ■

ポイント

㋐ 積の微分法

$(x\cos\beta x)'$

$=(x)'\cos\beta x + x(\cos\beta x)'$

$=\cos\beta x - \beta x\sin\beta x$

㋑ $(x\sin\beta x)'$

$=(x)'\sin\beta x + x(\sin\beta x)'$

$=\sin\beta x + \beta x\cos\beta x$

練習問題 4-6　　解答 p. 223

次の関係式を示せ（公式 5（p.100））．

(1) $\dfrac{1}{D^2+\beta^2}\cos\beta x = \dfrac{1}{2\beta}x\sin\beta x \quad (\beta \neq 0)$

(2) $\dfrac{1}{D^2+k^2}\cos\beta x = \dfrac{1}{k^2-\beta^2}\cos\beta x \quad (k \neq \beta)$

問題 4-7 ▼逆演算子（5）

逆演算子の各種公式を用いて，次の関数を求めよ．

(1) $\dfrac{1}{D-2}e^{2x}$　(2) $\dfrac{1}{D-2}e^{3x}$　(3) $\dfrac{1}{D-2}e^{2x}\sin 3x$　(4) $\dfrac{1}{D-2}\sin 3x$

(5) $\dfrac{1}{D-2}\cos 3x$　(6) $\dfrac{1}{(D-2)^2}e^{3x}$　(7) $\dfrac{1}{(D-2)^2}e^{2x}\sin 3x$

(8) $\dfrac{1}{D^2+3^2}\sin 3x$　(9) $\dfrac{1}{D-\alpha}\cdot 1$　$(\alpha \neq 0)$　(10) $\dfrac{1}{D+\alpha}(1)$

●考え方●

p. 100 の 公式 3 ， 公式 4 ， 公式 5 を用いてみよ．

解答

(1) $\dfrac{1}{D-2}e^{2x} = xe^{2x}$ ㋐ 答

(2) $\dfrac{1}{D-2}e^{3x} = \dfrac{1}{3-2}e^{3x} = e^{3x}$ ㋑ 答

(3) $\dfrac{1}{D-2}e^{2x}\sin 3x = -\dfrac{1}{3}e^{2x}\cos 3x$ ㋒ 答

(4) $\dfrac{1}{D-2}\sin 3x = -\dfrac{1}{2^2+3^2}(2\sin 3x + 3\cos 3x)$ ㋓

$= -\dfrac{1}{13}(2\sin 3x + 3\cos 3x)$ 答

(5) $\dfrac{1}{D-2}\cos 3x = \dfrac{1}{2^2+3^2}(3\sin 3x - 2\cos 3x)$ ㋔

$= \dfrac{1}{13}(3\sin 3x - 2\cos 3x)$ 答

(6) $\dfrac{1}{(D-2)^2}e^{3x} = \dfrac{1}{(3-2)^2}e^{3x} = e^{3x}$ ㋕ 答

(7) $\dfrac{1}{(D-2)^2}e^{2x}\sin 3x = -\dfrac{1}{3^2}e^{2x}\sin 3x = -\dfrac{1}{9}e^{2x}\sin 3x$ ㋖ 答

(8) $\dfrac{1}{D^2+3^2}\sin 3x = -\dfrac{1}{2\cdot 3}x\cos 3x = -\dfrac{1}{6}x\cos 3x$ ㋗ 答

(9) $\dfrac{1}{D-\alpha}(1) = e^{\alpha x}\int_p e^{-\alpha x}dx = e^{\alpha x}\left(-\dfrac{1}{\alpha}e^{-\alpha x}\right) = -\dfrac{1}{\alpha}$ ㋘ 答

(10) $\dfrac{1}{D+\alpha}(1) = \dfrac{1}{D-(-\alpha)}(1) = -\dfrac{1}{-\alpha} = \dfrac{1}{\alpha}$ ㋙ 答

ポイント

㋐ 公式 3 の①
㋑ 公式 3 の①
㋒ 公式 3 の②
㋓ 公式 3 の③
㋔ 公式 3 の③
㋕ 公式 4 の①
㋖ 公式 4 の②
㋗ 公式 5 の①
㋘ 公式 2 (p. 97)
$R(x) = 1$ とおく．
㋙ (9) の α に $-\alpha$ を代入．

練習問題　4-7　解答 p. 223

次の関数を求めよ．

(1) $\dfrac{1}{D-2}x$　(2) $\dfrac{1}{D-3}x^2e^{3x}$　(3) $\dfrac{1}{D-3}x^2e^{2x}$　(4) $\dfrac{1}{D^2+4}\sin 2x$

問題 4-8 ▼逆演算子（6）

次の関数を求めよ．ただし，積分定数 C は $C=0$ とする．

(1) $\dfrac{1}{(D-3)(D-2)}e^{2x}$　　(2) $\dfrac{1}{D^2-2D-3}\sin 3x$

(3) $\dfrac{1}{D^4+D^2+2}\cos 3x$　　(4) $\dfrac{1}{(D^2+4)(D^2+1)}\cos 2x$

●考え方●

(1), (2)　逆演算子を部分分数分解して処理する．

(3), (4)　公式6（p. 101）

解答

(1)（与式）$=\underbrace{\left(\dfrac{1}{D-3}-\dfrac{1}{D-2}\right)}_{㋐}e^{2x}=\underbrace{\dfrac{1}{D-3}e^{2x}}_{㋑}-\underbrace{\dfrac{1}{D-2}e^{2x}}_{㋑}$

$=\dfrac{1}{2-3}e^{2x}-xe^{2x}=-(x+1)e^{2x}$　答

(2)（与式）$=\dfrac{1}{(D-3)(D+1)}\sin 3x$

$=\dfrac{1}{4}\left(\dfrac{1}{D-3}-\dfrac{1}{D+1}\right)\sin 3x$

$=\dfrac{1}{4}\left\{\underbrace{\dfrac{1}{D-3}\sin 3x}_{㋒}-\underbrace{\dfrac{1}{D+1}\sin 3x}_{㋒}\right\}$

$=\dfrac{1}{4}\left\{-\dfrac{1}{3^2+3^2}(3\sin 3x+3\cos 3x)+\dfrac{1}{(-1)^2+3^2}(-\sin 3x+3\cos 3x)\right\}$

$=\dfrac{1}{4}\left\{-\dfrac{1}{18}(3\sin 3x+3\cos 3x)+\dfrac{1}{10}(-\sin 3x+3\cos 3x)\right\}$

$=\dfrac{1}{30}(-2\sin 3x+\cos 3x)$　答

(3) $f(x)=x^2+x+2$ とおくと，$D^4+D^2+2=f(D^2)$

（与式）$=\dfrac{1}{f(D^2)}\cos 3x=\underbrace{\dfrac{1}{f(-3^2)}\cos 3x}_{㋓}=\dfrac{1}{74}\cos 3x$　答

(4) $f(x)=(x^2+4)(x^2+1)$ とおくと，$\underbrace{f(-2^2)=0}_{㋔}$

（与式）$=\dfrac{1}{D^2+4}\left(\underbrace{\dfrac{1}{D^2+1}\cos 2x}_{㋕}\right)=\dfrac{1}{D^2+4}\left(\dfrac{1}{1^2-2^2}\cos 2x\right)$

$=-\dfrac{1}{3}\underbrace{\dfrac{1}{D^2+4}\cos 2x}_{㋖}=-\dfrac{1}{3}\left(\dfrac{1}{4}x\sin 2x\right)=-\dfrac{1}{12}x\sin 2x$　答

ポイント

㋐ 部分分数分解

$\dfrac{1}{(D-3)(D-2)}=\dfrac{1}{D-3}-\dfrac{1}{D-2}$

㋑ 公式3 の①

㋒ 公式3 の③

$\dfrac{1}{D-\alpha}\sin\beta x=-\dfrac{1}{\alpha^2+\beta^2}\times(\alpha\sin\beta x+\beta\cos\beta x)$

㋓ 公式6 の②

$\dfrac{1}{f(D^2)}\cos kx=\dfrac{1}{f(-k^2)}\cos kx$

㋔ 公式6 は使えない．

㋕ 公式5 の②を用いる．

㋖ 公式5 の①を用いる．

練習問題 4-8　　解答 p. 223

次の関数を求めよ．ただし，積分定数 C は $C=0$ とする．

(1) $\dfrac{1}{D^3-2D^2-5D+6}(e^{2x}+3)^2$　　(2) $\dfrac{1}{D^2+4}\sin 3x$

問題 4-9 ▼演算子と定数係数同次線形微分方程式（1）

(1) $(D-\alpha)(D-\beta)y=(D-\beta)(D-\alpha)y$ を示せ.

(2) $y=C_1e^{\alpha x}+C_2e^{\beta x}+C_3e^{\gamma x}$ が微分方程式 $(D-\alpha)(D-\beta)(D-\gamma)y=0$ を満足することを示せ.

(3) $y=C_1e^{\alpha x}+C_2xe^{\alpha x}+C_3x^2e^{\alpha x}$ が $(D-\alpha)^3y=0$ を満足することを示せ.

●考え方●

(1) 演算子 $D-\alpha$, $D-\beta$ は可換であることが成り立つ. 左辺, 右辺を実際に計算してみる.

(2), (3) 定理 4-5 (p. 102) によって得られる解が実際に成り立つかの確かめである.

解答

(1) (左辺) $=(D-\alpha)(D-\beta)y=(D-\alpha)(Dy-\beta y)$

$=D(Dy-\beta y)-\alpha(Dy-\beta y)$

$=D^2y-\beta Dy-\alpha Dy+\alpha\beta y$

$=\{D^2-(\alpha+\beta)D+\alpha\beta\}y$

(右辺) $=(D-\beta)(D-\alpha)y=\{D^2-(\alpha+\beta)D+\alpha\beta\}y$

$\therefore\ (D-\alpha)(D-\beta)y=(D-\beta)(D-\alpha)y$ ㋐

(2) 第 1 項 $C_1e^{\alpha x}$ で,

$(D-\alpha)(D-\beta)(D-\gamma)C_1e^{\alpha x}$ ㋑

$=(D-\beta)(D-\gamma)(D-\alpha)C_1e^{\alpha x}$

$=(D-\beta)(D-\gamma)\{\alpha C_1e^{\alpha x}-\alpha C_1e^{\alpha x}\}$

$=(D-\beta)(D-\gamma)\cdot 0=0$

他の 2 項も同様にして導かれる.

ポイント

㋐ 定数 α,β でなく変数 x が入ると可換は成り立たない. 例えば,

・$(D-x)(D+x)y$
$=D^2y+y-x^2y$

・$(D+x)(D-x)y$
$=D^2y-y-x^2y$

となり

$(D-x)(D+x)y\neq$
$(D+x)(D-x)y$

このことから, 演算子の方法で解決できる線形微分方程式は, **定数係数**に限ることになる.

㋑ (1)より可換性の活用.

(3) $(D-\alpha)^3C_1e^{\alpha x}=(D-\alpha)^2(D-\alpha)C_1e^{\alpha x}$

$=(D-\alpha)^2(\alpha C_1e^{\alpha x}-\alpha C_1e^{\alpha x})=(D-\alpha)^2\cdot 0=0$

$(D-\alpha)^3C_2xe^{\alpha x}=(D-\alpha)^2(D-\alpha)(C_2xe^{\alpha x})$

$=(D-\alpha)^2(C_2e^{\alpha x}+\alpha C_2xe^{\alpha x}-\alpha C_2xe^{\alpha x})=(D-\alpha)(D-\alpha)C_2e^{\alpha x}$

$=(D-\alpha)(\alpha C_2e^{\alpha x}-\alpha C_2e^{\alpha x})=(D-\alpha)\cdot 0=0$

$(D-\alpha)^3C_3x^2e^{\alpha x}=2(D-\alpha)^2C_3xe^{\alpha x}=2(D-\alpha)\cdot 0=0$ となり成り立つ.

練習問題　4-9　　解答 p. 224

微分方程式 $(D-\alpha)^2y=0$ の一般解を $y=x^{\gamma}e^{\alpha x}$ と仮定することで, γ を定め, 求めよ.

問題 4-⑩ ▼演算子と定数係数同次線形微分方程式（2）

次の定数係数の微分方程式の一般解を求めよ．

(1) $y'' + y' - 6y = 0$　　(2) $\dfrac{d^3y}{dx^3} + 2\dfrac{d^2y}{dx^2} - 5\dfrac{dy}{dx} - 6y = 0$

(3) $(D^3 - 3D^2 + 3D - 1)y = 0$　　(4) $(D^4 + 6D^3 + 5D^2 - 24D - 36)y = 0$

(5) $(D^2 - 2D + 10)y = 0$　　(6) $(D^4 + 5D^2 - 36)y = 0$

●考え方●

特性方程式の解が，

(1), (2) …異なる 2 実解　(3), (4)　…重解を含む　(5), (6) …虚数解を含む

タイプであり，p. 102〜p. 104 の 定理 4-5 〜 定理 4-8 の活用．

解答

(1) $(D^2 + D - 6)y = (D - 2)(D + 3)y = 0$ ㋐

特性方程式の解が 2, −3 より，一般解は，

$$y = C_1e^{2x} + C_2e^{-3x}$$ 答

(2) $(D^3+2D^2-5D-6)y=(D-2)(D+1)(D+3)y=0$

特性方程式の解が 2, −1, −3 より，一般解は，

$$y = C_1e^{2x} + C_2e^{-x} + C_3e^{-3x}$$ 答

(3) $(D^3 - 3D^2 + 3D - 1)y = (D - 1)^3y = 0$ ㋑ より特性方程式の解は 1, 1, 1 で一般解は，

$$y = C_1e^x + C_2xe^x + C_3x^2e^x$$ 答

(4) $(D^4 + 6D^3 + 5D^2 - 24D - 36)y$

$$= (D - 2)(D + 2)(D + 3)^2y = 0$$

特性方程式の解が 2, −2, −3, −3 より

一般解は $y=C_1e^{2x}+C_2e^{-2x}+C_3e^{-3x}+C_4xe^{-3x}$ 答

(5) $(D^2 - 2D + 10)y$ ㋒ $= \{(D-1)^2 + 3^2\}y = 0$ の一般解は，

$$y = e^x(C_1\cos 3x + C_2\sin 3x)$$ 答

(6) $(D^4 + 5D^2 - 36)y = (D - 2)(D + 2)(D^2 + 9)y = 0$ ㋓ の一般解は，

$$y = C_1e^{2x} + C_2e^{-2x} + C_3\cos 3x + C_4\sin 3x$$ 答

ポイント

㋐ 定理 4-5 より
$(D-2)y = 0$ の一般解が $y = C_1e^{2x}$
$(D+3)y = 0$ の一般解が $y = C_2e^{-3x}$

㋑ 特性方程式の解が 1（3 重解）
定理 4-5 (p. 102)

㋒ 特性方程式の解は $1 \pm 3i$ 虚数解.
定理 4-8 (p. 104)

㋓ 特性方程式の解は 2, −2, $\pm 3i$
$(D^2+3^2)y = 0$ の一般解は，定理 4-7 (p. 103) から $C_3\cos 3x + C_4\sin 3x$

練習問題　4-10　　解答 p. 224

次の微分方程式の一般解を求めよ．

(1) $(D^3 - D^2 - 12D)y = 0$

(2) $(D^4 - D^3 - 9D^2 - 11D - 4)y = 0$

(3) $(D^4 + D^3 + 2D^2 - D + 3)y = 0$

問題 4-11 ▼逆演算子と定数係数非同次微分方程式（1）

次の微分方程式の一般解を求めよ．

(1) $(D^2 - 3D + 2)y = e^{5x}$

(2) $(D^3 - D^2 - D + 1)y = e^x$

●考え方●

(1) $(D^2-3D+2)y=(D-1)(D-2)y=0$ から，$f(t)=(t-1)(t-2)=0$ の解より，補関数は $y=C_1e^x+C_2e^{2x}$．特殊解は $y=\dfrac{1}{(D-1)(D-2)}e^{5x}$ から求める．

(2) $(D^3-D^2-D+1)y=(D-1)^2(D+1)y=0$

$f(t)=(t-1)^2(t+1)=0$ の解は $t=1, 1, -1$ より，補関数は

$y=e^x(C_1+C_2x)+C_3e^{-x}$，特殊解は $y=\dfrac{1}{(D-1)^2(D+1)}e^x$

解答

(1) 補関数は　$y=C_1e^x+C_2e^{2x}$ ㋐

特殊解 $y=\dfrac{1}{(D-1)(D-2)}e^{5x}$，$f(5)=4\cdot 3=12\neq 0$

から，$\dfrac{1}{f(D)}e^{5x}=\dfrac{1}{f(5)}e^{5x}=\dfrac{1}{12}e^{5x}$

一般解は，$y=C_1e^x+C_2e^{2x}+\dfrac{1}{12}e^{5x}$　答

(2) 補関数は，$y=e^x(C_1+C_2x)+C_3e^{-x}$

特殊解は，

$$y=\frac{1}{(D-1)^2(D+1)}e^x,\quad f(t)=(t-1)^2(t+1)$$

とおくと，$f(1)=0$ で $t=1$ は重解となるから，

$$y=\frac{1}{(D-1)^2}\left(\frac{1}{D+1}e^x\right)=\frac{1}{(D-1)^2}\left(\frac{1}{2}e^x\right) \text{ ㋒}$$

$$=\frac{1}{2}\frac{1}{(D-1)^2}e^x=\frac{1}{2}\left(\frac{1}{2}x^2e^x\right)=\frac{1}{4}x^2e^x \text{ ㋓}$$

よって，一般解は

$$y=e^x(C_1+C_2x)+C_3e^{-x}+\frac{1}{4}x^2e^x$$　答

ポイント

㋐「考え方」から．

㋑ 公式2 (p. 97)

指数代入公式

また，特殊解を

$$y=\left(\frac{1}{D-2}-\frac{1}{D-1}\right)e^{5x}$$

$$\frac{1}{D-2}e^{5x}$$

$$=e^{2x}\int e^{-2x}\cdot e^{5x}dx$$

$$=e^{2x}\left(\frac{1}{3}e^{3x}\right)=\frac{1}{3}e^{5x}$$

$$\frac{1}{D-1}e^{5x}$$

$$=e^{x}\int e^{-x}\cdot e^{5x}dx$$

$$=\frac{1}{4}e^{x}\cdot e^{4x}=\frac{1}{4}e^{5x}$$

から求めてもよい．

㋒ $\dfrac{1}{D+1}e^x=\dfrac{1}{D-(-1)}e^x$

$$=\frac{1}{1-(-1)}e^x=\frac{1}{2}e^x$$

指数代入公式

㋓ 公式4 の① (p. 100)

練習問題　4-11

解答 p. 224

次の微分方程式の一般解を求めよ．

(1) $(D^2+6D+9)y=e^x$　　(2) $(D^3-5D^2+8D-4)y=e^{2x}$

問題 4-12 ▼逆演算子と定数係数非同次微分方程式（2）

微分方程式　$(D^2-2D-3)y=x^2$　の一般解を求めよ．

●考え方●

$(D^2-2D-3)y=(D+1)(D-3)y=0$ の補関数は $y=C_1e^{-x}+C_2e^{3x}$ であり，

特殊解は　$y=\dfrac{1}{(D+1)(D-3)}x^2$ を求める．

解答

（解法 1）　$\underbrace{\dfrac{1}{(D+1)(D-3)}}_{㋐}x^2=\dfrac{1}{4}\left(\dfrac{1}{D-3}-\dfrac{1}{D+1}\right)x^2$

$$=\frac{1}{4}\left(\frac{1}{D-3}x^2-\frac{1}{D+1}x^2\right)$$

$$\frac{1}{D-3}x^2\underset{㋑}{=}e^{3x}\underbrace{\int_p e^{-3x}x^2dx}_{㋒}=e^{3x}\left(-\frac{1}{3}x^2-\frac{2}{9}x-\frac{2}{27}\right)e^{-3x}$$

$$=-\frac{1}{3}x^2-\frac{2}{9}x-\frac{2}{27}$$

$$\frac{1}{D+1}x^2\underset{㋑}{=}e^{-x}\underbrace{\int_p e^{x}x^2dx}_{㋒}=e^{-x}(x^2-2x+2)e^{x}$$

$$=x^2-2x+2$$

特殊解は，$\dfrac{1}{4}\left\{\left(-\dfrac{1}{3}x^2-\dfrac{2}{9}x-\dfrac{2}{27}\right)-(x^2-2x+2)\right\}$

$$=-\frac{1}{3}x^2+\frac{4}{9}x-\frac{14}{27}$$

一般解は，

$$y=C_1e^{-x}+C_2e^{3x}-\frac{1}{3}x^2+\frac{4}{9}x-\frac{14}{27}$$ 答

（解法 2）

特殊解の求め方を次の方法で求める．

$$\frac{1}{D-3}x^2=-\frac{1}{3}\underbrace{\frac{1}{1-\frac{D}{3}}}_{㋓}x^2=-\frac{1}{3}\underbrace{\left(1+\frac{D}{3}+\left(\frac{D}{3}\right)^2\right)}_{㋔}x^2=-\frac{1}{3}\left(x^2+\frac{2}{3}x+\frac{2}{9}\right)$$

$$\frac{1}{D+1}x^2=\underbrace{\frac{1}{1+D}}_{㋕}x^2=(1-D+D^2)x^2=\underbrace{x^2-2x+2}_{㋖}$$

（解法 3）　$\dfrac{1}{D^2-2D-3}x^2=\dfrac{1}{-3\underbrace{\left(1+\frac{2}{3}D-\frac{1}{3}D^2\right)}_{㋗}}x^2=-\dfrac{1}{3}\left(1-\dfrac{2}{3}D+\dfrac{7}{9}D^2\right)x^2$

$$=-\frac{1}{3}\left(x^2-\frac{4}{3}x+\frac{14}{9}\right)=-\frac{1}{3}x^2+\frac{4}{9}x-\frac{14}{27}$$

ポイント

㋐ 分母 2 次を 1 次に分解（部分分数分解）

㋑ 公式 2 の②（i）（p. 97）

㋒ 部分積分法．

㋓ p. 99 $\dfrac{1}{1-D}=1+D+D^2+D^3\cdots$ の利用．

㋔ $\left(\dfrac{D}{3}\right)^i x^2=0$ $(i\geqq 3)$

㋕ p. 99 $\dfrac{1}{1+D}=1-D+D^2-D^3\cdots$ の利用．

㋖ 特殊解，一般解は(1)と同じ．

㋗ 1 を $1+\dfrac{2}{3}D-\dfrac{1}{3}D^2$ で割る．
分母を分解せず p. 99 を直接活用．$D^ix^2=0$ $(i\geqq 3)$

練習問題　4-12　　解答 p. 224

次の微分方程式の一般解を求めよ．

$$(D^3-D)y=x^2$$

問題 4-13 ▼逆演算子と定数係数非同次微分方程式（3）

次の微分方程式の一般解を求めよ．

(1)　$(D^3-4D^2+3D)y=x^2$　　　(2)　$(D^3-2D+4)y=x^4+3x^2-5x+2$

●考え方●

特殊解はいろいろな求め方がある．簡単に処理するため，ここでは，問題 4-12 の（解法 3）の方法で求めてみる．

解答

(1)　$f(x)=x^3-4x^2+3x=x(x-1)(x-3)$ とおくと，$f(x)=0$ の解は，$x=0,1,3$ より補関数は，$y=C_1+C_2e^x+C_3e^{3x}$　特殊解は

$$y=\frac{1}{D^3-4D^2+3D}x^2=\frac{1}{D}\left(\underbrace{\frac{1}{D^2-4D+3}x^2}_{㋐}\right)$$

$$=\frac{1}{D}\left(\underbrace{\frac{1}{3}+\frac{4}{9}D+\frac{13}{27}D^2+\cdots}_{㋐}\right)x^2$$

$$=\frac{1}{D}\left(\underbrace{\frac{1}{3}+\frac{4}{9}D+\frac{13}{27}D^2}_{㋑}\right)x^2=\frac{1}{D}\left(\frac{1}{3}x^2+\frac{8}{9}x+\frac{26}{27}\right)$$

$$=\int_p\left(\frac{1}{3}x^2+\frac{8}{9}x+\frac{26}{27}\right)dx=\frac{1}{9}x^3+\frac{4}{9}x^2+\frac{26}{27}x$$

一般解は

$$y=C_1+C_2e^x+C_3e^{3x}+\frac{1}{9}x^3+\frac{4}{9}x^2+\frac{26}{27}x$$ 答

(2)　$f(x)=x^3-2x+4=(x+2)(x^2-2x+2)$
　　　$=(x+2)\{(x-1)^2+1\}$

であり，$f(x)=0$ の解は $x=-2,\ 1\pm i$

補関数は，$y=C_1e^{-2x}+e^x(C_2\cos x+C_3\sin x)$

特殊解は，

$$y=\frac{1}{D^3-2D+4}(x^4+3x^2-5x+2)$$

$$=\left(\underbrace{\frac{1}{4}+\frac{1}{8}D+\frac{1}{16}D^2-\frac{1}{32}D^3-\frac{3}{64}D^4}_{㋒}\right)(x^4+3x^2-5x+2)$$

$$=\frac{1}{4}(x^4+3x^2-5x+2)+\frac{1}{8}(4x^3+6x-5)+\frac{1}{16}(12x^2+6)-\frac{1}{32}(24x)-\frac{3}{64}(24)$$

$$=\frac{1}{4}x^4+\frac{1}{2}x^3+\frac{3}{2}x^2-\frac{5}{4}x-\frac{7}{8}$$

一般解は，

$$y=C_1e^{-2x}+e^x(C_2\cos x+C_3\sin x)+\frac{1}{4}x^4+\frac{1}{2}x^3+\frac{3}{2}x^2-\frac{5}{4}x-\frac{7}{8}$$ 答

ポイント

㋐ 1 を $3-4D+D^2$ で割る．

$$\begin{array}{r|l} & \frac{1}{3}+\frac{4}{9}D \\ \hline 3-4D+D^2 & 1 \\ & 1-\frac{4}{3}D+\frac{1}{3}D^2 \\ \hline & \frac{4}{3}D-\frac{1}{3}D^2 \\ & \frac{4}{3}D-\frac{16}{9}D^2+\frac{4}{9}D^3 \\ \hline & \frac{13}{9}D^2-\frac{4}{9}D^3 \end{array}$$

㋑ $D^ix^2=0\ (i\geqq 3)$

㋒ 1 を $4-2D+D^2$ で割る．
x^4+3x^2-5x+2 は 4 次式であるから，
$D^ix^4=0\ (i\geqq 5)$
D^4 までの項を残す．

㋓ $u=x^4+3x^2-5x+2$ とおく．
$Du=4x^3+6x-5$
$D^2u=12x^2+6$
$D^3u=24x$
$D^4u=24$

練習問題　4-13　　解答 p. 225

微分方程式　$(2D^2+2D+3)y=x^2+2x-1$ を解け．

問題 4-14 ▼逆演算子と定数係数非同次微分方程式（4）

次の微分方程式の一般解を求めよ．

(1) $(D^2+4)y=\sin 3x$　　(2) $(D^4+10D^2+9)y=\cos(2x+3)$

(3) $(D^2+3D-4)y=\sin 2x$

●考え方●

(1), (2) 公式 6 （p. 101）の簡略法が使える．

(3) $f(x)=x+3D-4$ とおき，一部簡略法を利用．

解答

(1) 補関数は㋐ $y = C_1\cos 2x + C_2\sin 2x$

特殊解は，$y = \dfrac{1}{D^2+4}$㋑$\sin 3x = \dfrac{1}{f(-3^2)}\sin 3x$

$= -\dfrac{1}{5}\sin 3x$

よって，一般解は

$$y = C_1\cos 2x + C_2\sin 2x - \frac{1}{5}\sin 3x \quad \text{答}$$

(2) $y = \dfrac{1}{D^4+10D^2+9}\cos(2x+3)$,

$t^4 + 10t^2 + 9 = (t^2+1)(t^2+9) = 0$

の解は $t = \pm i$㋒, $t = \pm 3i$㋒ より補関数は

$y=C_1\cos x + C_2\sin x + C_3\cos 3x + C_4\sin 3x$

特殊解は $f(t) = t^2 + 10t + 9$ とおくと，

$y = \dfrac{1}{D^4+10D^2+9}$㋓$\cos(2x+3)$

$= \dfrac{1}{f(-2^2)}$㋔$\cos(2x+3) = -\dfrac{1}{15}\cos(2x+3)$

一般解は，

$y=C_1\cos x+C_2\sin x+C_3\cos 3x+C_4\sin 3x$

$\quad -\dfrac{1}{15}\cos(2x+3)$ 答

(3) 補関数は㋕ $y = C_1e^{x}+C_2e^{-4x}$　特殊解は，$f(t) = t+3D-4$ とおくと，

$y=\dfrac{1}{D^2+3D-4}\sin 2x=\dfrac{1}{f(-2^2)}$㋖$\sin 2x=\dfrac{1}{3D-8}\sin 2x$

$=\dfrac{3D+8}{(3D-8)(3D+8)}$㋗$\sin 2x=(3D+8)\left(\dfrac{1}{9D^2-64}\sin 2x\right)$

$=(3D+8)\cdot\dfrac{-1}{100}\sin 2x=-\dfrac{1}{100}(3D+8)\sin 2x$㋘$=-\dfrac{1}{100}(6\cos 2x+8\sin 2x)$

よって，一般解は $y=C_1e^{x}+C_2e^{-4x}-\dfrac{1}{50}(4\sin 2x+3\cos 2x)$ 答

ポイント

㋐ $t^2+4=0$ の解は $t=\pm 2i$

㋑ 簡略法 公式 6 (p. 101)

㋒ $(D^2+1)y=0$ の一般解が $C_1\cos x + C_2\sin x$
$(D^2+9)y=0$ の一般解が $C_3\cos 3x + C_4\sin 3x$

㋓ 簡略法 公式 6 の① (p. 101)

㋔ $f(-2^2) = 16 - 40 + 9$
$= -15$

㋕ $t^2 + 3t - 4$
$=(t-1)(t+4) = 0$
の解が $t = 1, -4$ より

㋖ 簡略法より

㋗ 簡略法を活用するために，分母，分子に $3D+8$ を乗じる．
別解 公式 3 の③を用いてもよい．

㋘ $D\sin 2x = (\sin 2x)'$
$= 2\cos 2x$

練習問題　4-14　解答 p. 225

次の微分方程式の一般解を求めよ．　$(D^2 - D + 1)y = \sin 2x$

問題 4-⑮ ▼逆演算子と定数係数非同次微分方程式（5）

次の微分方程式の一般解を求めよ．

$$(D^2-3D-4)y=e^{4x}\sin x$$

●考え方●

特殊解は　$y=\dfrac{1}{D^2-3D-4}e^{4x}\sin x=\dfrac{1}{(D-4)(D+1)}e^{4x}\sin x$

$$=\frac{1}{5}\left(\frac{1}{D-4}-\frac{1}{D+1}\right)e^{4x}\sin x$$

公式 3 の②（p. 100）を用いる．

解答

補関数は $y=C_1e^{4x}+C_2e^{-x}$ ㋐

特殊解は $y=\dfrac{1}{5}\left(\dfrac{1}{D-4}-\dfrac{1}{D+1}\right)e^{4x}\sin x$

$$\frac{1}{D-4}e^{4x}\sin x\underset{㋑}{=}-e^{4x}\cos x$$

$$\frac{1}{D+1}e^{4x}\sin x\underset{㋒}{=}e^{-x}\frac{1}{D}e^{x}\cdot e^{4x}\sin x=e^{-x}\underbrace{\int_p e^{5x}\sin x dx}_{㋓}$$

$$=e^{-x}\left\{\frac{1}{26}e^{5x}(5\sin x-\cos x)\right\}$$

$$=\frac{5}{26}e^{4x}\sin x-\frac{1}{26}e^{4x}\cos x$$

であるから，特殊解は

$$y=\frac{1}{5}\left\{-\cos x-\frac{5}{26}\sin x+\frac{1}{26}\cos x\right\}e^{4x}$$

$$=-\frac{1}{26}e^{4x}(\sin x+5\cos x)$$

一般解は，$y=C_1e^{4x}+C_2e^{-x}-\dfrac{1}{26}e^{4x}(\sin x+5\cos x)$　答

ポイント

㋐ $(t-4)(t+1)=0$ の解が $t=4,\ -1$ より．

㋑ 公式 3 の②

$\dfrac{1}{D-\alpha}(e^{\alpha x}\sin\beta x)$

$=-\dfrac{1}{\beta}e^{\alpha x}\cos\beta x$

で $\alpha=4,\ \beta=1$

㋒ 公式 2 の②(ⅰ)

$\dfrac{1}{D-\alpha}R(x)$

$=e^{\alpha x}\dfrac{1}{D}\{e^{-\alpha x}R(x)\}$

で $\alpha=-1$

$R(x)=e^{4x}\sin x$

㋓ 部分積分法

（別解）　オイラーの公式 $e^{ix}=\cos x+i\sin x$ を用いて，$e^{4x}\sin x$ は $e^{4x}\cdot e^{ix}=e^{4x}(\cos x+i\sin x)$ の虚部となる．$R(x)$ を $R(x)=e^{(4+i)x}$ として考えてみる．$f(t)=t^2-3t-4$ とおくと，

$f(4+i)=(4+i)^2-3(4+i)-4=5i-1\neq 0$ となるから

$$\frac{1}{D^2-3D-4}e^{(4+i)x}=\frac{1}{f(4+i)}e^{(4+i)x}=\frac{1}{-1+5i}e^{(4+i)x}=\frac{-1-5i}{26}e^{(4+i)x}$$

$$=\frac{-1-5i}{26}e^{4x}\cdot e^{ix}=\frac{-1-5i}{26}e^{4x}(\cos x+i\sin x)$$

上式の虚数部分をとって，特殊解は

$$y=-\frac{1}{26}e^{4x}(\sin x+5\cos x)$$

練習問題　4-15　解答 p. 225

微分方程式　$(D^2+2D+4)y=e^{x}\sin 2x$ の一般解を求めよ．

問題 4-16 ▼逆演算子と定数係数非同次微分方程式（6）

次の微分方程式　$(D^3+D^2+D+1)y=\sin 2x+\cos 3x$　を解け.

●考え方●

$D^3+D^2+D+1=(D^2+1)(D+1)$ であり，補関数は $y=C_1\cos x+C_2\sin x+C_3e^{-x}$

特殊解は D^2+1 の項に 公式 6 （p. 101）を活用し次数を下げる.

解答

特殊解は，

$$y=\frac{1}{(D^2+1)(D+1)}\sin 2x+\frac{1}{(D^2+1)(D+1)}\cos 3x$$

$$=\underbrace{-\frac{1}{3}\frac{1}{D+1}\sin 2x}_{㋐}\underbrace{-\frac{1}{8}\frac{1}{D+1}\cos 3x}_{㋑}$$

$$=-\frac{1}{3}\underbrace{\frac{D-1}{D^2-1}\sin 2x}_{㋒}-\frac{1}{8}\underbrace{\frac{D-1}{D^2-1}\cos 3x}_{㋓}$$

$$=\frac{1}{15}\underbrace{(D-1)\sin 2x}_{㋔}+\frac{1}{80}\underbrace{(D-1)\cos 3x}_{㋕}$$

$$=\frac{1}{15}(2\cos 2x-\sin 2x)+\frac{1}{80}(-3\sin 3x-\cos 3x)$$

一般解は

$$y=C_1\cos x+C_2\sin x+C_3e^{-x}+\frac{1}{15}(2\cos 2x-\sin 2x)$$

$$+\frac{1}{80}(-3\sin 3x-\cos 3x)$$ 答

（別解）　$\sin 2x=\underbrace{\mathrm{I_m}}_{㋖}(e^{i2x})$，$\cos 3x=\underbrace{\mathrm{Re}}_{㋖}(e^{i3x})$

与式の特殊解は $(D^3+D^2+D+1)z=(e^{2ix}+e^{3ix})$.

$f(t)=t^3+t^2+t+1$ とおくと，

$$Z=\frac{1}{D^3+D^2+D+1}(e^{2ix}+e^{3ix})=\underbrace{\frac{e^{2ix}}{f(2i)}+\frac{e^{3ix}}{f(3i)}}_{㋗}$$

$$=-\frac{e^{2ix}}{3+6i}-\frac{e^{3ix}}{8+24i}$$

$$=\frac{2i-1}{15}(\cos 2x+i\sin 2x)+\frac{3i-1}{80}(\cos 3x+i\sin 3x)$$

よって，$\mathrm{I_m}(e^{i2x})=\frac{1}{15}(2\cos 2x-\sin 2x)$

$\mathrm{Re}(e^{i3x})=\frac{1}{80}(-3\sin 3x-\cos 3x)$

となり，与式の特殊解は

$$y=\frac{1}{15}(2\cos 2x-\sin 2x)+\frac{1}{80}(-3\sin 3x-\cos 3x)$$

ポイント

㋐ 公式 6 の①より

$f(t)=t+1$ とおくと

$f(-2^2)=-3$ より

$\frac{1}{D^2+1}\sin 2x=-\frac{1}{3}\sin 2x$

㋑ 公式 6 の②より

$f(t)=t+1$ とおくと

$f(-3^2)=-8$ より

$\frac{1}{D^2+1}\cos 3x$

$=-\frac{1}{8}\cos 3x$

㋒ $\frac{1}{D^2-1}\sin 2x$

$=-\frac{1}{5}\sin 2x$

㋓ $\frac{1}{D^2-1}\cos 3x$

$=-\frac{1}{10}\cos 3x$

㋔ $(\sin 2x)'-\sin 2x$

$=2\cos 2x-\sin 2x$

㋕ $(\cos 3x)'-\cos 3x$

$=-3\sin 3x-\cos 3x$

㋖ 複素数 z の実部，虚部を $\mathrm{Re}(z)$, $\mathrm{I_m}(z)$ で表す.

㋗ 公式 2 の③

指数代入公式

練習問題　4-16　　解答 p. 225

(1)　$(D^3+D^2+D+1)y=\cos 2x+\cos 3x$

(2)　$(D^3+D^2+D+1)y=\sin 2x+\sin 3x$ の特殊解を上の別解の方法で求めよ.

問題 4-17 ▼定数係数連立微分方程式（1）

次の連立微分方程式を解け．

(1) $\begin{cases} (D+2)x+3y=0 \\ 3x+(D+2)y=2e^{2t} \end{cases}$　　(2) $\begin{cases} 2(D-2)x+(D-1)y=e^{t} \\ (D+3)x+y=0 \end{cases}$

●考え方●

与式を連立して解いて x を求める．y は $y=-\dfrac{1}{3}(D+2)x$ に代入して求めればよい．p. 110 の **Memo** の方法で求めると，

$$\begin{vmatrix} D+2 & 3 \\ 3 & D+2 \end{vmatrix} x = \begin{vmatrix} 0 & 3 \\ 2e^{2t} & D+2 \end{vmatrix} \iff (D^2+4D-5)x=-6e^{2t}$$

$\begin{vmatrix} D+2 & 3 \\ 3 & D+2 \end{vmatrix}$ は D の 2 次式であるから，一般解に現れる任意定数は 2 となる．

解答

(1)「考え方」から，$x=\dfrac{1}{\underset{㋐}{D^2+4D-5}}(-6e^{2t})$

の補関数は $x=C_1e^{t}+C_2e^{-5t}$

特殊解は，$x \underset{㋑}{=} \dfrac{-6}{f(2)}e^{2t}=-\dfrac{6}{7}e^{2t}$

よって，x の一般解は，$x=C_1e^{t}+C_2e^{-5t}-\dfrac{6}{7}e^{2t}$ 答

y は

$$y=\underset{㋒}{-\frac{1}{3}(D+2)x}=-\frac{1}{3}\left\{\left(C_1e^{t}-5C_2e^{-5t}-\frac{12}{7}e^{2t}\right)\underset{㋓}{+2\left(C_1e^{t}+C_2e^{-5t}-\frac{6}{7}e^{2t}\right)}\right\}$$

$$=-C_1e^{t}+C_2e^{-5t}+\frac{8}{7}e^{2t}$$ 答

(2) x は $\begin{vmatrix} 2(D-2) & D-1 \\ D+3 & 1 \end{vmatrix} x = \begin{vmatrix} e^{t} & D-1 \\ 0 & 1 \end{vmatrix}$ から $-(D^2+1)x=e^{t}$

$x=-\dfrac{1}{D^2+1}e^{t}$　補関数は㋔ $x=C_1\cos t+C_2\sin t$

特殊解は　$x=-\dfrac{1}{f(1)}e^{t} \underset{㋕}{=} -\dfrac{1}{2}e^{t}$

x の一般解は　$x=C_1\cos t+C_2\sin t-\dfrac{1}{2}e^{t}$　　y の一般解は

$$y=-(D+3)x=-\left\{\left(-C_1\sin t+C_2\cos t-\frac{1}{2}e^{t}\right)+\left(3C_1\cos t+3C_2\sin t-\frac{3}{2}e^{t}\right)\right\}$$

以上より，$\begin{cases} x=C_1\cos t+C_2\sin t-\dfrac{1}{2}e^{t} \\ y=(C_1-3C_2)\sin t-(3C_1+C_2)\cos t+2e^{t} \end{cases}$ 答

ポイント

㋐ $f(s)=s^2+4s-5$
とおくと，
$f(s)=(s-1)(s+5)=0$
となる s は $s=1,-5$
補関数は
$x=C_1e^{t}+C_2e^{-5t}$

㋑ 公式 2 の③（p. 97）

㋒ $Dx=\left(C_1e^{t}+C_2e^{-5t}-\dfrac{6}{7}e^{2t}\right)'$
$=C_1e^{t}-5C_2e^{-5t}-\dfrac{12}{7}e^{2t}$

㋓ $2x$

㋔ $f(s)=s^2+1$ とおくと
$f(s)=0$ の解は $s=\pm i$

㋕ 公式 2 の③（p. 97）

練習問題　4-17　　解答 p. 226

次の連立微分方程式を解け．　$\begin{cases} 2(D+1)x+(D-1)y=\cos t \\ (D-3)x+2(D+2)y=2\sin t \end{cases}$

問題 4-18 ▼定数係数連立微分方程式（2）

次の連立微分方程式を解け．

(1) $\begin{cases} (D^2-2)x-3y=e^{2t} \\ x+(D^2+2)y=0 \end{cases}$ の一般解を求めよ．

(2) (1)の微分方程式が $t=0$ のとき，$x=y=1$，$Dx=Dy=0$ という条件をみたす特殊解を求めよ．

●考え方● (1) $\begin{vmatrix} D^2-2 & -3 \\ 1 & D^2+2 \end{vmatrix}=D^4-4+3=D^4-1$ で D の 4 次式であるから，一般解に現れる任意定数は 4 となる．

(2) 任意定数 C_1, C_2, C_3, C_4 を条件より決定する．

解答

(1) $\begin{vmatrix} D^2-2 & -3 \\ 1 & D^2+2 \end{vmatrix} x = \begin{vmatrix} e^{2t} & -3 \\ 0 & D^2+2 \end{vmatrix}$

$\Leftrightarrow (D^4-1)x=\underline{(D^2+2)e^{2t}}$ ㋐ $=6e^{2t}$

$x=\dfrac{6}{D^4-1}e^{2t}$ の補関数は ㋑

$x=C_1e^t+C_2e^{-t}+C_3\cos t+C_4\sin t$

特殊解は，$x=\dfrac{1}{f(2)}e^{2t}$ ㋒ $=\dfrac{6}{15}e^{2t}=\dfrac{2}{5}e^{2t}$

x の一般解は

$x=C_1e^t+C_2e^{-t}+C_3\cos t+C_4\sin t+\dfrac{2}{5}e^{2t}$ 答

y の一般解は，

$y=\dfrac{1}{3}\{\underline{(D^2-2)x}$ ㋓ $-e^{2t}\}$

$=\dfrac{1}{3}\Big\{C_1e^t+C_2e^{-t}-C_3\cos t-C_4\sin t+\dfrac{8}{5}e^{2t}$

$-2\Big(C_1e^t+C_2e^{-t}+C_3\cos t+C_4\sin t+\dfrac{2}{5}e^{2t}\Big)-e^{2t}\Big\}$

$=-\dfrac{1}{3}(C_1e^t+C_2e^{-t})-(C_3\cos t+C_4\sin t)-\dfrac{1}{15}e^{2t}$ 答

(2) (1)の一般解と Dx, Dy ㋔ に $t=0$ を代入すると

$C_1+C_2+C_3+\dfrac{2}{5}=1$，$C_1-C_2+C_4+\dfrac{4}{5}=0$

$-\dfrac{1}{3}(C_1+C_2)-C_3-\dfrac{1}{15}=1$，$-\dfrac{1}{3}(C_1-C_2)-C_4-\dfrac{2}{15}=0$

これを解いて，$C_1=\dfrac{3}{4}$，$C_2=\dfrac{7}{4}$，$C_3=-\dfrac{19}{10}$，$C_4=\dfrac{1}{5}$

よって，特殊解は，$\begin{cases} x=\dfrac{1}{4}(3e^t+7e^{-t})-\dfrac{1}{10}(19\cos t-2\sin t)+\dfrac{2}{5}e^{2t} \\ y=-\dfrac{1}{12}(3e^t+7e^{-t})+\dfrac{1}{10}(19\cos t-2\sin t)-\dfrac{1}{15}e^{2t} \end{cases}$ 答

ポイント

㋐ $(D^2+2)e^{2t}$
$=(e^{2t})''+2e^{2t}$
$=4e^{2t}+2e^{2t}=6e^{2t}$

㋑ $f(s)=s^4-1$ とおくと，
$f(s)=(s^2-1)(s^2+1)=0$

㋒ 公式 2 の③ (p. 97)

㋓ D^2x
$=\Big(C_1e^t-C_2e^{-t}-C_3\sin t+C_4\cos t+\dfrac{4}{5}e^{2t}\Big)'$
$=C_1e^t+C_2e^{-t}-C_3\cos t-C_4\sin t+\dfrac{8}{5}e^{2t}$

㋔ $Dx=C_1e^t-C_2e^{-t}-C_3\sin t+C_4\cos t+\dfrac{4}{5}e^{2t}$

$Dy=-\dfrac{1}{3}(C_1e^t-C_2e^{-t})-(-C_3\sin t+C_4\cos t)-\dfrac{2}{15}e^{2t}$

練習問題 4-18　　解答 p. 226

次の連立微分方程式を解け．$\begin{cases} (D+1)x+(D-1)y=e^t \\ (D^2+D+1)x+(D^2-D+1)y=t^2 \end{cases}$

問題 4-⑲ ▼定数係数連立微分方程式（3）

次の連立微分方程式を解け．

$$\begin{cases} (D+1)^2x + 2Dy + 3Dz = 1 & \cdots① \\ Dx + z = 0 & \cdots② \\ x - Dy - Dz = 0 & \cdots③ \end{cases}$$

また，$t=0$ のときに，$x=z=1$，$y=0$ の場合の特殊解を求めよ．

●考え方●

① $+ 2\times$ ③から　$(D^2+2D+3)x + Dz = 1$　$\cdots$④

④ $- D\times$ ②から　$(2D+3)x = 1$　となり，x だけの関係式が得られる．

解答

$(2D+3)x=1$ から補関数は㋐ $x = C_1e^{-\frac{3}{2}t}$

特殊解は $x = \dfrac{1}{2\left(D-\left(-\dfrac{3}{2}\right)\right)}\cdot 1 = \dfrac{1}{2}e^{-\frac{3}{2}t}\displaystyle\int_p e^{\frac{3}{2}t}dt = \dfrac{1}{3}$ ㋑

よって，x の一般解は，$x = \dfrac{1}{3} + C_1e^{-\frac{3}{2}t}$

②式から，$z = -Dx$ ㋒ $= \dfrac{3}{2}C_1e^{-\frac{3}{2}t}$

③式から，$Dy = x - Dz$ ㋓ $= \dfrac{1}{3} + C_1e^{-\frac{3}{2}t} + \dfrac{9}{4}C_1e^{-\frac{3}{2}t}$

$$= \frac{1}{3} + \frac{13}{4}C_1e^{-\frac{3}{2}t}$$

$$\therefore\ y = \frac{1}{D}\left(\frac{1}{3} + \frac{13}{4}C_1e^{-\frac{3}{2}t}\right) = \int\left(\frac{1}{3} + \frac{13}{4}C_1e^{-\frac{3}{2}t}\right)dt \text{ ㋔}$$

$$= \frac{1}{3}t - \frac{13}{6}C_1e^{-\frac{3}{2}t} + C_2$$

以上より，一般解は，

$$x = \frac{1}{3} + C_1e^{-\frac{3}{2}t},\ \ y = \frac{1}{3}t - \frac{13}{6}C_1e^{-\frac{3}{2}t} + C_2,$$

$$z = \frac{3}{2}C_1e^{-\frac{3}{2}t}$$ 答

$t=0$ のときの特殊解は，上式に $t=0$ を代入して，

$$C_1 + \frac{1}{3} = 1,\ \ -\frac{13}{6}C_1 + C_2 = 0,\ \ \frac{3}{2}C_1 = 1 \quad \text{から，} C_1 = \frac{2}{3},\ \ C_2 = \frac{13}{9}$$

$$\therefore\ x = \frac{1}{3} + \frac{2}{3}e^{-\frac{3}{2}t},\ \ y = \frac{1}{3}t - \frac{13}{9}e^{-\frac{3}{2}t} + \frac{13}{9},\ \ z = e^{-\frac{3}{2}t}$$ 答

ポイント

㋐ $2s+3=0$ の解は

$s = -\dfrac{3}{2}$

㋑ 公式 2 の②(ⅰ)

㋒ $-Dx = -\left(\dfrac{1}{3} + C_1e^{-\frac{3}{2}t}\right)'$

$= \dfrac{3}{2}C_1e^{-\frac{3}{2}t}$

㋓ $Dz = \left(\dfrac{3}{2}C_1e^{-\frac{3}{2}t}\right)'$

$= -\dfrac{9}{4}C_1e^{-\frac{3}{2}t}$

㋔ 積分定数 C_2 を 0 にすることはできない．

$$\begin{vmatrix} (D+1)^2 & 2D & 3D \\ D & 0 & 1 \\ 1 & -D & -D \end{vmatrix}$$

$= 2D^2 + 3D$

から D の次数が 2 となる．任意定数は 2 つとなる．

練習問題 4-19

解答 p. 227

次の連立微分方程式を解け．

$$\begin{cases} Dx + (D+1)y = 1 & \cdots① \\ (D+2)x - (D-1)z = 1 & \cdots② \\ (D+1)y + (D+2)z = 0 & \cdots③ \end{cases}$$

コラム4　◆身のまわりの微分方程式 3
アナログコンピューターと微分方程式

アナログコンピューターは，数値や変数を長さ，電圧，回転角などのように連続的な物理量に置き換えて，物理現象の数学的関係を用いて相似的に計算する計算機である．最も広く用いられたアナログコンピューターは，数値を電圧などの電気量に置き換えて計算するタイプのもので，解は電気量と時間の関係で示される．コラム3②で紹介した RLC 回路の定数係数の 2 階線形微分方程式 $L\dfrac{di}{dt}+Ri+\dfrac{q}{C}=E(t)$ を t で微分すると，

$$L\frac{d^2i}{dt^2}+R\frac{di}{dt}+\frac{i}{C}=\frac{dE}{dt}\qquad \cdots⊛$$

が得られる．

そこで，L, R, C の大きさを適当に加減したり，$\dfrac{dE}{dt}$ にある関数を与えたりしながら，電流 i を実測すれば，⊛の解を知ることができる．すなわち，様々な線形微分方程式を RLC 回路を用いて実験的に解くことができる．飛行機の自動操縦装置や各種のシミュレーターの中に使われているアナログコンピューターの多くは，電気回路のこのような性質を利用したものである．

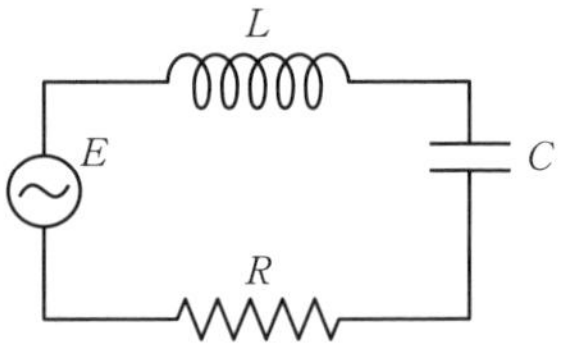

実際，計算機の中には，積分器，加算器，掛算器などのように計算内容別に用意され，これらの各演算器はすべて同時に並列して計算が行われる．よって計算速度がきわめて速いのである．計算速度が速いために，パラメータを変えることに対して，解の変化を容易にとらえることができるので，自動制御などのダイナミック系の設計やフライトシミュレーターに用いられたのである．

ただ数値を物理量で相似しているので，精度に限界があり，特に非線形計算や大規模な計算になるほど精度の劣化は大である．

これらの欠点を除くためディジタル技術を導入したり，ディジタルコンピューターを接続して，データ処理性の改善，精度の向上を図ったハイブリッドコンピューターが生まれた．

Chapter 5

ラプラス変換

ラプラス変換の考え方を学び,
それを用いて線形微分方程式
の解法を学ぶ.

基本事項

Chapter 4 では演算子法を用いて線形微分方程式の解法を学んできた．本章では，演算子法をもっと徹底した**ラプラス変換**を学ぶ．

ラプラス変換は“**積分変換**”であり，この変換は定数係数線形微分方程式を解くとき有効である．この方法を用いると，微分方程式は“**代数方程式**”に変換され，この代数方程式を解き，“逆ラプラス変換”を用いて戻すと微分方程式の解が得られるしくみになっている．この方法では，積分計算は不要で，分数式の計算と，ラプラス変換の公式 (p. 133, p. 134) と 逆ラプラス変換の公式 (p. 135) による関数の置き換えだけで解が得られる．すなわち，ラプラス変換により，微分方程式のやっかいな導関数が消滅して，普通の四則演算で処理できる“代数方程式”に変わってしまうのである．この便利さのため，自動制御 (p. 163 コラム 5 参照) など工学的分野にまで広い応用をもつようになる．

1 ラプラス変換および逆ラプラス変換の考え方

❶ 対数との比較

ラプラス変換の考え方は，指数・対数関数の対応のしくみと似ている．対数 (log) によって，“掛け算，割り算”は“足し算，引き算”に帰着された．

例えば，$x = 2^{100}$ を対数を使って計算するやり方を思い出してほしい．両辺に常用対数をとり，

$$\log_{10} x = \log_{10} 2^{100} = 100 \cdot \log_{10} 2$$

常用対数表（丸善：『対数表』）を引くと，$\log_{10} 2 = 0.3010300$ であり，

$$\log_{10} x = 30.10300 \quad \Leftrightarrow \quad x = 10^{30.10300} = 10^{0.10300} \cdot 10^{30}$$

常用対数表を逆引きすると，$x = 1.2677 \times 10^{30}$ となる．

この計算は

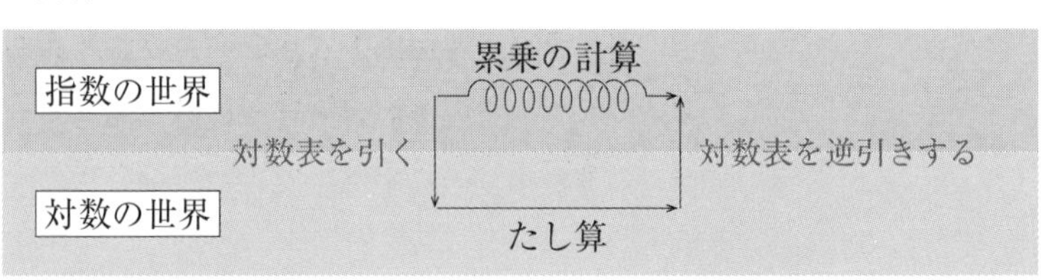

という構造になっている．

この方法と同じ考え方を適用したものがラプラス変換で

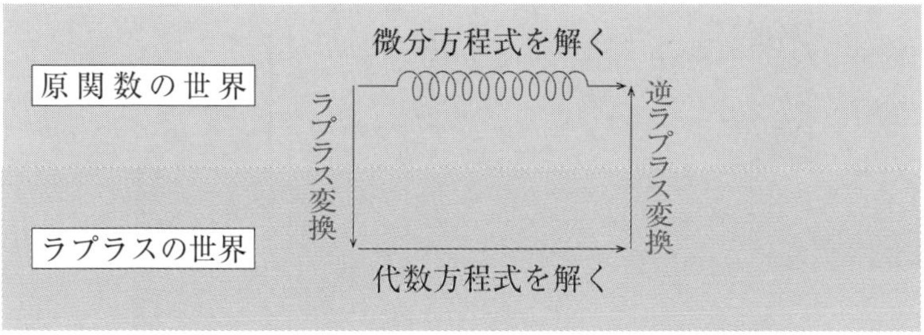

ラプラス変換は，微分計算を掛け算に，積分計算を割り算に変えてしまう．微分計算が掛け算になるので，微分方程式を解くことが代数方程式を解くことに帰着されるのである．

2　ラプラス変換の公式と逆ラプラス変換の公式（問題 5-1, 2, 3）

ラプラス変換，逆ラプラス変換の定義は 3 で取り扱う．

ここでは，先々微分方程式の解を求めるときに使う公式を整理しておこう．上の対応で原関数の世界，ラプラスの世界を以後略して表世界，裏世界とよぶことにし，表世界の関数を表関数，裏の世界の関数を裏関数とよぶことにする．

表世界と裏世界の出入りに必要な公式は次の 5 つが代表的であり（公式 1），$f(x)$ に関数をあてはめて計算した 公式 2 が得られる．

公式 1　$\mathcal{L}\{f(t)\} = F(s)$

① $\mathcal{L}(1) = \dfrac{1}{s}$

② $\mathcal{L}(e^{-\alpha t}) = \dfrac{1}{s+\alpha}$

③ $\mathcal{L}(f'(t)) = sF(s) - f(0)$　（原関数の微分公式）

④ $\mathcal{L}(f''(t)) = s^2F(s) - sf(0) - f'(0)$　（原関数の 2 階微分）

⑤ $\mathcal{L}\left(\int_0^t f(u)du\right) = \dfrac{1}{s}F(s)$　（原関数の積分公式）

証明は p. 136（定理 5-1 とする）．

公式 2

	$f(t)$	$F(s)$	
①	t	$\dfrac{1}{s^2}$	問題 5-1
②	t^n	$\dfrac{n!}{s^{n+1}}$	
③	$t^n e^{\alpha t}$	$\dfrac{n!}{(s-\alpha)^{n+1}}$	**練習問題 5-1**
④	$\sin\omega t$	$\dfrac{\omega}{s^2+\omega^2}$	問題 5-2
⑤	$\cos\omega t$	$\dfrac{s}{s^2+\omega^2}$	
⑥	$e^{\alpha t}\sin\omega t$	$\dfrac{\omega}{(s-\alpha)^2+\omega^2}$	**練習問題 5-2**
⑦	$e^{\alpha t}\cos\omega t$	$\dfrac{s-\alpha}{(s-\alpha)^2+\omega^2}$	
⑧	$t^{-\frac{1}{2}}$	$\sqrt{\dfrac{\pi}{s}}$	問題 5-3
⑨	$t^{\frac{1}{2}}$	$\dfrac{\sqrt{\pi}}{2s\sqrt{s}}$	
⑩	$\sinh\omega t$	$\dfrac{\omega}{s^2-\omega^2}$	**練習問題 5-5**
⑪	$\cosh\omega t$	$\dfrac{s}{s^2-\omega^2}$	

$f(t)$ から $F(s)$ を求めることを，

$$\mathcal{L}\{f(t)\} = F(s)$$

で示す．$\mathcal{L}$ はラプラス変換を表す変換であるが，ラプラス変換された結果そのものも**ラプラス変換**とよぶ．また，ラプラス変換と反対に $F(s)$ から $f(t)$ を求めることを，

$$\mathcal{L}^{-1}\{F(s)\} = f(t)$$

とかき，$F(s)$ を**逆ラプラス変換**すると $f(t)$ になるという．

微分の公式を反対方向から眺めれば積分公式として使用できたように，ラプラス変換の公式を反対側から利用すると，次の逆ラプラス変換の公式が得られる．

公式 3　(逆ラプラス変換)

	$F(s)$	$f(t)$
①	$\dfrac{1}{s}$	1
②	$\dfrac{1}{s^2}$	t
③	$\dfrac{1}{s^n}$	$\dfrac{t^{n-1}}{(n-1)!}$
④	$\dfrac{1}{s-\alpha}$	$e^{\alpha t}$
⑤	$\dfrac{1}{(s-\alpha)^n}$	$\dfrac{t^{n-1}e^{\alpha t}}{(n-1)!}$
⑥	$\dfrac{1}{s^2+\omega^2}$	$\dfrac{1}{\omega}\sin\omega t$
⑦	$\dfrac{s}{s^2+\omega^2}$	$\cos\omega t$
⑧	$\dfrac{1}{(s+\alpha)^2+\omega^2}$	$\dfrac{1}{\omega}e^{-\alpha t}\sin\omega t$
⑨	$\dfrac{s+\alpha}{(s+\alpha)^2+\omega^2}$	$e^{-\alpha t}\cos\omega t$

3　ラプラス変換，逆ラプラス変換（問題 5-4, 5, 6, 7, 8）

❶ ラプラス変換の定義

ラプラス変換は関数 $f(t)$ に何かある積分をほどこして，新しい関数を作ることで，次のように定義される．

定義

$f(t)$ は $t \geqq 0$ で定義された連続関数とする．

$$\mathcal{L}\{f(t)\} = \int_0^{\infty} f(t)e^{-st}dt = F(s)$$

この定義から，逆ラプラス変換は，

$$\mathcal{L}^{-1}\{F(s)\} = f(t)$$

《注意》ここで，積分の存在が保証されるように，関数 $f(t)$ に対して

$$|f(t)| \leqq Me^{kt} \quad (0 \leqq t < \infty)$$

であるような $M > 0$，$k > 0$ が存在するものとしておく．このような関数を**指数型**の関数という．この範囲を超えた関数を扱おうとするときは，数学的に相当深い議論が必要となる．ここでは収束する関数のみを対象とする．

それでは p.133 で紹介した 公式 1 （これを 定理 5-1 とする）を証明しよう．

定理 5-1

① $\mathcal{L}(1) = \dfrac{1}{s}$　　② $\mathcal{L}(e^{-\alpha t}) = \dfrac{1}{s+\alpha}$

③ $\mathcal{L}\{f'(t)\} = sF(s) - f(0)$　（原関数の微分）

④ $\mathcal{L}\{f''(t)\} = s^2F(s) - sf(0) - f'(0)$　（原関数の 2 階微分）

⑤ $\mathcal{L}\left\{\displaystyle\int_0^t f(u)\,du\right\} = \dfrac{1}{s}F(s)$　（原関数の積分）

証明

① $\mathcal{L}(1) = \displaystyle\int_0^\infty 1\cdot e^{-st}dt = -\frac{1}{s}[e^{-st}]_0^\infty = \frac{1}{s}$

② $\mathcal{L}(e^{-\alpha t}) = \displaystyle\int_0^\infty e^{-\alpha t}\cdot e^{-st}dt = \int_0^\infty e^{-(\alpha+s)t}dt = -\frac{1}{\alpha+s}[e^{-(\alpha+s)t}]_0^\infty = \frac{1}{s+\alpha}$

③ $\mathcal{L}\{f'(t)\} = \displaystyle\int_0^\infty f'(t)e^{-st}dt = [f(t)e^{-st}]_0^\infty + \underbrace{s\int_0^\infty f(t)e^{-st}dt}_{F(s)}$

$$= \underbrace{\lim_{t\to\infty} f(t)e^{-st}}_{0} - f(0) + sF(s) = sF(s) - f(0)$$

④ $\mathcal{L}\{f''(t)\} = \displaystyle\int_0^\infty \{f'(t)\}'e^{-st}dt = [f'(t)e^{-st}]_0^\infty + s\int_0^\infty f'(t)e^{-st}dt$

$$= -f'(0) + s\left\{[f(t)e^{-st}]_0^\infty + \underbrace{s\int_0^\infty f(t)e^{-st}dt}_{F(s)}\right\}$$

$$= -f'(0) - sf(0) + s^2F(s)$$

$$\therefore\ \mathcal{L}\{f''(t)\} = s^2F(s) - sf(0) - f'(0)$$

⑤ $\mathcal{L}\left\{\displaystyle\int_0^t f(u)\,du\right\} = \int_0^\infty \underbrace{e^{-st}}_{\left(-\frac{1}{s}e^{-st}\right)'}\left(\int_0^t f(u)\,du\right)dt$

$$= \underbrace{\left[\underbrace{-\frac{1}{s}e^{-st}\cdot\int_0^t f(u)\,du}_{⊛}\right]_0^\infty}_{0\text{(注)参照}} + \frac{1}{s}\underbrace{\int_0^\infty e^{-st}f(t)\,dt}_{F(s)} = \frac{1}{s}F(s)$$

《注意》㊅，$f(t)$ は指数型．すなわち，$\underbrace{|f(t)| \leqq Me^{kt}}_{㋐}$

$$\left|\int_0^t f(u)du\right| \leqq \int_0^t |f(u)|du \underset{\substack{\uparrow \\ ㋐}}{\leqq} M\int_0^t e^{ku}du = \frac{M}{k}(e^{kt}-1) \leqq \frac{M}{k}e^{kt}$$

$$\therefore \left|e^{-st}\int_0^t f(u)du\right| \leqq \frac{M}{k}e^{-(s-k)t}$$

$s > k$ のとき，$\lim_{t\to\infty} e^{-st}\int_0^t f(u)du = 0$ となる．

③，④　原関数の微分を繰り返して，次の n 階微分のラプラス変換が得られる．

系

$$\mathcal{L}\{f^n(t)\} = s^nF(s) - s^{n-1}f(0) - s^{n-2}f'(0) \cdots\cdots - sf^{(n-2)}(0) - f^{(n-1)}(0)$$

Memo　表関数 $f(x)$ に e^{-st} を掛けて，それをゼロから無限大まで積分したものがラプラス変換である．こういう操作をすると，t が消えて s の関数になってしまう．それは何故か？　$f(t)$ をゼロから無限大まで積分するということは，$f(t)$ と t 軸にはさまれた面積を無限の彼方にわたって積分することを意味する．たいていの関数では無限大になってしまう．そこで $f(t)$ に e^{-st} を掛け合わせてやる．e^{-st} は t が大きくなると急速にゼロに近づく関数であるから，$f(t)e^{-st}$ も t が大きくなるとたいていはゼロに近づくようになる．t の増大につれて急速にゼロに近づく e^{-st} の力を借りて，無限大までの積分の結果をしゃにむに一定の値に落ち着かせようというさんだんである．

指数型の任意関数のラプラス変換の操作では，t について 0 から無限大まで積分しているから，この一定の値は t には無関係に決まる値となる．したがって，ラプラス変換をすると t が消えてしまうという筋書きになる．

❷ ラプラス変換の基本性質

ラプラス変換の基本性質を次にあげる．

定理 5-2

① **線形性**

$\mathcal{L}\{f(t)\} = F(s)$，$\mathcal{L}\{g(t)\} = G(s)$ のとき，

$\mathcal{L}\{af(t) + bg(t)\} = aF(s) + bG(s) \quad (a, b：定数)$

② **相似性**

$$\mathcal{L}\{f(at)\} = \frac{1}{a}F\left(\frac{s}{a}\right) \quad (a > 0)$$

③ **平行移動**

$f(t - \alpha)$ は $0 \leqq t < \alpha$ において，$f(t - \alpha) = 0$

$\mathcal{L}\{f(t - \alpha)\} = e^{-\alpha s}F(s)$

④ **像の平行移動**

$\mathcal{L}\{e^{\alpha t}f(t)\} = F(s - \alpha)$

⑤ **像の微分公式**

（i） $\mathcal{L}\{tf(t)\} = -F'(s)$ （ii） $\mathcal{L}\{t^n f(t)\} = (-1)^n F^n(s)$

⑥ **像の積分公式**

$$\mathcal{L}\left(\frac{f(t)}{t}\right) = \int_s^{\infty} F(u)du$$

証明

① $$\mathcal{L}\{af(t) + bg(t)\} = \int_0^{\infty}\{af(t) + bg(t)\}e^{-st}dt$$
$$= a\int_0^{\infty}f(t)e^{-st}dt + b\int_0^{\infty}g(t)e^{-st}dt$$
$$= aF(s) + bG(s)$$

② $$\mathcal{L}\{f(at)\} = \int_0^{\infty}f(at)e^{-st}dt$$

$at = u$ とおくと，$adt = du$ $\begin{array}{c|c} t & 0 \to \infty \\ \hline u & 0 \to \infty \end{array}$ となるから，

$$\mathcal{L}\{f(at)\} = \int_0^{\infty}f(u)\cdot e^{-s\frac{u}{a}}\left(\frac{1}{a}\right)du = \frac{1}{a}\underbrace{\int_0^{\infty}f(u)\cdot e^{-s\left(\frac{u}{a}\right)}du}_{F\left(\frac{s}{a}\right)}$$
$$= \frac{1}{a}F\left(\frac{s}{a}\right)$$

③ $\mathcal{L}\{f(t-\alpha)\}=\int_0^{\infty}f(t-\alpha)e^{-st}dt$

$t-\alpha=u$ とおくと, $dt=du$　$\begin{array}{c|c} t & 0\to\infty \\ \hline u & \alpha\to\infty \end{array}$,　《注意》 $f(u)=0\quad(u<\alpha)$

となるから,

$$\mathcal{L}\{f(t-\alpha)\}=\int_{\alpha}^{\infty}f(u)e^{-s(u+\alpha)}du=\int_0^{\infty}f(u)e^{-s(u+\alpha)}du$$

$$=e^{-\alpha s}\int_0^{\infty}f(u)e^{-su}du=e^{-\alpha s}F(s)$$

④ $\mathcal{L}\{e^{\alpha t}f(t)\}=\int_0^{\infty}e^{\alpha t}f(t)e^{-st}dt=\int_0^{\infty}f(t)e^{-(s-\alpha)t}dt=F(s-\alpha)$

⑤

（ i ）$F'(s)=\dfrac{d}{ds}\left\{\int_0^{\infty}e^{-st}f(t)dt\right\}=\int_0^{\infty}\dfrac{d}{ds}e^{-st}f(t)dt$

微分と積分の順序交換可能

$$=\int_0^{\infty}-te^{-st}f(t)dt=-\int_0^{\infty}e^{-st}(tf(t))dt=-\mathcal{L}\{tf(t)\}$$

$$\therefore\quad\mathcal{L}\{tf(t)\}=-F'(s)$$

（ii）（ i ）を繰り返して,

$$\mathcal{L}\{t^nf(t)\}=(-1)^nF^{(n)}(s)$$

⑥ ラプラス変換の定義式の両辺を $s\leqq x<\infty$ の範囲で s で積分すると,

$$\int_s^{\infty}F(u)du=\int_s^{\infty}\left\{\int_0^{\infty}f(t)e^{-ut}dt\right\}du=\int_0^{\infty}f(t)\left\{\int_s^{\infty}e^{-ut}du\right\}dt$$

$$=\int_0^{\infty}f(t)\left[-\frac{1}{t}e^{-ut}\right]_s^{\infty}dt=\int_0^{\infty}\frac{f(t)}{t}e^{-st}dt=\mathcal{L}\left(\frac{f(t)}{t}\right)$$

例題 1

$\mathcal{L}(e^{2t}+3t^2+4)$ を求めよ.

（解）$\mathcal{L}(e^{2t}+3t^2+4)\overset{\text{線形法則}}{=}\mathcal{L}(e^{2t})+\mathcal{L}(3t^2)+\mathcal{L}(4)\overset{\text{定理 5-1 ①, ②　公式 2 ②}}{=}\dfrac{1}{s-2}+3\dfrac{2}{s^3}+\dfrac{4}{s}$

$$=\frac{1}{s-2}+\frac{6}{s^3}+\frac{4}{s}=\frac{5s^3-8s^2+6s-12}{s^3(s-2)}\quad\cdots(答)$$

《注意》表関数が e^{2t}, t^2, 定数とかなり異質の関数の混合であるが, 変換後は同質の分数関数で表されたことを留意したい.

❸ 合成積（たたみ込み積）のラプラス変換

ラプラス変換は線形性（p. 138）が成り立つ．では乗法はどうであろうか．

$$\mathcal{L}\{f(t)g(t)\} = \mathcal{L}\{f(t)\}\mathcal{L}\{g(t)\} = F(s)G(s) \quad \cdots\cdots ㊉$$

であってくれれば都合が良いがどうであろうか？

$f(t) = t$，$g(t) = t^2$ のとき成り立つか試してみよう．

$$\mathcal{L}\{f(t)g(t)\} = \mathcal{L}\{t \cdot t^2\} = \mathcal{L}\{t^3\} = \frac{3!}{s^4} = \frac{6}{s^4}$$

一方，$\mathcal{L}\{f(t)\} \cdot \mathcal{L}\{g(t)\} = \mathcal{L}\{t\} \cdot \mathcal{L}\{t^2\} = \dfrac{1}{s^2} \cdot \dfrac{2}{s^3} = \dfrac{2}{s^5}$

よって，$\mathcal{L}\{f(t)g(t)\} \neq \mathcal{L}\{f(t)\} \cdot \mathcal{L}\{g(t)\}$

となり，この例では㊉は成立しない．

そこで，**合成積**（**たたみ込み積**）という新しい積を次のように定義する．

> 定義
>
> $0 < t \leqq \infty$ で定義された 2 つの関数 $f(t), g(t)$ に対してたたみ込み積を次のように定める．
>
> $$(f * g)(t) = \int_0^t f(t-u)g(u)du$$

$(f * g)(t)$ のラプラス変換は，

> 定理 5-3
>
> $$\mathcal{L}\{(f * g)t\} = F(s)G(s)$$

（**たたみ込み公式**）

上の例で $f(t) = t$, $g(t) = t^2$ のとき，定理 5-3 が成り立つことを確かめてみよう．

$$\begin{aligned}(f * g)(t) &= \int_0^t (t-u) \cdot u^2 du \\ &= t\int_0^t u^2 du - \int_0^t u^3 du = t\left[\frac{1}{3}u^3\right]_0^t - \left[\frac{1}{4}u^4\right]_0^t \\ &= \frac{1}{3}t^4 - \frac{1}{4}t^4 = \frac{1}{12}t^4\end{aligned}$$

$$\therefore \quad \mathcal{L}\{(f * g)(t)\} = \mathcal{L}\left\{\frac{1}{12}t^4\right\} = \frac{1}{12} \cdot \frac{4!}{s^5} = \frac{2}{s^5}$$

一方，$F(s) \cdot G(s) = \mathcal{L}(t) \cdot \mathcal{L}(t^2) = \dfrac{1}{s^2} \cdot \dfrac{2}{s^3} = \dfrac{2}{s^5}$

このとき，定理 5-3 は成り立つ．

《注意》ラプラス変換で

原関数の積　$\longleftrightarrow$　像関数の積

を成り立たせるために，合同積を導入したといえる．

それでは 定理 5-3 を証明しよう．ポイントは，二重積分

$$\iint_D e^{-st} f(t-u) g(u)\, du dt$$

の“積分の順序変更”である（積分順序を入れ替えると積分領域は同じで積分方向が変わる）．

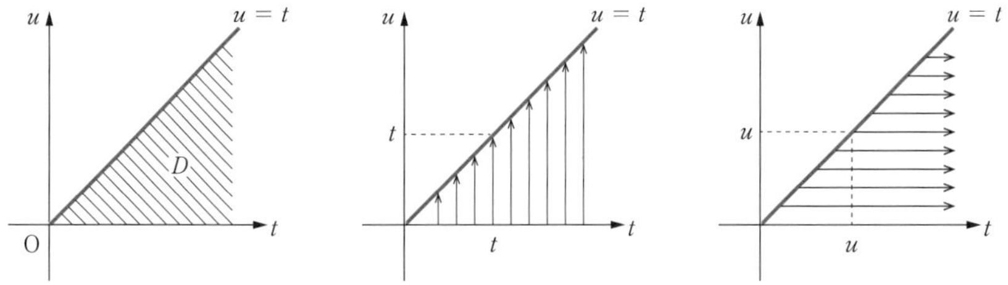

証明

$$\begin{aligned}\mathcal{L}\{(f * g)(t)\} &= \int_0^{\infty} \left\{ \int_0^t f(t-u) g(u)\, du \right\} e^{-st} dt \\ &= \iint_D e^{-st} f(t-u) g(u)\, du dt \\ &= \int_0^{\infty} \left(\int_u^{\infty} e^{-st} f(t-u) g(u)\, dt \right) du\end{aligned}$$

$t-u=x$ とおくと，$dt = dx$　$\begin{array}{c|c} t & u \to \infty \\ \hline x & 0 \to \infty \end{array}$

$$\begin{aligned}&= \int_0^{\infty} \left(\int_0^{\infty} e^{-s(u+x)} f(x) g(u)\, dx \right) du \\ &= \left\{ \int_0^{\infty} e^{-sx} f(x)\, dx \right\} \cdot \left\{ \int_0^{\infty} e^{-su} g(u)\, du \right\} = F(s) \cdot G(s) \quad \blacksquare\end{aligned}$$

例題 2

$h(t) = \int_0^t (t-u)^3 e^u du$ のラプラス変換を求めよ．

（解）　$h(t)$ をたたみ込み積で表すと，$h(t) = t^3 * e^t$ であるから，

$$\begin{aligned}\mathcal{L}\{h(t)\} &= \mathcal{L}\{t^3 * e^t\} \\ &= \mathcal{L}(t^3) \cdot \mathcal{L}(e^t) \\ &= \frac{3!}{s^4} \cdot \frac{1}{s-1} = \frac{6}{s^4(s-1)} \quad \cdots(\text{答})\end{aligned}$$

たたみ込み積には，次の性質がある．

① $f * g = g * f$

② $f * (g * h) = (f * g) * h$

③ $(af + bg) * h = a(f * h) + b(g * h)$　　a, b：定数

証明　②, ③は略

① $(f * g)(t) = \int_0^t f(t-u)g(u)du$

$x = t - u$ とおくと，$u = t - x$ から $du = -dx$

u	$0 \to t$
x	$t \to 0$

$$= \int_t^0 f(x)g(t-x)(-dx) = \int_0^t g(t-x)f(x)dx$$

$$= (g * f)(t)$$

$$\therefore \quad f * g = g * f$$

❹ 逆ラプラス変換

ラプラス変換は一意的である．つまり $x > 0$ で定義されている 2 つの関数のラプラス変換が同一であるならば，2 つの関数は不連続点を除いて一致する．すなわち，

$\mathcal{L}(f) = \mathcal{L}(g)$ のとき，$f = g$

一般に，ある積分変換が一意的であれば，その逆変換が定義できる．つまり，$f(x)$ のラプラス変換を

$\mathcal{L}\{f(x)\} = F(s)$　……①

とすると，$F(s)$ の逆ラプラス変換は，形式的に表せば，

$\mathcal{L}^{-1}\{F(s)\} = f(x)$　……②

①, ②の $f(x)$ は不連続点以外で一致している．不連続点における関数の値は異なってもよい．

$F(s)$ の逆ラプラス変換は，$F(s)$ を像とする原像の関数 $f(x)$ を与える．なお，逆ラプラス変換で得られる原像 $f(x)$ は $x < 0$ で $f(x) = 0$ となっていることに注意したい．

このことから，ラプラス変換の 公式 1，公式 2 （p. 133，p. 134）の表から，逆ラプラス変換の表 公式 3 （p. 135）が作られ，利用できるようになる．

例題 3

$\mathcal{L}^{-1}\left\{\dfrac{b^2}{s(s^2+b^2)}\right\}$ を求めよ．

（解法 1）

$\dfrac{b^2}{s(s^2+b^2)}$ を部分分数分解すると，$\dfrac{b^2}{s(s^2+b^2)}=\dfrac{1}{s}-\dfrac{s}{s^2+b^2}$

$$\mathcal{L}^{-1}\left\{\frac{1}{s}-\frac{s}{s^2+b^2}\right\}=\mathcal{L}^{-1}\left(\frac{1}{s}\right)-\mathcal{L}^{-1}\left(\frac{s}{s^2+b^2}\right)$$ ←公式 3 ①, ⑦

$$=1-\cos bt \quad \cdots(\text{答})$$

（解法 2）　$f(t)=\sin bt$ とおくと，

$\mathcal{L}(\sin bt)=\dfrac{b}{s^2+b^2}=F(s)$ であり，原像の積分公式

$\mathcal{L}\left(\displaystyle\int_0^t f(u)du\right)=\dfrac{1}{s}F(s)=\dfrac{b}{s(s^2+b^2)}\cdots$① が成り立つ． ←公式 1 ⑤

一方，

$$\mathcal{L}\left(\int_0^t f(u)du\right)=\mathcal{L}\left(\int_0^t \sin bu du\right)=\mathcal{L}\left(-\frac{1}{b}[\cos bu]_0^t\right)$$

$$=\mathcal{L}\left(-\frac{1}{b}\cos bu+\frac{1}{b}\right) \quad \cdots②$$

①, ②より，

$$\mathcal{L}\left\{\frac{1}{b}(1-\cos bu)\right\}=\frac{b}{s(s^2+b^2)} \quad \Leftrightarrow \quad \mathcal{L}\{1-\cos bu\}=\frac{b^2}{s(s^2+b^2)}$$

$$\therefore \quad \mathcal{L}^{-1}\left\{\frac{b^2}{s(s^2+b^2)}\right\}=1-\cos bu \quad \cdots(\text{答})$$

4　ラプラス変換による線形微分方程式の解法（問題 5-9～18）

❶ ラプラス変換と微分方程式

関数 $f(t)$ のラプラス変換を $F(s)$ とすると，$\mathcal{L}\{f(t)\}=F(s)$ であり，$f'(t)$ のラプラス変換は，

$$\mathcal{L}\{f'(t)\}=\int_0^\infty f'(t)\cdot e^{-st}dt=[f(t)e^{-st}]_0^\infty+s\int_0^\infty f(t)e^{-st}dt$$

$$=sF(s)-f(0) \quad (\text{p.} 136)$$

となった．これは表世界で“微分する”ことは，裏世界では“s を掛ける”こ

とになってしまう．

すなわち，表世界での微分方程式は，ラプラス変換を行うと，裏世界では代数方程式になり，代数方程式を解いて，逆ラプラス変換を行うことで，微分方程式の解を求めようとする．

これは p. 132 のラプラス変換の考え方で述べたことでもある．

例題 4

$$y'' + y' - 6y = 0$$ （問題 4-10 の (1) と同．p. 120）

の微分方程式の解をラプラス変換を用いて求めよ．

（解）　$y(0) = a$，$y'(0) = b$，$\mathscr{L}(y) = Y(s)$ とおくと，与式の辺々にラプラス変換を行うと，

$$\mathscr{L}(y'' + y' - 6y) = 0 \Leftrightarrow \mathscr{L}(y'') + \mathscr{L}(y') - 6\mathscr{L}(y) = 0$$

$$\Leftrightarrow (s^2 Y - as - b) + (sY - a) - 6Y = 0$$ ←定理 5-1 p. 136

$$\Leftrightarrow (s^2 + s - 6)Y = as + a + b$$

から，$Y = \dfrac{as}{(s-2)(s+3)} + \dfrac{a+b}{(s-2)(s+3)}$ …⊛

$$= \frac{a}{5}\left(\frac{2}{s-2} + \frac{3}{s+3}\right) + \frac{a+b}{5}\left(\frac{1}{s-2} - \frac{1}{s+3}\right)$$

$$= \frac{3a+b}{5}\frac{1}{s-2} + \frac{2a-b}{5}\frac{1}{s+3}$$

$$= \frac{C_1}{s-2} + \frac{C_2}{s+3} \quad \left(C_1 = \frac{3a+b}{5},\ C_2 = \frac{2a-b}{5}\right)$$

逆ラプラス変換を行うと，

$$\mathscr{L}^{-1}(Y) = C_1\mathscr{L}^{-1}\left(\frac{1}{s-2}\right) + C_2\mathscr{L}^{-1}\left(\frac{1}{s+3}\right)$$

$$\therefore\quad y(t) = C_1 e^{2t} + C_2 e^{-3t}$$ …（答）

《注意》⊛から $Y = \dfrac{C_1}{s-2} + \dfrac{C_2}{s+3}$ と表して，C_1, C_2：任意定数とすると早くできる．しかし，C_1, C_2 を a, b を用いて表そうとすると，上のようにていねいに部分分数分解する．

❷ 連立微分方程式

連立の微分方程式にラプラス変換をし，連立の代数方程式を解き，①に帰着させる．

問題 5-16, 17, 18 を通じて，解き方を習熟してほしい．

問題 5-1 ▼ラプラス変換（1）

次の関数のラプラス変換の公式を示せ（公式2 の①, ②）.

(1) $\mathcal{L}(t) = \dfrac{1}{s^2}$　　　(2) $\mathcal{L}(t^n) = \dfrac{n!}{s^{n+1}}$

●考え方●

(1) 定義 $\mathcal{L}\{f(t)\} = \int_0^{\infty} f(t)e^{-st}dt$ にあてはめる.

(2) 数学的帰納法の活用.

解答

(1) $\mathcal{L}(t) = \int_0^{\infty} te^{-st}dt \underset{㋐}{=} \underbrace{\left[-\dfrac{1}{s}te^{-st}\right]_0^{\infty}}_{㋑} + \dfrac{1}{s}\int_0^{\infty} e^{-st}dt$　（$e^{-st} = \left(-\dfrac{1}{s}e^{-st}\right)'$）

$= \dfrac{1}{s}\left[-\dfrac{1}{s}e^{-st}\right]_0^{\infty} = \dfrac{1}{s^2}$

(2) $n = 1$ のとき, (1)より成り立つ.

$n = k$ のとき, 成り立つと仮定する. すなわち, $\mathcal{L}(t^k) = \dfrac{k!}{s^{k+1}}$

$n = k + 1$ のとき,

$\mathcal{L}(t^{k+1}) = \int_0^{\infty} t^{k+1}e^{-st}dt = \underbrace{\left[-\dfrac{1}{s}t^{k+1}e^{-st}\right]_0^{\infty}}_{㋒} + \dfrac{k+1}{s}\underbrace{\int_0^{\infty} t^k e^{-st}dt}_{㋓}$　（$e^{-st} = \left(-\dfrac{1}{s}e^{-st}\right)'$）

$= \dfrac{k+1}{s}\cdot\dfrac{k!}{s^{k+1}} = \dfrac{(k+1)!}{s^{k+2}}$

となり $n = k + 1$ のときも成り立ち, すべての自然数 n で成り立つ.

ポイント

㋐ 部分積分法

㋑ $\lim\limits_{t\to\infty} \dfrac{t}{e^{st}} = 0$

㋒ $\left[-\dfrac{1}{s}t^{k+1}e^{-st}\right]_0^{\infty} = 0$

㋓ 仮定より $\mathcal{L}(t^k)$ に等しい.

問題 5-1(2)の拡張

$f(t) = t^{\alpha}$　（α は $\alpha > -1$ の実数）のとき, $\mathcal{L}(t^{\alpha})$ を求めてみる.

$\mathcal{L}(t^{\alpha}) = \int_0^{\infty} t^{\alpha}e^{-st}dt$　$st = u$ とおくと,

$\mathcal{L}(t^{\alpha}) = \int_0^{\infty}\left(\dfrac{u}{s}\right)^{\alpha}e^{-u}\dfrac{1}{s}du = \dfrac{1}{s^{\alpha+1}}\int_0^{\infty} u^{\alpha}e^{-u}du$

$\int_0^{\infty} u^{\alpha}e^{-u}du$ は**ガンマ積分**とよばれ $\Gamma(\alpha + 1)$ で表す.

$$\mathcal{L}(t^{\alpha}) = \frac{\Gamma(\alpha+1)}{s^{\alpha+1}}$$

《注意》『大学1·2年生のためのすぐわかる微分積分』（東京図書）p. 132 参考

α が自然数 n のとき, $\mathcal{L}(t^n) = \dfrac{\Gamma(n+1)}{s^{n+1}} = \dfrac{n!}{s^{n+1}}$

$(\Gamma(n+1) = n\Gamma(n) = n(n-1)\Gamma(n-1) = \cdots\cdots = n(n-1)\cdots\cdots 1\cdot\Gamma(1) = n!)$

練習問題　5-1　（公式2 の③）　解答 p. 227

$\mathcal{L}(t^n e^{\alpha t}) = \dfrac{n!}{(s-\alpha)^{n+1}}$ を求めよ. また, 像の微分公式 (p. 138) を用いて求めよ.

問題 5-[2] ▼ラプラス変換 (2)

$\mathcal{L}(\cos\omega t)$ を次の方法で求めよ.

(1) ラプラス変換の定義式によって求めよ.

(2) オイラーの公式 $e^{it} = \cos t + i\sin t$ と [公式1] の②を用いて求めよ.

(3) $\mathcal{L}(\cos\omega t)$ の結果を利用して，$\mathcal{L}(\sin\omega t)$ を求めよ.

●考え方●

(1) $\mathcal{L}\{f(t)\} = \int_0^\infty f(t)e^{-st}dt$

(2) オイラーの公式 $e^{i\theta} = \cos\theta + i\sin\theta$, $e^{-i\theta} = \cos\theta - i\sin\theta$ から $\cos\theta = \frac{1}{2}(e^{i\theta} + e^{-i\theta})$ である.

(3) $\sin\omega t = \left(-\frac{1}{\omega}\cos\omega t\right)'$, $f(t) = -\frac{1}{\omega}\cos\omega t$ とおき，

微分公式 $\mathcal{L}\{f'(t)\} = sF(s) - f(0)$ の活用.

解答

(1) $\mathcal{L}(\cos\omega t) = \underbrace{\int_0^\infty \cos\omega t \cdot e^{-st}dt}_{㋐}$

$$= \left[\frac{e^{-st}}{s^2+\omega^2}(\omega\sin\omega t - s\cos\omega t)\right]_0^\infty = \frac{s}{s^2+\omega^2} \quad \text{答}$$

(2) $\underbrace{\cos\omega t}_{㋑} = \frac{1}{2}(e^{i\omega t} + e^{-i\omega t})$ となるから，

$$\mathcal{L}(\cos\omega t) = \mathcal{L}\left\{\frac{1}{2}(e^{i\omega t} + e^{-i\omega t})\right\}$$

$$= \frac{1}{2}\underbrace{\mathcal{L}(e^{i\omega t})}_{㋒} + \frac{1}{2}\mathcal{L}(e^{-i\omega t})$$

$$= \frac{1}{2}\left(\underbrace{\frac{1}{s-i\omega}}_{㋒} + \frac{1}{s+i\omega}\right) = \frac{s}{s^2+\omega^2} \quad \text{答}$$

(3) $\sin\omega t = \left(-\frac{1}{\omega}\cos\omega t\right)'$, $f(t) = -\frac{1}{\omega}\cos\omega t$ とおくと，

$$\mathcal{L}\{f(t)\} = \mathcal{L}\left\{-\frac{1}{\omega}\cos\omega t\right\} = -\frac{1}{\omega}\frac{s}{s^2+\omega^2}$$

$$\mathcal{L}(\sin\omega t) = \mathcal{L}\left\{\left(-\frac{1}{\omega}\cos\omega t\right)'\right\} = \mathcal{L}\{f'(t)\}$$

$$= sF(s) - f(0)$$

$$= s\left(-\frac{1}{\omega}\cdot\frac{s}{s^2+\omega^2}\right) + \frac{1}{\omega} = \frac{\omega}{s^2+\omega^2} \quad \text{答}$$

ポイント

㋐ 部分積分法より

$$I = \int \cos\omega t \cdot e^{-st}dt$$

$$I = \frac{e^{-st}}{s^2+\omega^2}(\omega\sin\omega t - s\cos\omega t)$$

㋑ $e^{i\omega t} = \cos\omega t + i\sin\omega t$

$e^{-i\omega t} = \cos\omega t - i\sin\omega t$

から

$$\cos\omega t = \frac{1}{2}(e^{i\omega t} + e^{-i\omega t})$$

㋒ [公式1] ②の活用.

実際に計算してみると，

$\mathcal{L}(e^{i\omega t})$

$$= \int_0^\infty e^{i\omega t}\cdot e^{-st}dt$$

$$= \int_0^\infty e^{-(s+i\omega)t}dt$$

$$= \left[\frac{1}{-(s-i\omega)}e^{-(s-i\omega)t}\right]_0^\infty$$

$$= \frac{1}{s-i\omega}$$

練習問題 5-2

解答 p. 228

(1) $\mathcal{L}(e^{\alpha t}\sin\omega t)$

(2) $\mathcal{L}(e^{\alpha t}\cos\omega t)$

……([公式2] ⑥, ⑦ p. 134)

を求めよ.

問題5-3 ▼ラプラス変換 (3)

(1) $\mathcal{L}(t^{-\frac{1}{2}})$　　(2) $\mathcal{L}(t^{\frac{1}{2}})$　　←公式2 ⑧, ⑨ (p. 134)

を求めよ.

●考え方●

ラプラス変換の定義に従って求めよ．このとき，$\int_0^\infty e^{-u^2}du = \frac{\sqrt{\pi}}{2}$ である．

(石綿夏委也著『大学1·2年生のためのすぐわかる微分積分』東京図書，p. 203 参照)

解答

(1) $\mathcal{L}(t^{-\frac{1}{2}}) = \int_0^\infty t^{-\frac{1}{2}}\cdot e^{-st}dt$ ㋐

$st = u^2$ とおくと，$t = \frac{u^2}{s}$，$dt = \frac{2u}{s}du$

$$\mathcal{L}(t^{-\frac{1}{2}}) = \int_0^\infty \left(\frac{u^2}{s}\right)^{-\frac{1}{2}} e^{-u^2}\left(\frac{2u}{s}\right)du \quad ㋑$$

$$= \frac{2}{\sqrt{s}}\int_0^\infty e^{-u^2}du \;(*) = \frac{2}{\sqrt{s}}\cdot\frac{\sqrt{\pi}}{2} = \sqrt{\frac{\pi}{s}}$$ 答

ポイント

㋐ 置換積分

㋑ $\frac{1}{\sqrt{\frac{u^2}{s}}}\left(\frac{2u}{s}\right)\cdot e^{-u^2}$

$= \frac{\sqrt{s}}{\cancel{u}}\cdot\frac{2\cancel{u}}{s}\cdot e^{-u^2}$

$= \frac{2}{\sqrt{s}}e^{-u^2}$

㋒ (1)と同じ置換積分.

㋓ 部分積分法

㋔ $\int_0^\infty e^{-u^2}du = \frac{\sqrt{\pi}}{2}$

(参考) ⊛

$$\left(\int_{-\infty}^\infty e^{-u^2}du\right)^2 = \left(\int_{-\infty}^\infty e^{-x^2}dx\right)\cdot\left(\int_{-\infty}^\infty e^{-y^2}dy\right)$$

$$= \int_{-\infty}^\infty dx\int_{-\infty}^\infty e^{-x^2}\cdot e^{-y^2}dy = \int_{-\infty}^\infty\int_{-\infty}^\infty e^{-(x^2+y^2)}dxdy$$

極座標に変換して，$x = r\cos\theta$，$y = r\sin\theta$，$dxdy = rdrd\theta$

$$= \int_0^{2\pi}d\theta\int_0^\infty e^{-r^2}rdr = 2\pi\left[-\frac{1}{2}e^{-r^2}\right]_0^\infty = \pi$$

$$\therefore \int_{-\infty}^\infty e^{-u^2}du = \sqrt{\pi},\quad \int_0^\infty e^{-u^2}du = \frac{\sqrt{\pi}}{2}$$

(2) $\mathcal{L}(t^{\frac{1}{2}}) = \int_0^\infty t^{\frac{1}{2}}\cdot e^{-st}dt$　$st = u^2$ とおくと，$t = \frac{u^2}{s}$，$dt = \frac{2u}{s}du$

$$\mathcal{L}(t^{\frac{1}{2}}) = \int_0^\infty \frac{u}{\sqrt{s}}\cdot e^{-u^2}\cdot\left(\frac{2u}{s}\right)du = \frac{1}{s\sqrt{s}}\int_0^\infty 2u^2e^{-u^2}du \;(㋓) = \frac{1}{s\sqrt{s}}\int_0^\infty u(-e^{-u^2})'du$$

$$= \frac{1}{s\sqrt{s}}\left\{\underbrace{\left[-ue^{-u^2}\right]_0^\infty}_{0} + \int_0^\infty e^{-u^2}du \;(㋔)\right\} = \frac{\sqrt{\pi}}{2s\sqrt{s}}$$ 答

練習問題 5-3

解答 p. 228

次の関数のラプラス変換を求めよ.

(1) $t\sin t$　　(2) $t^2\sin t$

問題 5-4 ▼ラプラス変換（4）

次の関数のラプラス変換を 定理 5-2 の微分公式を用いて求めよ．

(1) t　　(2) t^2　　(3) $t\cos\omega t$

●考え方●

$\mathcal{L}\{f'(t)\} = sF(s) - f(0)$ の活用．各々の関数を $f(t)$ とおく．

解答

(1) $f(t) = t$ とおくと，$f'(t) = 1$

$\mathcal{L}(t) = F(s)$ を求めたい．微分公式を用いて，

$\mathcal{L}\{f'(t)\} = \mathcal{L}(1) = sF(s) - f(0)$ ㋐

$\mathcal{L}(1) = \dfrac{1}{s}$ ㋑ を上式に代入して，$\dfrac{1}{s} = sF(s)$

から　$F(s) = \dfrac{1}{s^2}$　　$\therefore$ $\mathcal{L}(t) = \dfrac{1}{s^2}$ 答

(2) $f(t) = t^2$ とおくと，$f'(t) = 2t$，$f''(t) = 2$

$\mathcal{L}(t^2) = F(s)$ を求めたい．

微分公式 ㋒ より，$\mathcal{L}\{f''(t)\} = s^2F(s) - sf(0)$ ㋓ $- f'(0)$ ㋓

$\mathcal{L}\{f''(t)\} = \mathcal{L}(2) = \dfrac{2}{s}$ ㋔ を上式に代入して，

$\dfrac{2}{s} = s^2F(s)$ から $F(s) = \dfrac{2}{s^3}$　　$\therefore$ $\mathcal{L}(t^2) = \dfrac{2}{s^3}$ 答

(3) $f(t) = t\cos\omega t$ とおくと，$f'(t) = \cos\omega t - \omega t\sin\omega t$

$f''(t) = -2\omega\sin\omega t - \omega^2 t\cos\omega t$

$\mathcal{L}(t\cos\omega t) = F(s)$ を求めたい．

微分公式より，$\mathcal{L}\{f''(t)\} = s^2F(s) - sf(0)$ ㋕ $- f'(0)$ ㋕ $= s^2F(s) - 1$

$\mathcal{L}\{f''(t)\} = \mathcal{L}\{-2\omega\sin\omega t - \omega^2 t\cos\omega t\}$

$= -2\omega\mathcal{L}(\sin\omega t)$ ㋖ $- \omega^2\mathcal{L}(t\cos\omega t)$ ㋗ $= -2\omega\dfrac{\omega}{s^2+\omega^2} - \omega^2F(s)$

を上式に代入して，

$$-2\omega\frac{\omega}{s^2+\omega^2} - \omega^2F(s) = s^2F(s) - 1 \Leftrightarrow (s^2+\omega^2)F(s) = -\frac{2\omega^2}{s^2+\omega^2} + 1$$

から　$F(s) = \dfrac{s^2-\omega^2}{(s^2+\omega^2)^2}$　　$\therefore$ $\mathcal{L}(t\cos\omega t) = \dfrac{s^2-\omega^2}{(s^2+\omega^2)^2}$ 答

ポイント

㋐ $f(0) = 0$

㋑ 定理 5-1 ① p. 136

㋒ 定理 5-1 ④ p. 136

㋓ $f(0) = 0$，$f'(0) = 0$

㋔ 定理 5-1 ①

㋕ $f(0) = 0$，$f'(0) = 1$

㋖ 公式 2 ④

$\mathcal{L}(\sin\omega t) = \dfrac{\omega}{s^2+\omega^2}$

㋗ $\mathcal{L}(t\cos\omega t) = F(s)$

練習問題　5-4

解答 p. 228

像の積分公式（定理 5-2 の⑥）を用いて次のラプラス変換を求めよ．

(1) $\mathcal{L}\left(\dfrac{1-e^{-2t}}{t}\right)$　　(2) $\mathcal{L}\left(\dfrac{e^{-t}-e^{-2t}}{t}\right)$

問題 5-5 ▼ラプラス変換（5）

次の関数のラプラス変換を求めよ．

(1)　$(t+2)^2$　　(2)　$\sin(t+a)$　　(3)　$\sin 2t\cos t$　　(4)　$e^{at}t^2\sin t$

●考え方●

(1)　$(t+2)^2 = t^2+4t+4$　定理 5-2 ① 線形性の活用．

(2)　$\sin(t+a) = \sin t\cos a + \cos t\sin a$，線形性の活用．

(3)　$\sin 2t\cos t = 2\sin t\cos^2 t = -\dfrac{2}{3}\{\cos^3 t\}'$

3 倍角の公式　$\cos 3t = 4\cos^3 t - 3\cos t$ から $\cos^3 t = \dfrac{1}{4}(\cos 3t + 3\cos t)$

(4)　像の微分公式を用いる．**練習問題 5-3(2)** の活用．

解答

(1)　$\mathcal{L}(t+2)^2 = \mathcal{L}(t^2+4t+4) = \underset{㋐}{\mathcal{L}(t^2)+4\mathcal{L}(t)+4\mathcal{L}(1)}$

$$= \frac{2}{s^3}+\frac{4}{s^2}+\frac{4}{s} \quad \text{答}$$

(2)　$\mathcal{L}\{\sin(t+a)\} = \mathcal{L}(\underset{㋑}{\sin t\cos a + \cos t\sin a})$

$$= \cos a\underset{㋒}{\mathcal{L}(\sin t)} + \sin a\underset{㋓}{\mathcal{L}(\cos t)}$$

$$= \frac{1}{s^2+1}(\cos a + s\sin a) \quad \text{答}$$

(3)「考え方」から

$$\sin 2t\cos t = 2\sin t\cos^2 t = -\frac{2}{3}(\cos^3 t)'$$

$$= -\frac{1}{6}(\cos 3t + 3\cos t)'$$

$f(t) = \cos 3t + 3\cos t$ とおくと，

$$\underset{㋔}{\mathcal{L}\left\{-\frac{1}{6}f'(t)\right\}} = -\frac{1}{6}\{s\underset{㋕}{F(s)} - \underset{㋖}{f(0)}\}$$

$$= -\frac{1}{6}\left(\frac{s^2}{s^2+9}+\frac{3s^2}{s^2+1}-4\right) \quad \text{答}$$

(4)　$f(t) = t^2\sin t$ とおくと，$F(s) = \mathcal{L}\{f(t)\} = \underset{㋗}{\dfrac{2(3s^2-1)}{(s^2+1)^3}}$

$$\underset{㋘}{\mathcal{L}\{e^{at}t^2\sin t\} = F(s-a)} = 2\cdot\frac{3(s-a)^2-1}{\{(s-a)^2+1\}^3} \quad \text{答}$$

ポイント

㋐ 公式 2 ②

$\mathcal{L}(t^n) = \dfrac{n!}{s^{n+1}}$

㋑ 加法定理

㋒ 公式 2 ④

㋓ 公式 2 ⑤

㋔ 定理 5-1 ③ (p. 136)

原関数の微分公式

㋕ $F(s) = \mathcal{L}\{f(t)\}$

$= \mathcal{L}\{\cos 3t\} + 3\{\cos t\}$

$= \dfrac{s}{s^2+9} + \dfrac{3s}{s^2+1}$

㋖ $f(0) = 4\cos 0 = 4$

㋗ p. 147

練習問題 5-3(2)

$\mathcal{L}(t^2\sin t) = \dfrac{2(3s^2-1)}{(s^2+1)^3}$

㋘ 定理 5-2 ④

像の平行移動

練習問題　5-5　　解答 p. 228

次の双曲線関数のラプラス変換を求めよ．

(1)　$\cosh x$　　(2)　$\sinh x$

問題 5-6 ▼逆ラプラス変換（1）

〔1〕 次の原像 $f(x)$ を像の平行移動を利用して求めよ.

(1) $F(s)=\dfrac{1}{(s-3)^2}$　　(2) $F(s)=\dfrac{s-3}{(s-3)^2+1}$

〔2〕 次のラプラス変換の原像 $f(x)$ を求めよ.

(1) $F(s)=\dfrac{s}{(s+2)^2}$　　(2) $F(s)=\dfrac{s}{(s-3)^2+1}$

●考え方●

(1) ラプラス変換の像の平行移動（定理 5-2 ④ p. 138）

$\mathcal{L}\{e^{\alpha t}f(t)\}=F(s-\alpha)$ を用いる.

(2) 部分分数に分解して処理.

解答

〔1〕 (1) $\mathcal{L}^{-1}\left(\dfrac{1}{s^2}\right)=t$ ㋐. $F(s)$ は $\dfrac{1}{s^2}$ を 3 だけ平行移動したものであり,

$$\mathcal{L}^{-1}\left(\frac{1}{(s-3)^2}\right)=e^{3t}\mathcal{L}^{-1}\left(\frac{1}{s^2}\right)=e^{3t}t \quad \text{答}$$ ㋑

(2) $\mathcal{L}^{-1}\left(\dfrac{s}{s^2+1}\right)=\cos t$ ㋒, $F(s)$ は $\dfrac{s}{s^2+1}$ を 3 だけ平行移動したものであり,

$$\mathcal{L}^{-1}\left(\frac{s-3}{(s-3)^2+1}\right)=e^{3t}\mathcal{L}^{-1}\left(\frac{s}{s^2+1}\right)$$

$$=e^{3t}\cos t \quad \text{答}$$

〔2〕 (1) $\mathcal{L}^{-1}\left(\dfrac{s}{(s+2)^2}\right)$ ㋓ $=\mathcal{L}^{-1}\left(\dfrac{1}{s+2}-\dfrac{2}{(s+2)^2}\right)$ ㋔

$$=e^{-2t}\left\{\mathcal{L}^{-1}\left(\frac{1}{s}\right)-2\mathcal{L}^{-1}\left(\frac{1}{s^2}\right)\right\}$$

$$=e^{-2t}(1-2t) \quad \text{答}$$

(2) $\mathcal{L}^{-1}\left(\dfrac{s}{(s-3)^2+1}\right)$ ㋕

$$=\mathcal{L}^{-1}\left(\frac{s-3}{(s-3)^2+1}+\frac{3}{(s-3)^2+1}\right)$$ ㋖

$$=e^{3t}\left\{\mathcal{L}^{-1}\left(\frac{s}{s^2+1}\right)+3\mathcal{L}^{-1}\left(\frac{1}{s^2+1}\right)\right\}$$

$$=e^{3t}(\cos t+3\sin t) \quad \text{答}$$

ポイント

㋐ $\mathcal{L}(t)=\dfrac{1}{s^2}$ から

$\mathcal{L}^{-1}\left(\dfrac{1}{s^2}\right)=t$

公式 3 ②

㋑ 像の平行移動

定理 5-2 ④

㋒ $\mathcal{L}(\cos t)=\dfrac{s}{s^2+1}$ から

$\mathcal{L}^{-1}\left(\dfrac{s}{s^2+1}\right)=\cos t$

公式 3 ⑦

㋓ $\dfrac{s}{(s+2)^2}=\dfrac{s+2-2}{(s+2)^2}$

$=\dfrac{1}{s+2}-\dfrac{2}{(s+2)^2}$

㋔ 像の平行移動

$\dfrac{1}{s},\ -\dfrac{2}{s^2}$ を -2 だけ平行移動したもの.

㋕ 部分分数分解

㋖ $\dfrac{s}{s^2+1}+\dfrac{3}{s^2+1}$ を 3 だけ平行移動.

練習問題　5-6　　解答 p. 228

次の原像 $f(x)$ を求めよ.

(1) $F(s)=\dfrac{1}{(s-5)^2+1}$　　(2) $F(s)=\dfrac{2s+10}{s^2+6s+10}$

問題 5-7 ▼逆ラプラス変換（2）（たたみ込み積分公式）

次のラプラス変換 $F(s)$ の原像 $f(t)$ をたたみ込み積分公式（定理 5-3）を用いて求めよ．

(1) $F(s) = \dfrac{1}{s^3}$　　(2) $F(s) = \dfrac{1}{(s^2+1)^2}$　　(3) $F(s) = \dfrac{1}{s(s^2+1)}$

●考え方●

$F(s)$ を 2 つの積に分解して考える．

定理 5-3 (p. 140) より，$\mathscr{L}^{-1}\{F(s)\} = f(t)$，$\mathscr{L}^{-1}\{G(s)\} = g(t)$ のとき，

$$\mathscr{L}^{-1}\{F(s)G(x)\} = f(t) * g(t) = \int_0^t f(t-u)g(u)\,du$$

部分積分法より積分計算して求める．

解答

(1) $\mathscr{L}^{-1}\left(\dfrac{1}{s}\right) = 1$ ㋐，　$\mathscr{L}^{-1}\left(\dfrac{1}{s^2}\right) = t$ ㋑　　$F(s) = \dfrac{1}{s}\cdot\dfrac{1}{s^2}$

$$\mathscr{L}^{-1}\left(\frac{1}{s}\cdot\frac{1}{s^2}\right) = 1 * t = \int_0^t u\,du = \left[\frac{1}{2}u^2\right]_0^t = \frac{1}{2}t^2$$ 答

(2) $\mathscr{L}^{-1}\left(\dfrac{1}{s^2+1}\right) = \sin t$ ㋒　　$F(s) = \dfrac{1}{s^2+1}\cdot\dfrac{1}{s^2+1}$

$$\begin{aligned}
\mathscr{L}^{-1}\left(\frac{1}{s^2+1}\cdot\frac{1}{s^2+1}\right) &= \sin t * \sin t \\
&= \int_0^t \sin(t-u)\sin u\,du \quad ㋓ \\
&= -\frac{1}{2}\int_0^t \{\cos t - \cos(t-2u)\}\,du \\
&= -\frac{1}{2}\left[(\cos t)u + \frac{1}{2}\sin(t-2u)\right]_0^t \\
&= -\frac{1}{2}\left(t\cos t - \frac{1}{2}\sin t - \frac{1}{2}\sin t\right) = \frac{1}{2}(\sin t - t\cos t)
\end{aligned}$$ 答

(3) $\mathscr{L}^{-1}\left(\dfrac{1}{s}\right) = 1$，$\mathscr{L}^{-1}\left(\dfrac{1}{s^2+1}\right) = \sin t$，$F(s) = \dfrac{1}{s}\cdot\dfrac{1}{s^2+1}$

$$\mathscr{L}^{-1}\left(\frac{1}{s}\cdot\frac{1}{s^2+1}\right) = 1 * \sin t = \int_0^t \sin u\,du = [-\cos u]_0^t = 1 - \cos t$$ 答

ポイント

㋐ 公式 3 ①
㋑ 公式 3 ②
㋒ 公式 3 ⑥
㋓ 積→和 公式より
$\sin(t-u)\sin u$
$= -\dfrac{1}{2}\{\cos t - \cos(t-2u)\}$

（別解）　部分分数分解して求めてみる．

$$\mathscr{L}^{-1}\left(\frac{1}{s} - \frac{s}{s^2+1}\right) = \mathscr{L}^{-1}\left(\frac{1}{s}\right) - \mathscr{L}^{-1}\left(\frac{s}{s^2+1}\right) = 1 - \cos t$$ 答

練習問題　5-7　　解答 p. 229

原像 $f(t)$ をたたみ込み積分公式を用いて求めよ．

(1) $F(s) = \dfrac{1}{s^2(s^2+1)}$　　(2) $F(s) = \dfrac{as}{(s^2+a^2)^2}$

問題 5-8 ▼逆ラプラス変換（3）

次のラプラス変換 $F(s)$ の原像 $f(t)$ を次の方法で求めよ．

$$F(s)=\frac{1}{s^2(s+1)^2}$$

(1) $F(s)$ を部分分数に分解して $f(t)$ を求めよ．

(2) たたみ込み積分公式を用いて $f(t)$ を求めよ．

●考え方●

(1) $$\frac{1}{s^2(s+1)^2}=\left\{\frac{1}{s(s+1)}\right\}^2=\left(\frac{1}{s}-\frac{1}{s+1}\right)^2=\frac{1}{s^2}+\frac{1}{(s+1)^2}-\frac{2}{s(s+1)}$$
$$=\frac{1}{s^2}+\frac{1}{(s+1)^2}-2\left(\frac{1}{s}-\frac{1}{s+1}\right)$$

(2) 問題 5-7 と同じ考え方．

解答

(1) $$\mathcal{L}^{-1}\left(\frac{1}{s^2(s+1)^2}\right)=\mathcal{L}^{-1}\left(\frac{1}{s^2}+\frac{1}{(s+1)^2}-\frac{2}{s}+\frac{2}{s+1}\right)$$
$$=\underbrace{\mathcal{L}^{-1}\left(\frac{1}{s^2}\right)}_{㋐}+\underbrace{\mathcal{L}^{-1}\left(\frac{1}{(s+1)^2}\right)}_{㋑}$$
$$-2\underbrace{\mathcal{L}^{-1}\left(\frac{1}{s}\right)}_{㋒}+2\underbrace{\mathcal{L}^{-1}\left(\frac{1}{s+1}\right)}_{㋓}$$
$$=t+te^{-t}-2\cdot1+2e^{-t}=te^{-t}+2e^{-t}+t-2$$ 答

(2) $$\mathcal{L}^{-1}\left(\frac{1}{s^2}\right)=t,\quad \mathcal{L}^{-1}\left(\frac{1}{(s+1)^2}\right)=te^{-t}$$
$$\underbrace{\mathcal{L}^{-1}\left(\frac{1}{s^2}\cdot\frac{1}{(s+1)^2}\right)=t*(te^{-t})}_{㋔}$$
$$=\int_0^t(t-u)\cdot ue^{-u}du=\underbrace{\int_0^t(tu-u^2)\underset{(-e^{-u})'}{\underset{\|}{e^{-u}}}du}_{㋕}$$
$$=[\underset{\substack{\|\\0}}{\underline{-(tu-u^2)e^{-u}}}]_0^t+\int_0^t(t-2u)\underset{(-e^{-u})'}{\underset{\|}{e^{-u}}}du$$
$$=[-(t-2u)e^{-u}]_0^t-2\int_0^te^{-u}du$$
$$=te^{-t}+t+2[e^{-u}]_0^t=te^{-t}+t+2e^{-t}-2=te^{-t}+2e^{-t}+t-2$$ 答

ポイント

㋐ 公式3 ②

㋑ 公式3 ⑤
$$\mathcal{L}^{-1}\left(\frac{1}{(s-\alpha)^n}\right)=\frac{t^{n-1}e^{\alpha t}}{(n-1)!}$$

㋒ 公式3 ①

㋓ 像の平行移動
$$\mathcal{L}(e^{\alpha t}f(t))=F(s-\alpha)$$
$$\mathcal{L}^{-1}\left(\frac{1}{s}\right)=1$$
より
$$\mathcal{L}^{-1}\left(\frac{1}{s+1}\right)=e^{-t}$$

㋔ たたみ込み積分公式

㋕ 部分積分法

練習問題 5-8

解答 p. 229

次のラプラス変換を部分分数に分解して，原像 $f(t)$ を求めよ．

(1) $F(s)=\dfrac{s^2+2s-4}{s(s-2)(s^2+4)}$　　(2) $F(s)=\dfrac{s^2+1}{(s+1)^3}$

問題 5-9 ▼ラプラス変換による線形微分方程式（1）

次の微分方程式をラプラス変換を用いて解け．

(1) $y'' + y' - 6y = 0$　　$y(0) = 1,\ y'(0) = 1$

(2) $\dfrac{d^2x}{dt^2} + 2\dfrac{dx}{dt} + x = 2$　　$x(0) = 0,\ x'(0) = 0$

●考え方●

(1) $\mathcal{L}\{y(t)\} = Y(s)$ とおくと，定理 5-1 より $\mathcal{L}(y') = sY(s) - y(0) = sY - 1$

$\mathcal{L}(y'') = s^2Y(s) - sy(0) - y'(0) = s^2Y - s - 1$ ……㊍

(2) $\mathcal{L}\{x(t)\} = X(s)$ とおく．

解答

(1) $y'' + y' - 6y = 0$ ㋐ の辺々にラプラス変換を行うと，

$\mathcal{L}(y''+y'-6y)=0,\ \mathcal{L}(y'')+\mathcal{L}(y')-6\mathcal{L}(y)=0$

$\Leftrightarrow\ (s^2Y - s - 1) + (sY - 1) - 6Y = 0$ ㋑

$\Leftrightarrow\ (s^2 + s - 6)Y = s + 2$

$$Y = \frac{s+2}{(s+3)(s-2)} = \frac{s-2+4}{(s+3)(s-2)}$$

$$= \frac{1}{s+3} + \frac{4}{(s+3)(s-2)}$$

$$= \frac{1}{s+3} + \frac{4}{5}\left(\frac{1}{s-2} - \frac{1}{s+3}\right) = \frac{4}{5}\frac{1}{s-2} + \frac{1}{5}\frac{1}{s+3}$$

両辺に逆ラプラス変換を行うと，

$$y(t) = \frac{4}{5}\mathcal{L}^{-1}\left(\frac{1}{s-2}\right) + \frac{1}{5}\mathcal{L}^{-1}\left(\frac{1}{s+3}\right)\ ㋒$$

$$= \frac{4}{5}e^{2t} + \frac{1}{5}e^{-3t}\ ㋓$$　答

(2) $\mathcal{L}(x'' + 2x' + x) = \mathcal{L}(2)$

$$\Leftrightarrow\ \{s^2X - s\underset{0}{\underline{x(0)}} - \underset{0}{\underline{x'(0)}}\} + 2\{sX(s) - \underset{0}{\underline{x(0)}}\} + X(s) = \frac{2}{s}$$

$$\Leftrightarrow\ (s^2+2s+1)X = \frac{2}{s},$$

$$X = \frac{2}{s(s+1)^2}\ ㋔ = 2\left(\frac{1}{s} - \frac{1}{s+1} - \frac{1}{(s+1)^2}\right)$$

両辺に逆ラプラス変換を行うと，

$$x(t) = 2\left\{\mathcal{L}^{-1}\left(\frac{1}{s}\right) - \mathcal{L}^{-1}\left(\frac{1}{s+1}\right) - \mathcal{L}^{-1}\left(\frac{1}{(s+1)^2}\right)\right\}$$

$$= 2(1 - e^{-t} - te^{-t})$$　答

ポイント

㋐ 問題 4-10 (p.120) と同じ微分方程式

㋑「考え方」の㊍を代入．

㋒ $\mathcal{L}(1) = \dfrac{1}{s}$ をそれぞれ 2, -3 平行移動．定理 5-2 ④の像の平行移動

㋓ p.120 の解

$y = C_1e^{2t} + C_2e^{-3t}$

で，$y(0) = 1,\ y'(0) = 1$ の初期条件から

$$\begin{cases} C_1 + C_2 = 1 \\ 2C_1 - 3C_2 = 1 \end{cases}$$

これを解いて，

$C_1 = \dfrac{4}{5},\ C_2 = \dfrac{1}{5}$

解が一致する．

㋔ $\dfrac{1}{s(s+1)^2}$

$$= \left(\frac{1}{s} - \frac{1}{s+1}\right)\frac{1}{s+1}$$

$$= \frac{1}{s} - \frac{1}{s+1} - \frac{1}{(s+1)^2}$$

練習問題　5-9　(p. 120 問題 4-10 (5), (3) と同)　　解答 p. 229

次の微分方程式をラプラス変換を用いて解け．

(1) $x'' - 2x' + 10x = 0$　　$x(0) = 1,\ x'(0) = 0$

(2) $x''' - 3x'' + 3x' - x = 0$　　$x(0) = 1,\ x'(0) = 0,\ x''(0) = 0$

問題 5-⑩ ▼ラプラス変換による線形微分方程式（2）

次の微分方程式をラプラス変換を用いて解け．

(1) $\dfrac{d^2x}{dt^2} - 3\dfrac{dx}{dt} + 2x = e^{5t} \qquad x(0) = 0,\ x'(0) = 0$

(2) $\dfrac{d^3x}{dt^3} - \dfrac{d^2x}{dt^2} - \dfrac{dx}{dt} + x = e^{t} \qquad x(0) = 0,\ x'(0) = 0,\ x''(0) = 0$

●考え方●

p. 121 問題 4-⑪と同じ微分方程式

$\mathscr{L}\{x(t)\} = X(s),\ \mathscr{L}\{x'(t)\} = sX(s) - x(0)$

$\mathscr{L}\{x''(t)\} = s^2X(s) - sx(0) - x'(0)$

$\mathscr{L}\{x'''(t)\} = s^3X(s) - s^2x(0) - sx'(0) - x''(0)$ を用いる．

解答

(1) $\mathscr{L}(x'' - 3x' + 2x) = \underset{㋐}{\mathscr{L}(e^{5t})}$

$\Leftrightarrow (s^2X - s\underset{=0}{x(0)} - \underset{=0}{x'(0)}) - 3(sX - \underset{=0}{x(0)}) + 2X = \dfrac{1}{s-5}$

$\Leftrightarrow (s^2 - 3s + 2)X = \dfrac{1}{s-5}$

$X = \underset{㋑}{\dfrac{1}{(s-1)(s-2)(s-5)}} = \dfrac{1}{4}\underset{㋒}{\dfrac{1}{s-1}} - \dfrac{1}{3}\underset{㋒}{\dfrac{1}{s-2}} + \dfrac{1}{12}\underset{㋒}{\dfrac{1}{s-5}}$

両辺に逆ラプラス変換を行うと，

$\underset{㋓}{x(t)} = \dfrac{1}{4}e^{t} - \dfrac{1}{3}e^{2t} + \dfrac{1}{12}e^{5t}$ 答

(2) $\mathscr{L}(x''' - x'' - x' + x) = \mathscr{L}(e^{t})$

$\Leftrightarrow (s^3 - s^2 - s + 1)X = \dfrac{1}{s-1},\quad X = \dfrac{1}{(s-1)^3(s+1)}$

ここで，

$\dfrac{1}{(s-1)^3(s+1)} = \dfrac{1}{2}\left(\dfrac{1}{s-1} - \dfrac{1}{s+1}\right)\cdot\dfrac{1}{(s-1)^2}$

$= \dfrac{1}{2}\dfrac{1}{(s-1)^3} - \dfrac{1}{4}\left(\dfrac{1}{s-1} - \dfrac{1}{s+1}\right)\cdot\dfrac{1}{s-1}$

$= \dfrac{1}{2}\dfrac{1}{(s-1)^3} - \dfrac{1}{4}\dfrac{1}{(s-1)^2} + \dfrac{1}{8}\left(\dfrac{1}{s-1} - \dfrac{1}{s+1}\right)$

$\therefore\ x(t) = \dfrac{1}{2}\mathscr{L}^{-1}\left\{\dfrac{1}{(s-1)^3}\right\} - \dfrac{1}{4}\mathscr{L}^{-1}\left\{\dfrac{1}{(s-1)^2}\right\} + \dfrac{1}{8}\mathscr{L}^{-1}\left(\dfrac{1}{s-1}\right) - \dfrac{1}{8}\mathscr{L}^{-1}\left(\dfrac{1}{s+1}\right)$

$= \underset{㋔}{\dfrac{1}{4}t^2e^{t} - \dfrac{1}{4}te^{t} + \dfrac{1}{8}e^{t} - \dfrac{1}{8}e^{-t}}$ 答

ポイント

㋐ 定理 5-1 ②

㋑ $\left(\dfrac{1}{s-2} - \dfrac{1}{s-1}\right)\dfrac{1}{s-5}$

$= \dfrac{1}{3}\left(\dfrac{1}{s-5} - \dfrac{1}{s-2}\right)$

$- \dfrac{1}{4}\left(\dfrac{1}{s-5} - \dfrac{1}{s-1}\right)$

㋒ 公式 3 の④

$\mathscr{L}^{-1}\left(\dfrac{1}{s-\alpha}\right) = e^{\alpha t}$

㋓ p. 121 の一般解に初期条件をあてはめると，

$C_1 = \dfrac{1}{4},\ C_2 = -\dfrac{1}{3}$

となり一致する．

㋔ p. 121 の一般解で

$x(t) = e^{x}(C_1 + C_2x)$

$+ C_3e^{-x} + \dfrac{1}{4}x^2e^{x}$

$x(0) = x'(0) = x''(0) = 0$

から $C_1 = \dfrac{1}{8},\ C_2 = -\dfrac{1}{4},$

$C_3 = -\dfrac{1}{8}$ となり一致する．

練習問題 5-10　　解答 p. 230

次の微分方程式をラプラス変換を用いて解け．

$y'' - 3y' + 2y = 4e^{3t} \qquad y(0) = 0,\ y'(0) = 1$

問題 5-11 ▼ラプラス変換による線形微分方程式（3）

次の微分方程式をラプラス変換を用いて表せ.

$$y'' - 4y' + 3y = 1 + e^t$$

$y(t)$ を $y(0)$, $y'(0)$ を用いて表せ.

●考え方●

初期値が具体的に与えていないタイプ.

$\mathscr{L}\{y(t)\} = Y(s)$, $\mathscr{L}\{y'(t)\} = sY(s) - y(0)$, $\mathscr{L}\{y''(t)\} = s^2Y(s) - sy(0) - y'(0)$

解答

与式をラプラス変換すると,

$$\mathscr{L}(y'' - 4y' + 3y) = \underline{\mathscr{L}(1 + e^t)}_{㋐}$$

$$\{s^2Y - sy(0) - y'(0)\} - 4\{sY - y(0)\} + 3Y = \frac{1}{s} + \frac{1}{s-1}$$

$$\Leftrightarrow \ (s^2 - 4s + 3)Y = \frac{1}{s} + \frac{1}{s-1} + y(0)(s-4) + y'(0)$$

$$Y = \underline{\frac{1}{s(s-1)(s-3)}}_{㋑} + \underline{\frac{1}{(s-1)^2(s-3)}}_{㋒}$$

$$+ y(0)\underline{\frac{s-4}{(s-1)(s-3)}}_{㋓} + y'(0)\underline{\frac{1}{(s-1)(s-3)}}_{㋔}$$

$$= \left(\frac{1}{3}s - \frac{1}{2}\frac{1}{s-1} + \frac{1}{6}\frac{1}{s-3}\right)$$

$$+ \left(-\frac{1}{2}\frac{1}{(s-1)^2} - \frac{1}{4}\frac{1}{s-1} + \frac{1}{4}\frac{1}{s-3}\right)$$

$$+ \frac{y(0)}{2}\left(\frac{3}{s-1} - \frac{1}{s-3}\right) - \frac{y'(0)}{2}\left(\frac{1}{s-1} - \frac{1}{s-3}\right)$$

$$= \frac{1}{3}\frac{1}{s} - \frac{3}{4}\underline{\frac{1}{s-1}}_{㋕} + \frac{5}{12}\underline{\frac{1}{s-3}}_{㋖} - \frac{1}{2}\underline{\frac{1}{(s-1)^2}}_{㋗}$$

$$+ \frac{1}{2}\{3y(0) - y'(0)\}\frac{1}{s-1} - \frac{1}{2}\{y(0) - y'(0)\}\frac{1}{s-3}$$

両辺に逆ラプラス変換を行うと,

$$y(t) = \frac{1}{3}t - \frac{3}{4}e^t + \frac{5}{12}e^{3t} - \frac{1}{2}te^t + \frac{1}{2}\{3y(0) - y'(0)\}e^t$$

$$- \frac{1}{2}\{y(0) - y'(0)\}e^{3t}$$ 答

ポイント

㋐ 定理 5-1 ①, ② p. 136

$$\mathscr{L}(1) = \frac{1}{s}$$

$$\mathscr{L}(e^t) = \frac{1}{s-1}$$

㋑ $$\left(\frac{1}{s-1} - \frac{1}{s}\right)\frac{1}{s-3}$$

$$= \frac{1}{2}\left(\frac{1}{s-3} - \frac{1}{s-1}\right)$$

$$-\frac{1}{3}\left(\frac{1}{s-3} - \frac{1}{s}\right)$$

$$= \frac{1}{3}\frac{1}{s} - \frac{1}{2}\frac{1}{s-1} + \frac{1}{6}\frac{1}{s-3}$$

㋒ $$\frac{1}{2}\left(\frac{1}{s-3} - \frac{1}{s-1}\right)\frac{1}{s-1}$$

$$= \frac{1}{4}\left(\frac{1}{s-3} - \frac{1}{s-1}\right)$$

$$-\frac{1}{2}\frac{1}{(s-1)^2}$$

㋓ $$\frac{s-4}{(s-1)(s-3)}$$

$$= \frac{1}{2}\left(\frac{3}{s-1} - \frac{1}{s-3}\right)$$

㋔ $$\frac{1}{2}\left(\frac{1}{s-3} - \frac{1}{s-1}\right)$$

㋕ $$\mathscr{L}^{-1}\left(\frac{1}{s-1}\right) = e^t$$

㋖ $$\mathscr{L}^{-1}\left(\frac{1}{s-3}\right) = e^{3t}$$

㋗ $$\mathscr{L}^{-1}\left(\frac{1}{(s-1)^2}\right) = te^t$$

《注意》上の解は任意の初期条件を満たす解になっている. $y(0), y'(0)$ が与えてある場合, 上式の $y(0), y'(0)$ に代入すればよい.

練習問題　5-11　　　解答 p. 230

次の微分方程式をラプラス変換を用いて表せ.

$$y'' - 7y' + 12y = 11\cos t + 7\sin t \qquad y(0) = 1, \ y'(0) = 1$$

問題 5-⑫ ▼ラプラス変換による線形微分方程式（4）

$$y'' - 4y' + 5y = 5t^2 - 3t - 2 \qquad y(0) = 1,\ y'(0) = 4$$

の微分方程式を次の方法で解け．

(1) ラプラス変換を用いて解け．

(2) 微分演算子 D（Chapter 4）を用いて解け．

●考え方●

(1) $\mathcal{L}(y'' - 4y' + 5y) = \mathcal{L}(5t^2 - 3t - 2)$，$(s^2 - 4s + 5)Y = s + \dfrac{10}{s^3} - \dfrac{3}{s^2} - \dfrac{2}{s}$

(2) p. 123 問題 4-⑬と同じ方法で解いてみる．

解答

(1) 与式の辺々をラプラス変換すると，

$\underbrace{\mathcal{L}(y'' - 4y' + 5y)}_{㋐} = \underbrace{\mathcal{L}(5t^2 - 3t - 2)}_{㋑}$

$$\Leftrightarrow\ (s^2 - 4s + 5)Y = s + \frac{10}{s^3} - \frac{3}{s^2} - \frac{2}{s}$$

$$Y = \frac{1}{s^2 - 4s + 5} \cdot \frac{s^4 - 2s^2 - 3s + 10}{s^3} = \frac{s^4 - 2s^2 - 3s + 10}{\{(s-2)^2 + 1\}s^3}$$

ここで，

分子 $= s^4 - 2s^2 - 3s + 10 = s^3(s-2) + 2s^3 - 2s^2 - 3s + 10$

$= s^3(s-2) + s^3 + \underbrace{s^3 - 2s^2 - 3s + 10}_{㋒}$ と変形でき，

$$Y = \frac{s-2}{(s-2)^2 + 1} + \frac{1}{(s-2)^2 + 1} + \frac{2}{s^3} + \frac{1}{s^2}$$

逆ラプラス変換㋓をすると，

$y(t) = e^{2t}(\cos t + \sin t) + t^2 + t$　答

(2) $(D^2 - 4D + 5)y = 5t^2 - 3t - 2$

補関数は㋔　$y = e^{2t}(C_1 \cos t + C_2 \sin t)$

$\underbrace{y(0) = 1,\ y'(0) = 4}_{㋕}$ より，$C_1 = 1$，$C_2 = 1$

$$\therefore\ y = e^{2t}(\cos t + \sin t)$$

特殊解は，$y = \dfrac{1}{D^2 - 4D + 5}(5t^2 - 3t - 2)$

$$= \underbrace{\left(\frac{1}{5} + \frac{4}{25}D + \frac{11}{125}D^2 + \cdots\right)}_{㋖}(5t^2 - 3t - 2)$$

$$= \left(t^2 - \frac{3}{5}t - \frac{2}{5}\right) + \frac{4}{25}(10t - 3) + \frac{11}{125}(10) = t^2 + t$$

$$\therefore\ y(t) = e^{2t}(\cos t + \sin t) + t^2 + t$$　答

ポイント

㋐ $\mathcal{L}(y'')$
$= s^2Y - sy(0) - y'(0)$
$= s^2Y - s - 4$

㋑ $\mathcal{L}(y') = sY - y(0)$
$= sY - 1$

㋒ $s^2 - 4s + 5$ で割って表すと，$(s^2 - 4s + 5)(s + 2)$

㋓ 公式3 (p. 135)
⑧, ⑨, ③を用いる．

㋔ $f(x) = x^2 - 4x + 5$
とおくと，$f(x) = 0$ の解が $x = 2 \pm i$.

㋕ $C_1 = 1$
$y'(0) = 4 \Leftrightarrow 2C_1 + C_2 + 1 = 4$
から $C_2 = 1$

㋖ 1 を $5 - 4D + D^2$ で割る．
$D^i(5t^2 - 3t - 2) = 0$
$(i \geqq 3)$ である．

練習問題 5-12　　解答 p. 230

次の微分方程式をラプラス変換を用いて解け．

(1) $y'' + 3y' - 4y = \sin 2x$　（問題 4-⑭(3)と同）

(2) $y'' - 3y' - 4y = e^{4x}\sin x$　（問題 4-⑮と同）

問題 5-⑬ ▼ラプラス変換による線形微分方程式（5）

問題 4-⑫ （p. 122）の次の微分方程式

$$y'' - 2y' - 3y = t^2$$

をラプラス変換を用いて解け．

●考え方●

$\alpha = y(0)$，$\beta = y'(0)$ とおくと，

$$\mathcal{L}(y'' - 2y' - 3y) = \mathcal{L}(t^2) \Leftrightarrow \{s^2Y(s) - \alpha s - \beta\} - 2\{sY(s) - \alpha\} - 3Y(s) = \frac{2}{s^3}$$

$$\Leftrightarrow (s^2 - 2s - 3)Y(s) = \alpha s + 2\alpha - \beta + \frac{2}{s^3}$$

$$\therefore\ Y(s) = \frac{\alpha s + 2\alpha - \beta}{(s-3)(s+1)} + \frac{2}{(s-3)(s+1)s^3}$$

解答

与式にラプラス変換を行うと，

$$Y(s) = \underbrace{\frac{\alpha s + 2\alpha - \beta}{(s-3)(s+1)}}_{㋐} + \underbrace{\frac{2}{(s-3)(s+1)s^3}}_{㋑}$$

$$= \frac{A_1}{s-3} + \frac{A_2}{s+1} + \underbrace{\frac{a}{s-3} + \frac{b}{s+1} + \frac{c}{s} + \frac{d}{s^2} + \frac{e}{s^3}}_{㋒}$$

㋒の分子

$$= a(s+1)s^3 + b(s-3)s^3 + c(s-3)(s+1)s^2 + d(s-3)(s+1)s + e(s-3)(s+1)$$

$$= a(s^4 + s^3) + b(s^4 - 3s^3) + c(s^4 - 2s^3 - 3s^2) + d(s^3 - 2s^2 - 3s) + e(s^2 - 2s - 3)$$

が㋑の分子に等しくなる条件式は，

$$\begin{cases} a+b+c=0 \\ a-3b-3c+d=0 \\ -3c-2d+e=0 \\ -3d-2e=0 \\ -3e=2 \end{cases} \quad \therefore \begin{cases} e=-\dfrac{2}{3},\ d=\dfrac{4}{9} \\ c=-\dfrac{14}{27},\ b=\dfrac{1}{2},\ a=\dfrac{1}{54} \end{cases}$$

よって，

$$Y(s) = \frac{A_1}{s-3} + \frac{A_2}{s+1} + \frac{1}{54}\frac{1}{s-3} + \frac{1}{2}\frac{1}{s+1} - \frac{14}{27}\frac{1}{s} + \frac{4}{9}\frac{1}{s^2} - \frac{2}{3}\frac{1}{s^3}$$

$$\therefore\ Y(s) = \underbrace{\frac{C_1}{s-3}}_{㋔} + \underbrace{\frac{C_2}{s+1}}_{㋕} - \frac{2}{3}\underbrace{\frac{1}{s^3}}_{㋖} + \frac{4}{9}\underbrace{\frac{1}{s^2}}_{㋖} - \frac{14}{27}\underbrace{\frac{1}{s}}_{㋖}$$

両辺に逆ラプラス変換を行うと，

$$y(t) = C_1e^{3t} + C_2e^{-t} - \frac{1}{3}t^2 + \frac{4}{9}t - \frac{4}{27}$$ 答

ポイント

㋐ 分子は s の1次式であり，$\dfrac{A_1}{s-3} + \dfrac{A_2}{s+1}$ と（A_1, A_2：任意定数）部分分数分解できる．A_1, A_2 を α, β で表さなくてよい．

㋑, ㋒　㋑＝㋒となるように a〜e を決定する．

㋓　㋑の分子の定数項は2, s^4, s^3, s^2, s の係数は0.

㋔ $C_1 = A_1 + \dfrac{1}{54}$

㋕ $C_2 = A_2 + \dfrac{1}{2}$

㋖ $\mathcal{L}^{-1}\left(\dfrac{1}{s^3}\right) = \dfrac{1}{2}t^2$

$\mathcal{L}^{-1}\left(\dfrac{1}{s^2}\right) = t$

$\mathcal{L}^{-1}\left(\dfrac{1}{s}\right) = 1$

練習問題　5-13　解答 p. 231

次の微分方程式をラプラス変換を用いて解け．

$$y''' - 6y'' + 12y' - 8y = 3te^{2t}$$

問題 5-⑭ ▼ラプラス変換による線形微分方程式(6)

問題 4-⑯ (p. 126) の次の微分方程式

$$y''' + y'' + y' + y = \sin 2t + \cos 3t$$

をラプラス変換を用いて解け.

●考え方●

$\alpha = f(0)$, $\beta = f'(0)$, $\gamma = f''(0)$ とおくと, $\mathcal{L}(y''') = s^3Y(s) - \alpha s^2 - \beta s - \gamma$

$\mathcal{L}(y'') = s^2Y(s) - \alpha s - \beta$, $\mathcal{L}(y') = sY(s) - \alpha$

$\mathcal{L}(\sin 2t) = \dfrac{2}{s^2+4}$, $\mathcal{L}(\cos 3t) = \dfrac{s}{s^2+9}$

解答 与式の辺々をラプラス変換を行うと,

$$(s^3+s^2+s+1)Y(s) = s\text{の2次式} + \frac{2}{s^2+4} + \frac{s}{s^2+9}$$

$$Y(s) = \underbrace{\frac{s\text{の2次式}}{(s+1)(s^2+1)}}_{㋐} + \underbrace{\frac{2}{(s+1)(s^2+1)(s^2+4)}}_{①} + \underbrace{\frac{s}{(s+1)(s^2+1)(s^2+9)}}_{②}$$

$$① = \frac{2}{3}\left(\frac{1}{(s+1)(s^2+1)} - \underbrace{\frac{1}{(s+1)(s^2+4)}}_{㋑}\right)$$

$$= \frac{B_1s}{s^2+1} + \frac{B_2}{s^2+1} + \frac{B_3}{s+1} + \frac{2}{15}\left(\frac{s-1}{s^2+4} - \frac{1}{s+1}\right)$$

$$② = \frac{1}{8}\left(\frac{1}{s^2+1} - \frac{1}{s^2+9}\right)\underbrace{\left(1 - \frac{1}{s+1}\right)}_{㋓}$$

$$= \frac{1}{8}\left(\frac{1}{s^2+1} - \frac{1}{(s+1)(s^2+1)}\right) - \frac{1}{8}\left(\frac{1}{s^2+9} - \underbrace{\frac{1}{(s+1)(s^2+9)}}_{㋔}\right)$$

$$= \frac{1}{8}\left(\frac{1}{s^2+1} - \frac{1}{(s+1)(s^2+1)}\right) - \frac{1}{8}\frac{1}{s^2+9} + \underbrace{\frac{1}{80}\left(\frac{1}{s+1} - \frac{s-1}{s^2+9}\right)}_{㋔}$$

$$= \frac{C_1s}{s^2+1} + \frac{C_2}{s^2+1} + \frac{C_3}{s+1} + \frac{1}{80}\left(-\frac{s}{s^2+9} - \frac{9}{s^2+9}\right)$$

この結果より,

$$Y(s) = \underbrace{\frac{d_1s}{s^2+1} + \frac{d_2}{s^2+1} + \frac{d_3}{s+1}}_{㋕} + \frac{1}{15}\left(\frac{2s}{s^2+4} - \frac{2}{s^2+4}\right) + \frac{1}{80}\left(-\frac{s}{s^2+9} - \frac{3\cdot 3}{s^2+9}\right)$$

辺々に逆ラプラス変換を行うと,

$$y(t) = d_1\cos t + d_2\sin t + d_3e^{-t} + \frac{1}{15}(2\cos 2t - \sin 2t) + \frac{1}{80}(-\cos 3t - 3\sin 3t)$$

(d_1, d_2, d_3:任意定数) 答

ポイント

㋐ 任意定数 A_1, A_2, A_3 を用いて,
$\dfrac{A_1s}{s^2+1} + \dfrac{A_2}{s^2+1} + \dfrac{A_3}{s+1}$
と部分分数分解できる.

㋑ $\dfrac{1}{(s+1)(s^2+4)} = \dfrac{1}{5}\left(\dfrac{1}{s+1} - \dfrac{s-1}{s^2+4}\right)$

㋒ 部分分数分解で
$\dfrac{s}{s^2+1}$, $\dfrac{1}{s^2+1}$, $\dfrac{1}{s+1}$
の項は任意定数 B_1, B_2, B_3 を用いて表す.

㋓ $\dfrac{s}{s+1} = 1 - \dfrac{1}{s+1}$

㋔ $\dfrac{1}{(s+1)(s^2+9)} = \dfrac{1}{10}\left(\dfrac{1}{s+1} - \dfrac{s-1}{s^2+9}\right)$

㋕ $\dfrac{s}{s^2+1}$, $\dfrac{1}{s^2+1}$, $\dfrac{1}{s+1}$
の項を任意定数 d_1, d_2, d_3 で表す.

練習問題 5-14 解答 p. 231

$y'''' - 2y'' + y = 12te^t$ をラプラス変換を用いて解け. ただし,
$y(0) = y'(0) = y''(0) = y'''(0) = 0$ とする.

問題 5-⑮ ▼ラプラス変換による線形微分方程式（7）

$ty'' + (3t - 1)y' + 2ty = 0 \qquad y(0) = 0,\ y''(0) = 2$

の微分方程式を解け．

●考え方●

多項式係数の微分方程式である．$\mathscr{L}\{f(t)\} = F(s)$ とすると，像の微分公式 (p. 138) $\mathscr{L}\{tf(t)\} = -F'(s)$ を活用する．

解答

$\mathscr{L}(y) = Y(s)$ とおくと，$\mathscr{L}(y') = sY - \underset{0}{\underline{y(0)}} = sY$

$\mathscr{L}(y'') = s^2Y - s\underset{0}{\underline{y(0)}} - \underset{a}{\underline{y'(0)}} = s^2Y - a$ （$y'(0) = a$ とおく）

与式の辺々にラプラス変換を行うと，

$$\underbrace{\mathscr{L}(ty'')}_{㋐} + 3\underbrace{\mathscr{L}(ty')}_{㋑} - \underbrace{\mathscr{L}(y')}_{㋒} + 2\underbrace{\mathscr{L}(ty)}_{㋓} = 0$$

$$\Leftrightarrow -\left(2sY + s^2\frac{dY}{ds}\right) - 3\left(Y + s\frac{dY}{ds}\right) - sY + 2\left(-\frac{dY}{ds}\right) = 0$$

$$\Leftrightarrow \left(2sY + s^2\frac{dY}{ds}\right) + 3\left(Y + s\frac{dY}{ds}\right) + sY + 2\frac{dY}{ds} = 0$$

$$\Leftrightarrow (s^2 + 3s + 2)\frac{dY}{ds} = -3(s + 1)Y$$

$$\Leftrightarrow (s + 1)(s + 2)\frac{dY}{ds} = -3(s + 1)Y$$

から，$\underbrace{(s + 2)\dfrac{dY}{ds} = -3Y}_{㋔}$

$$\int\frac{dY}{Y} = -\int\frac{3}{s + 2}ds$$

$$\log|Y| = -3\log|s + 2| + C_1 = \log\frac{e^{C_1}}{|s + 2|^3}$$

$$\therefore\ Y = \frac{C}{(s + 2)^3} \quad (C = \pm e^{C_1})$$

両辺に逆ラプラス変換を行うと，

$$\underbrace{y(t) = \frac{C}{2}t^2e^{-2t}}_{㋕}, \quad y'(t) = C(t - t^2)e^{-2t}, \quad y''(t) = C(2t^2 - 4t + 1)e^{-2t}$$

$y''(0) = 2$ より $C = 2 \qquad \therefore\ y(t) = t^2e^{-2t}$ 答

ポイント

㋐ $\mathscr{L}(ty'') = -\dfrac{d}{ds}\{\mathscr{L}(y'')\}$

$= -\dfrac{d}{ds}(s^2Y - a)$

$= -\left(2sY + s^2\dfrac{dY}{ds}\right)$

㋑ $\mathscr{L}(ty') = -\dfrac{d}{ds}\{\mathscr{L}(y')\}$

$= -\dfrac{d}{ds}(sY)$

$= -\left(Y + s\dfrac{dY}{ds}\right)$

㋒ $\mathscr{L}(y') = sY - y(0)$

$= sY$

㋓ $\mathscr{L}(ty) = -\dfrac{d}{ds}\{\mathscr{L}(y)\}$

$= -\dfrac{dY}{ds}$

㋔ 変数分離形の微分方程式

㋕ $y''(0) = 2$ から C を決定する．

練習問題　5-15　解答 p. 231

$ty'' - (2t - 1)y' - 2y = 0 \qquad y(0) = 1,\ y'(0) = 2$

の微分方程式をラプラス変換を用いて解け．

問題 5-⑯ ▼連立微分方程式（1）

次の連立微分方程式をラプラス変換を用いて解け．

(1) $\begin{cases} x' = 5x - 2y \\ y' = x + 8y \end{cases}$ 　$x(0) = 1,\ y(0) = 1$

(2) $\begin{cases} x' = y + \cos t \\ y' = -x + \sin t \end{cases}$ 　$x(0) = 2,\ y(0) = 0$

●考え方●

$\mathscr{L}(x) = X,\ \mathscr{L}(y) = Y$ としてラプラス変換を行うと，

$$\begin{cases} \mathscr{L}(x') = 5\mathscr{L}(x) - 2\mathscr{L}(y) \\ \mathscr{L}(y') = \mathscr{L}(x) + 8\mathscr{L}(y) \end{cases} \Leftrightarrow \begin{cases} sX - x(0) = 5X - 2Y \\ sY - y(0) = X + 8Y \end{cases}$$

解答

(1) 与式の辺々にラプラス変換を行うと，

$$\begin{cases} (s-5)X + 2Y = 1 & \cdots① \\ -X + (s-8)Y = 1 & \cdots② \end{cases}$$ ㋐

これを解いて，

$(s^2 - 13s + 42)X = s - 10$ ㋑ から，

$$X = \frac{s-10}{(s-6)(s-7)} = \frac{4}{s-6} - \frac{3}{s-7}$$ ㋒

逆ラプラス変換を行うと，

$$\mathscr{L}^{-1}(X) = 4\mathscr{L}^{-1}\left(\frac{1}{s-6}\right) - 3\mathscr{L}^{-1}\left(\frac{1}{s-7}\right)$$

$\therefore\ x(t) = 4e^{6t} - 3e^{7t},\ y(t) = -2e^{6t} + 3e^{7t}$ ㋓ 答

(2) $\begin{cases} \mathscr{L}(x') = \mathscr{L}(y) + \mathscr{L}(\cos t) \\ \mathscr{L}(y') = -\mathscr{L}(x) + \mathscr{L}(\sin t) \end{cases}$

$$\Leftrightarrow \begin{cases} sX - x(0) = Y + \dfrac{s}{s^2+1} \\ sY - y(0) = -X + \dfrac{1}{s^2+1} \end{cases}$$

$$\Leftrightarrow \begin{cases} sX - Y = 2 + \dfrac{s}{s^2+1} \\ X + sY = \dfrac{1}{s^2+1} \end{cases}$$ ㋔ を解いて，

$(s^2+1)X = 2s + 1$

$X = \dfrac{2s}{s^2+1} + \dfrac{1}{s^2+1}$，逆ラプラス変換を行うと，

$x(t) = 2\cos t + \sin t,\ y(t) = x'(t) - \cos t = -2\sin t$ 答

ポイント

㋐「考え方」と $x(0) = 1,\ y(0) = 1$ より．

㋑ $(s-8) \times ① - 2 \times ②$ より，得られる．

㋒ $\dfrac{a}{s-6} - \dfrac{b}{s-7}$ となるように a, b を定める．

分子 $= (a-b)s + (-7a + 6b)$

$\begin{cases} a - b = 1 \\ -7a + 6b = -10 \end{cases}$

から $a = 4,\ b = 3$

㋓ $y(t) = \dfrac{1}{2}(5x - x')$

$= \dfrac{1}{2}(20e^{6t} - 15e^{7t} - 24e^{6t} + 21e^{7t})$

$= -2e^{6t} + 3e^{7t}$

㋔
$$\begin{array}{rl} & s^2X - sY = 2s + \dfrac{s^2}{s^2+1} \\ +) & X + sY = \dfrac{1}{s^2+1} \\ \hline & (s^2+1)X = 2s + 1 \end{array}$$

練習問題 5-16　解答 p. 232

$\begin{cases} x' = y - t \\ y' = -x + 1 \end{cases}$ 　$x(0) = 1,\ y(0) = 0$ 　を解け．

問題 5-17 ▼連立微分方程式（2）

連立微分方程式の解をラプラス変換を用いて求めよ．

$$\begin{cases} y_1' + y_2' - y_2 = e^t \\ 2y_1' + y_2' + 2y_2 = \cos t \end{cases}$$

●考え方●

$a = y_1(0)$，$b = y_2(0)$ とおき，2式の両辺にラプラス変換を行うと，

$$\begin{cases} (sY_1-a)+(sY_2-b)-Y_2=\dfrac{1}{s-1} \\ 2(sY_1-a)+(sY_2-b)+2Y_2=\dfrac{s}{s^2+1} \end{cases} \Leftrightarrow \begin{cases} sY_1+(s-1)Y_2=a+b+\dfrac{1}{s-1} \cdots ① \\ 2sY_1+(s+2)Y_2=2a+b+\dfrac{s}{s^2+1} \cdots ② \end{cases}$$

解答

2×①−②を求めて，$(s-4)Y_2=\dfrac{2}{s-1}-\dfrac{s}{s^2+1}+b$

$$Y_2 = \underbrace{\frac{2}{(s-4)(s-1)}}_{\text{ア}} - \underbrace{\frac{s}{(s-4)(s^2+1)}}_{\text{イ}} + \frac{b}{s-4}$$

$$= \frac{2}{3}\left(\frac{1}{s-4}-\frac{1}{s-1}\right)+\frac{4}{17}\frac{s}{s^2+1}-\frac{1}{17}\frac{1}{s^2+1}-\frac{4}{17}\frac{1}{s-4}+\frac{b}{s-4}$$

$$= \underbrace{\frac{22}{51}}_{\text{ウ}}\cdot\frac{1}{s-4}-\frac{2}{3}\frac{1}{s-1}+\frac{4}{17}\frac{s}{s^2+1}-\frac{1}{17}\frac{1}{s^2+1}+\frac{b}{s-4}$$

辺々に逆ラプラス変換を行うと，

$$y_2(t) = \frac{22}{51}e^{4t} - \frac{2}{3}e^t + \frac{4}{17}\cos t - \frac{1}{17}\sin t + be^{4t}$$

$$= \underbrace{C_1e^{4t}}_{\text{エ}} - \frac{2}{3}e^t + \frac{4}{17}\cos t - \frac{1}{17}\sin t$$

$$y_2'(t) = 4C_1e^{4t} - \frac{2}{3}e^t - \frac{4}{17}\sin t - \frac{1}{17}\cos t$$

$$y_1'(t) = y_2 - y_2' + e^t = -3C_1e^{4t} + \frac{5}{17}\cos t + \frac{3}{17}\sin t + e^t$$

辺々を t で積分して，

$$y_1(t) = \underbrace{-\frac{3}{4}C_1e^{4t}}_{\text{オ}} + e^t + \frac{5}{17}\sin t - \frac{3}{17}\cos t + \underbrace{C_2}_{\text{カ}}$$

以上より，C_1, C_2 を代入して整理すると，

$$\begin{cases} y_1(t) = -\dfrac{1}{2} + e^t - \dfrac{11}{34}e^{4t} + \dfrac{5}{17}\sin t - \dfrac{3}{17}\cos t + y_1(0) + \dfrac{3}{4}(1-e^{4t})y_2(0) \\ y_2(t) = -\dfrac{2}{3}e^t + \dfrac{22}{51}e^{4t} - \dfrac{1}{17}\sin t + \dfrac{4}{17}\cos t + y_2(0)e^{4t} \end{cases}$$

答

ポイント

ア $\dfrac{2}{(s-4)(s-1)}$

$= \dfrac{2}{3}\left(\dfrac{1}{s-4}-\dfrac{1}{s-1}\right)$

イ $\dfrac{s-4+4}{(s-4)(s^2+1)}$

$= \dfrac{1}{s^2+1} + \underbrace{\dfrac{4}{(s-4)(s^2+1)}}$

$= \dfrac{1}{s^2+1}$

$\quad + \underbrace{\dfrac{4}{17}\left(\dfrac{1}{s-4}-\dfrac{s+4}{s^2+1}\right)}$

$= \dfrac{1}{17}\left(\dfrac{4}{s-4}+\dfrac{1}{s^2+1}-\dfrac{4s}{s^2+1}\right)$

ウ $\left(\dfrac{2}{3}-\dfrac{4}{17}\right)\cdot\dfrac{1}{s-1}$

$= \dfrac{22}{51}\cdot\dfrac{1}{s-1}$

エ $C_1 = b + \dfrac{22}{51}$

$= y_2(0) + \dfrac{22}{51}$

オ $-\dfrac{3}{4}C_1 = -\dfrac{11}{34} - \dfrac{3}{4}y_2(0)$

カ $C_2 = y_1(0) + \dfrac{3}{4}y_2(0) - \dfrac{1}{2}$

練習問題　5-17

解答 p. 232

次の連立微分方程式をラプラス変換を用いて解け．

$$\begin{cases} x' + 2x + 3y = 0 \\ 3x + y' + 2y = 2e^{2t} \end{cases}$$

（問題 4-17（p. 127）と同）

問題 5-18 ▼連立微分方程式（3）

連立微分方程式の解をラプラス変換を用いて求めよ．

$(x'' + 2x' + x) + 2y' + 3z' = 1$ ……①

$x' + z = 0$ ……②

$x - y' - z' = 0$ ……③

●考え方●

p. 129 問題 4-19と同じ微分方程式．

②より $z = -x'$，③から $y' = x + x''$ これらを①式に代入して，

$\cancel{x''} + 2x' + x + 2(x + \cancel{x''}) - \cancel{3x''} = 1$，$2x' + 3x = 1$

解答

①, ②, ③から $2x' + 3x = 1$ (ア) を得る．

辺々にラプラス変換 (イ) を行うと，

$$2\mathcal{L}(x') + 3\mathcal{L}(x) = \mathcal{L}(1),\quad 2(sX - a) + 3X = \frac{1}{s}$$

$$(2s + 3)X = 2a + \frac{1}{s}$$

$$X = \frac{2a}{2s+3} + \frac{1}{s(2s+3)} = \frac{a}{s+\frac{3}{2}} + \frac{1}{3}\left(\frac{1}{s} - \frac{2}{2s+3}\right)$$

$$= \frac{1}{3}\frac{1}{s} + \frac{a - \frac{1}{3}}{s + \frac{3}{2}} = \frac{1}{3}\frac{1}{s} + \frac{C_1}{s + \frac{3}{2}} \text{(ウ)}$$

辺々に逆ラプラス変換を行うと，

$$x(t) = \frac{1}{3}\mathcal{L}^{-1}\left(\frac{1}{s}\right) + C_1\mathcal{L}^{-1}\left(\frac{1}{s + \frac{3}{2}}\right) = \frac{1}{3} + C_1 e^{-\frac{3}{2}t}$$

$$x'(t) = -\frac{3}{2}C_1 e^{-\frac{3}{2}t},\quad x''(t) = \frac{9}{4}C_1 e^{-\frac{3}{2}t} \text{ より}$$

$$y'(t) = x + x'' = \left(\frac{1}{3} + C_1 e^{-\frac{3}{2}t}\right) + \frac{9}{4}C_1 e^{-\frac{3}{2}t} = \frac{1}{3} + \frac{13}{4}C_1 e^{-\frac{3}{2}t}$$

辺々を t で積分して，$y(t) = \frac{1}{3}t - \frac{13}{6}C_1 e^{-\frac{3}{2}t} + C_2$　$z(t) = -x'(t) = \frac{3}{2}C_1 e^{-\frac{3}{2}t}$

以上より，一般解は，$x(t) = \frac{1}{3} + C_1 e^{-\frac{3}{2}t}$，$y(t) = \frac{1}{3}t - \frac{13}{6}C_1 e^{-\frac{3}{2}t} + C_2$，

$z(t) = \frac{3}{2}C_1 e^{-\frac{3}{2}t}$　(C_1, C_2：任意定数)　答

ポイント

(ア)「考え方」による．

(イ) $x(0) = a$
$\mathcal{L}(x) = X(s)$ とすると，
$\mathcal{L}(x') = sX - a$

(ウ) $C_1 = a - \frac{1}{3} = x(0) - \frac{1}{3}$
とおく．

練習問題　5-18　　解答 p. 232

$$\begin{cases} x' + y' + y = 1 & \cdots ① \\ x' - z' + 2x + z = 1 & \cdots ② \\ y' + z' + y + 2z = 0 & \cdots ③ \end{cases}$$

（**練習問題 4-19** と同　p. 129）

の連立微分方程式をラプラス変換を用いて解け．

コラム５　◆身のまわりの微分方程式４
自動制御と微分方程式

自動制御システムが内蔵された機器を身近な機器で思い浮かべてみると，車やクーラー，電気コタツなど多岐にわたる．

例えば，電気コタツは，あらかじめセットされた温度より熱くなりすぎると，熱くなりすぎたことを自ら検知して電流を切る．目標の温度より冷えてくると，再びスイッチが入って電流が流れ，温度を上げるシステムになっている．

自動制御のからくりを，巨大タンカーの航行を例にとってみる．タンカーの目標地を真東とする．北をゼロ度として，自動操縦装置の目盛を $90°$ に合わせると，自動操縦装置は船首をいつも $90°$ の方向に向けてコントロールしてくれる（船首の方向を知るには，今はジャイロ装置を使ったり，地上局からの電波を根拠にしたりする）．

読み取られた方向が $87°$ であったとすると，目標値に対して $3°$ 足りない．$3°$ だけ船首の方向を振るための修正動作が行われる．修正動作がいきすぎて $91°$ になったとすると，すぐに $1°$ だけ船首を戻す動作が行われる．このように目標値と比較して，その誤差に相応した修正動作を自ら行うことが自動制御である．

それでは，どのような修正動作をするのが上手な自動制御だろうか．

タイプ１

目標値へ引き戻そうとする力が誤差量 x に比例した力だけあるなら，x は

$$m\frac{d^2x}{dt^2} = -kx$$

で表される．これは Chapter 3 コラム３（p. 90）のばね運動で空気抵抗が無い状態と同じである．

p. 89－**練習問題 3-14** から一般解は $b = \dfrac{k}{m}$ とおくと，

$x = C_1\cos\sqrt{b}\,t + C_2\sin\sqrt{b}\,t = A\sin(\sqrt{b}\,t + B)$ であり，

運動の状態は右図となる．

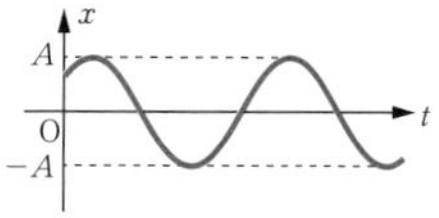

これであると誤差は，プラスになったりマイナスになったりするばかりで，いつになっても消滅しない．船はジグザグ運動を続けることになり，上手な自動制御とはいえない．

タイプ1を改善して，

タイプ2

目標値に引き戻そうとする力のほかに，引き戻される速度に比例して運動を止めさせる力を加えてやると，x は

$$m\frac{d^2x}{dt^2} = -h\frac{dx}{dt} - kx \qquad (h > 0,\ k > 0)$$

で表される．これは Chapter 3 コラム3（p. 90）のばね運動で空気抵抗がある状態と同じである．

p. 89 — 問題 3-14 から $x'' + ax' + bx = 0\left(a = \dfrac{h}{m},\ b = \dfrac{k}{m}\right)$ の特性方程式 $s^2 + as + b = 0$ の2解を s_1, s_2 とすると，

(i) $D = a^2 - 4b > 0$ のとき，一般解は

$$x = C_1 e^{s_1 t} + C_2 e^{s_2 t} \quad (s_1 < 0,\ s_2 < 0)$$

運動の状態は右図.

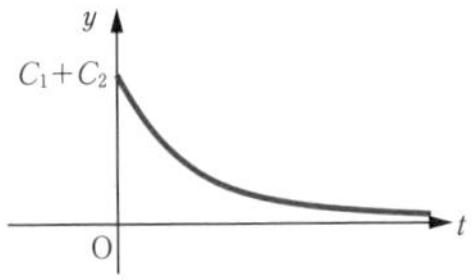

(ii) $D = a^2 - 4b = 0$ のとき，一般解は

$$x = C_1 e^{-\frac{a}{2}t} + C_2 t e^{-\frac{a}{2}t}$$

運動の状態は2つの運動を合成したもので p. 89 の図となる．

(iii) $D = a^2 - 4b < 0$ のとき，

$$x = e^{-\frac{a}{2}t}(C_1\cos\beta t + C_2\sin\beta t)$$
$$= Ae^{-\frac{a}{2}t}\sin(\beta t + B)$$

運動の状態は右図.

(i), (ii), (iii) すべて $\lim_{t\to\infty} x = 0$ となり，振動はだんだん減衰して，目標値ぴったりに安定してゆく．かなり気のきいた自動制御である．

実際の自動制御は，もう少し複雑な微分方程式を使用する．それは突風など外部からの影響を考慮しなければならないからである．

よって，自動制御を扱う人たちは，日々微分方程式との格闘である．ところが微分方程式は今まで紹介してきたように，かなりのくせものである．微分方程式にまっこうから取り組むのは重労働である．もう少し楽をする方法はないか？　さまざまな解法が工夫され考えられた．その1つが Chapter 4 の演算子を用いての解法であり，Chapter 5 のラプラス変換の利用である．また，これから登場する Chapter 6 の級数解法もその1つである．

Chapter **6**

級数による解法

級数を利用して，微分方程式の解を求める
方法を学ぶ．
そして，応用上極めて重要なルジャンドルの微分方程式，
ベッセルの微分方程式の解法を学ぶ．

基本事項

Chapter 6 は，微分方程式の解を級数解として求める．これは，解を無限級数の形に仮定し，もとの方程式に代入して，方程式を満足するように未定の係数を決める方法である．この方法はいつも適用できるわけではないが，問題によっては微分方程式の解法として有効である．べき級数展開はすでに「微分・積分」で学んでいることと思う．

1 ではべき級数展開の重要な性質を復習する．**2** では微分方程式の解を幾つかの例題を用いて，級数による解法を説明する．**3** ではルジャンドルの微分方程式を取り上げる．**4** ではベッセルの微分方程式を取り上げる．

1 べき級数

❶ べき級数展開

$$a_0 + a_1x + a_2x^2 + a_3x^3 + \cdots\cdots \quad \cdots①$$

という形の式を**べき級数**（または**整級数**）という．

べき級数①に対しては，$|x| < r$ ならば①はつねに収束する，$|x| > r$ ならば①は決定して収束しない，という r が定まる．r をべき級数①の**収束半径**という．

収束半径 r は

$$\lim_{n\to\infty}\frac{|a_n|}{|a_{n+1}|} \quad \cdots②$$

が存在するならば，この値に等しい（ダランベールの公式）．

これは次のように考えてもよい．第 n 項と第 $n+1$ 項の比が 1 より小さいとき収束し，

$$\lim_{n\to\infty}\left|\frac{a_{n+1}x^{n+1}}{a_nx^n}\right| = \lim_{n\to\infty}\left|\frac{a_{n+1}}{a_n}\right||x| < 1.\ \lim_{n\to\infty}\frac{|a_{n+1}|}{|a_n|} = \frac{1}{r}\ とおくと，$$

$\dfrac{1}{r}|x| < 1$ から $|x| < r$ のとき収束する．

《注意》1. 収束半径と称するのは，①は実数 x のみならず複素数 x についてもいえるのであり，複素数平面上での図形が円になることによる．

2. $r = 0$ のとき，①は $x = 0$ 以外決して収束しない．$r = \infty$ のとき，①はすべての x について収束する．

3. 微分方程式の解がべき級数を利用して形式的に求まった後，その級数が収束する範囲を明確にする必要がある．このとき使うのが②で，これは“収束判定チェック”を意味する．べき級数は収束しないと関数としては意味をもたないことに注意したい．

例1　べき級数　$1 + x + x^2 + \cdots\cdots$ は初項 1，公比 x の無限等比級数であり，$|x| < 1$ のとき収束する．収束半径 r は収束判定チェックで $\displaystyle\lim_{n\to\infty}\frac{|a_n|}{|a_{n+1}|} = \lim_{n\to\infty}\frac{1}{1} = 1$ である．

❷ テイラーの定理，マクローリン展開

「微分・積分」の分野で，関数 $f(x)$ が α を含む区間 I において，n 回微分可能のとき，$f(x)$ を $f(\alpha), f'(\alpha), f''(\alpha), \cdots, f^{(n)}(\alpha), \cdots$ を用いてべき級数展開した次のテイラー展開を学んできた．

> **定理 6-1**　（テイラーの定理）
>
> 区間 I の任意の点 x に対して，
>
> $$f(x) = f(\alpha) + \frac{f'(\alpha)}{1!}(x-\alpha) + \frac{f''(\alpha)}{2!}(x-\alpha)^2 + \cdots\cdots + \frac{f^{(n-1)}(\alpha)}{(n-1)!}(x-\alpha)^{n-1} + R_n$$
>
> $$R_n = \frac{f^{(n)}(c)}{n!}(x-\alpha)^n \quad (x < c < \alpha \quad \text{または} \quad \alpha < c < x)$$
>
> となるような c が存在する．

この定理の R_n は**剰余項**とよばれ，級数展開では重要な役目を負っている．$f(x)$ が区間 I において何回でも微分可能で，剰余項について，$R_n \to 0$（$n \to \infty$）なら，

$$f(x) = f(\alpha) + \frac{f'(\alpha)}{1!}(x-\alpha) + \frac{f''(\alpha)}{2!}(x-\alpha)^2 + \cdots\cdots + \frac{f^n(\alpha)}{n!}(x-\alpha)^n + \cdots\cdots$$

とべき級数展開される．

《注意》収束半径 r に対して，$|x-\alpha| < r$ のとき，$R_n \to 0$（$n \to \infty$）
$|x-\alpha| > r$ のとき，R_n は収束しない．

特に $\alpha = 0$ のとき，

$$f(x) = f(0) + \frac{f'(0)}{1!}x + \frac{f''(0)}{2!}x^2 + \cdots\cdots + \frac{f^{(n)}(0)}{n!}x^n + \cdots\cdots$$

をマクローリン展開といった．

よく使われる関数について，マクローリン展開を次に記しておく．カッコ内は級数の収束半径である．

公式 1

・$e^x = 1 + \dfrac{1}{1!}x + \dfrac{1}{2!}x^2 + \cdots\cdots + \dfrac{1}{n!}x^n + \cdots\cdots$　　$(-\infty < x < \infty)$

・$\log(1+x) = x - \dfrac{1}{2}x^2 + \dfrac{1}{3}x^3 - \cdots\cdots + \dfrac{(-1)^{n-1}}{n}x^n + \cdots\cdots$　　$(-1 < x \leqq 1)$

・$\sin x = x - \dfrac{1}{3!}x^3 + \dfrac{1}{5!}x^5 - \cdots\cdots + \dfrac{(-1)^n}{(2n+1)!}x^{2n+1} + \cdots\cdots$　　$(-\infty < x < \infty)$

・$\cos x = 1 - \dfrac{1}{2!}x^2 + \dfrac{1}{4!}x^4 - \cdots\cdots + \dfrac{(-1)^n}{(2n)!}x^{2n} + \cdots\cdots$　　$(-\infty < x < \infty)$

・$\dfrac{1}{1+x} = 1 - x + x^2 - \cdots\cdots + (-1)^n x^n + \cdots\cdots$　　$(-1 < x < 1)$

❸ べき級数展開の性質

収束範囲内であれば，べき級数を普通の多項式と同じように計算できることを保証するのが次の 定理 6-2 であり，収束範囲内であれば微分も積分も多項式と同様に計算できることを保証するのが 定理 6-3 である．

定理 6-2　2 つの関数 $f(x), g(x)$ が

$f(x) = a_0 + a_1(x-\alpha) + a_2(x-\alpha)^2 + \cdots\cdots$　　$(|x-\alpha| < r_1)$

$g(x) = b_0 + b_1(x-\alpha) + b_2(x-\alpha)^2 + \cdots\cdots$　　$(|x-\alpha| < r_2)$

とべき級数展開されるとき，

（i）$f(x) + g(x) = (a_0+b_0) + (a_1+b_1)(x-\alpha) + (a_2+b_2)(x-\alpha)^2 + \cdots\cdots$

$(|x-\alpha| < r)$

（ii）$kf(x) = ka_0 + ka_1(x-\alpha) + ka_2(x-\alpha) + \cdots\cdots$　　$(|x-\alpha| < r_1)$

（iii）$f(x)\cdot g(x) = a_0b_0 + (a_0b_1 + a_1b_0)(x-\alpha)$

$+ (a_0b_2 + a_1b_1 + a_2b_0)(x-\alpha)^2 + \cdots\cdots$　　$(|x-\alpha| < r)$

が成立する．ただし，r は r_1, r_2 の小さい方とする．

《注意》$f(x)+g(x), f(x)\cdot g(x)$ は $f(x)$ と $g(x)$ がともに収束しないと意味をもたないので，収束範囲は両方の共通範囲 r となる．

定理 6-3　（項別微分可能，項別積分可能）

$f(x)$ が $f(x) = a_0 + a_1(x-\alpha) + a_2(x-\alpha)^2 + \cdots\cdots$　　$(|x-\alpha| < r)$

とべき級数展開されるとき，$f(x)$ の微分と積分は，それぞれ

$$f'(x) = a_1 + 2a_2(x-\alpha) + 3a_3(x-\alpha)^2 + \cdots\cdots$$

$$\int_p f(x)\,dx = a_0(x-\alpha) + \frac{1}{2}a_1(x-\alpha)^2 + \frac{1}{3}a_2(x-\alpha)^3 + \cdots\cdots \quad (|x-\alpha| < r)$$

とべき級数展開される．

定理 6-4　2つの関数 $f(x), g(x)$ が

$$f(x) = a_0 + a_1(x-\alpha) + a_2(x-\alpha)^2 + \cdots\cdots \qquad (|x-\alpha| < r_1)$$

$$g(x) = b_0 + b_1(x-\alpha) + b_2(x-\alpha)^2 + \cdots\cdots \qquad (|x-\alpha| < r_2)$$

と展開されるとき，

$f(x) = g(x) \Leftrightarrow a_0 = b_0,\ a_1 = b_1,\ \cdots\cdots$　が成立する．

この定理により，もし $f(x)$ が $x = \alpha$ を中心にべき級数展開されるなら，それはテイラー展開と一致することを意味する．つまり，べき級数展開の係数は必ずテイラー展開の係数に一致することになる．微分方程式をべき級数を用いて解く際，未知関数のべき級数展開の係数を決めるときに，この定理が使われる．

2　級数による解法

線形微分方程式

$$y'' + P(x)y' + Q(x)y = R(x) \quad \cdots ㊍$$

において，$P(x), Q(x), R(x)$ が $x = 0$ で x の収束べき級数に展開できるときには，この微分方程式は $x = 0$ で x の収束べき級数に展開できるような解をもつことが証明されている．したがって，この方程式の解 y は

$$y = a_0 + a_1x + a_2x^2 + a_3x^3 + \cdots\cdots$$

の形の解をもつ．このことを用いて微分方程式の解を求めることを，**級数による解法**という．

以下，例題によってその方法を解説する．

例題 1

$y'' - y' = x$ を級数による解法で解け．

（解）上の ㊍ で $P(x) = -1$，$Q(x) = 0$，$R(x) = 1$ と置いたものであり，これらはいずれも x のべき級数に展開できるから，与方程式の一般解を

$$y = a_0 + a_1x + a_2x^2 + a_3x^3 + \cdots\cdots$$

とおくと,

$$y' = a_1 + 2a_2x + 3a_3x^2 + \cdots\cdots$$

$$y'' = 2a_2 + 2\cdot 3a_3x + 3\cdot 4a_4x^2 + 4\cdot 5a_5x^3 + \cdots\cdots$$

これらを与方程式に代入すると,

$$(2a_2 - a_1) + (2\cdot 3a_3 - 2a_2 - 1)x + (3\cdot 4a_4 - 3a_3)x^2 + (4\cdot 5a_5 - 4a_4)x^3 + \cdots\cdots$$
$$= 0$$

x^n の各係数を 0 とおくと,

$$a_2 = \frac{a_1}{2},\ a_3 = \frac{a_1 + 1}{3!},\ a_4 = \frac{a_1 + 1}{4!},\ \cdots\cdots,\ a_n = \frac{a_1 + 1}{n!},\ \cdots\cdots$$

ゆえに,

$$y = a_0 + a_1x + \frac{a_1}{2!}x^2 + \frac{a_1 + 1}{3!}x^3 + \frac{a_1 + 1}{4!}x^4 + \cdots\cdots + \frac{a_1 + 1}{n!}x^n + \cdots\cdots$$

$$= (a_0 - a_1 - 1) - \left(x + \frac{x^2}{2}\right) + (a_1 + 1)\underbrace{\left(1 + x + \frac{1}{2!}x^2 + \cdots + \frac{1}{n!}x^n + \cdots\right)}$$

〰〰 はすべての実数値 x について収束し,マクローリン展開式(公式 1)より e^x になるから,$a_0 - a_1 - 1 = C_1$,$a_1 + 1 = C_2$ とおくと,

$$y = C_1 + C_2e^x - \left(x + \frac{x^2}{2}\right) \quad \cdots(答)$$

《注意》 〰〰 の収束半径 r は $r = \displaystyle\lim_{n\to\infty} \frac{\frac{1}{n!}}{\frac{1}{(n+1)!}} = \lim_{n\to\infty}(n + 1) = \infty$

3 ルジャンドルの微分方程式

❶ 通常点,特異点

ある関数 $f(x)$ が $x = \alpha$ で無限回連続に微分可能であるなら,この関数は点 $x = \alpha$ で解析的であるとよび,このとき,$f(x)$ は $x = \alpha$ のまわりでテイラー展開できて,

$$f(x) = a_0 + a_1(x - \alpha) + a_2(x - \alpha)^2 + \cdots\cdots$$

とかくことができる.関数 $f(x)$ が $x = \alpha$ で解析的でないときは,その点で特異であるといい,点 $x = \alpha$ を**特異点**という.

微分方程式㊟ (p. 169) において,$P(x)$ と $Q(x)$ のどちらか,あるいは両方で特異であれば,微分方程式の特異点という.さらに,点 $x = \alpha$ が特異点

であっても，$(x-\alpha)P(x)$，$(x-\alpha)^2Q(x)$ が通常点であるならば，$x=\alpha$ は微分方程式㊟（p. 169）の**確定特異点**という．

❷ ルジャンドルの微分方程式

2 階の線形微分方程式

$$(1-x^2)y''-2xy'+n(n+1)y=0 \quad \cdots\cdots ㊟ \quad \begin{pmatrix} -1<x<1 \\ n=0,1,2,\cdots \end{pmatrix}$$

を**ルジャンドルの微分方程式**といい，その解を**ルジャンドル関数**という．

㊟の方程式の辺々を $1-x^2$ で割って

$$y''-\frac{2x}{1-x^2}y'+\frac{n(n+1)}{1-x^2}y=0$$

と書き換えてもわかるように，$x=0$ は**通常点**である．

よって，㊟の解は，

$$y=\sum_{k=0}^{\infty}a_kx^k=a_0+a_1x+a_2x^2+\cdots\cdots+a_kx^k+\cdots\cdots \quad \cdots①$$

とおけ，①を 1 階，2 階微分して，

$$y'=\sum_{k=0}^{\infty}ka_kx^{k-1} \quad \cdots①' \quad , \quad y''=\sum_{k=0}^{\infty}k(k-1)a_kx^{k-2} \quad \cdots①''$$

①, ①′, ①″ を㊟に代入して，x のべきで整理してその係数を 0 とおくと，

0 次の係数から，　$2a_2=-n(n+1)a_0$

1 次の係数から，　$3\cdot 2a_3=-(n-1)(n+2)a_1$

………………………………………

a_{k+2}, a_k の関係は，

$(k+2)(k+1)a_{k+2}=-(n-k)(n+k+1)a_k \quad (k=0,1,2,\cdots)$

$$\therefore \quad a_{k+2}=-\frac{(n-k)(n+k+1)}{(k+2)(k+1)}a_k \quad \cdots\cdots②$$

が得られる．②を利用することにより，$\{a_n\}$ は

k が偶数系列のもの　　$a_0, a_2, a_4, \cdots\cdots$

k が奇数系列のもの　　$a_1, a_3, a_5, \cdots\cdots$

の 2 つに分類でき，a_k は a_0 または a_1 で表すことができる．

（ i ）k が偶数列

$$a_2=-\frac{n\cdot(n+1)}{2!}a_0$$

$$a_4 = -\frac{(n-2)(n+3)}{4\cdot3}a_2 = \frac{n(n-2)\cdot(n+1)(n+3)}{4!}a_0$$

$$a_6 = -\frac{(n-4)(n+5)}{6\cdot5}a_4 = -\frac{n(n-2)(n-4)\cdot(n+1)(n+3)(n+5)}{6!}a_0$$

……………………………………

（ⅱ）k が奇数列

$$a_3 = -\frac{(n-1)\cdot(n+2)}{3!}a_1,\quad a_5 = \frac{(n-1)(n-3)\cdot(n+2)(n+4)}{5!}a_1$$

$$a_7 = -\frac{(n-1)(n-3)(n-5)\cdot(n+2)(n+4)(n+6)}{7!}a_1$$

……………………………………

これらを①に代入すると，　　　　　《注意》2つの系列に分ける．

$$y = (a_0 + a_2x^2 + a_4x^4 + a_6x^6 + \cdots) + (a_1x + a_3x^3 + a_5x^5 + a_7x^7 + \cdots)$$

$$= \left\{1 - \frac{n\cdot(n+1)}{2!}x^2 + \frac{n(n-2)\cdot(n+1)(n+3)}{4!}x^4 - \frac{n(n-2)(n-4)\cdot(n+1)(n+3)(n+5)}{6!}x^6 + \cdots\right\}\boldsymbol{a_0}$$

$$+ \left\{x - \frac{(n-1)\cdot(n+2)}{3!}x^3 + \frac{(n-1)(n-3)\cdot(n+2)(n+4)}{5!}x^5 - \frac{(n-1)(n-3)(n-5)\cdot(n+2)(n+4)(n+6)}{7!}x^7 + \cdots\right\}\boldsymbol{a_1}$$

a_0 の｛　｝内の級数を $u(x)$ とおくと $u(x)$ は**偶関数**であり，a_1 の｛　｝内の級数を $v(x)$ とおくと $v(x)$ は**奇関数**となる．これらは互いに独立であるから，a_0 と a_1 を任意定数とすると，$y = a_0u(x) + a_1v(x)$　…③

はルジャンドルの微分方程式㊌の一般解といえる．

❸ ルジャンドルの多項式

$u(x)$ と $v(x)$ の特徴をもう少しくわしく調べてみよう．各項の分子の赤字部分に着目してみる．

・n が偶数のとき，$u(x)$ の途中以降が全て 0 になる．

例えば，$n = 2$ のとき，x^4 以降が 0 になり $u(x)$ は 2 次の整式で，$n = 4$ のとき，x^6 以降が 0 になり $u(x)$ は 4 次の整式となる．

・n が奇数のとき，$v(x)$ の途中以降が全て 0 になる．

例えば，$n = 3$ のとき，x^5 以降が 0 になり $v(x)$ は 3 次の整式で，$n = 5$ のとき，x^7 以降が 0 になり $v(x)$ は 5 次の整式となる．

このことから，

・n が偶数のとき，$u(x)$ は n より高い次数の項の係数は 0 に等しくなるから，$u(x)$ は ***n* 次の多項式**となり，$v(x)$ は**無限級数**となる．

同様に

・n が奇数のとき，$u(x)$ が**無限級数**で $v(x)$ が $\boldsymbol{n}$ **次の多項式**になる．

したがって，③の $u(x), v(x)$ のうち，有限な級数になる方に適当な係数をかけたものを $\boldsymbol{P_n(x)}$ とおき，無限級数の方にも適当な係数をかけたものを $\boldsymbol{Q_n(x)}$ とおくと，ルジャンドルの微分方程式㊀の一般解は，

$$y = C_1P_n(x) + C_2Q_n(x) \quad \cdots④ \quad (C_1, C_2：任意定数)$$

とおくことができる．

《注意》③で a_0, a_1 は任意定数なので，$u(x)$ や $v(x)$ にある係数をかけて，有限数列の方を $P_n(x)$，無限級数の方を $Q_n(x)$ とおいてもさしつかえがないことに注意したい．

ここで，$P_n(x)$ を**ルジャンドル多項式**（または，第 1 種のルジャンドル関数），$Q_n(x)$ を**第 2 種のルジャンドル関数**という．

有限級数 $P_n(x)$ の方は $P_n(1) = 1$ となるように係数を定めて，

$$P_n(x) = \underbrace{\frac{(2n-1)(2n-3)\cdots3\cdot1}{n!}}_{㋐}\left\{x^n - \frac{n(n-1)}{2(2n-1)}x^{n-2} + \frac{n(n-1)(n-2)(n-3)}{2\cdot4\cdot(2n-1)(2n-3)}x^{n-4} - \cdots\cdots\right\}$$

$$= \underbrace{\frac{(2n)!}{2^n(n!)^2}}_{㋐}\left\{x^n - \frac{n(n-1)}{2(2n-1)}x^{n-2} + \frac{n(n-1)(n-2)(n-3)}{2\cdot4\cdot(2n-1)(2n-3)}x^{n-4} - \cdots\cdots\right\}$$

《注意》㋐の変形は，

$$\frac{(2n-1)(2n-3)\cdots\cdots3\cdot1}{n!} = \frac{2n\cdot(2n-1)\cdot(2n-2)\cdot(2n-3)\cdots\cdots3\cdot2\cdot1}{n!\,2n\cdot(2n-2)\cdots\cdots2}$$

$$= \frac{(2n)!}{n!(2^n\cdot n!)} = \frac{(2n)!}{2^n(n!)^2}$$

無限級数 $Q_n(x)$ は

$$Q_n(x) = \begin{cases} \dfrac{(-1)^{\frac{n}{2}}\cdot2^n\cdot\left\{\left(\dfrac{n}{2}\right)!\right\}^2}{n!}\left\{x - \dfrac{(n-1)(n+2)}{3!}x^3 + \dfrac{(n-1)(n-3)(n+2)(n+4)}{5!}x^5 - \cdots\right\} & (n：偶数) \\ \dfrac{(-1)^{\frac{n+1}{2}}\cdot2^{n-1}\cdot\left\{\left(\dfrac{n-1}{2}\right)!\right\}^2}{1\cdot3\cdot5\cdots\cdots n}\left\{1 - \dfrac{n(n+1)}{2!}x^2 + \dfrac{n(n-2)(n+1)(n+3)}{4!}x^4 - \cdots\right\} & (n：奇数) \end{cases}$$

ルジャンドル多項式は $P_0(x) = 1$ で上式の $P_n(x)$ に $n = 1, 2, 3, 4, 5$ を代入して，具体的に求めると次のようになる．

$$P_0(x) = 1,\ P_1(x) = x,\ P_2(x) = \frac{1}{2}(3x^2-1),\ P_3(x) = \frac{1}{2}(5x^3-3x)$$

$$P_4(x) = \frac{1}{8}(35x^4 - 30x^2 + 3),\ P_5(x) = \frac{1}{8}(63x^5 - 70x^3 + 15x)$$

である．$-1<x<1$ の範囲で $y=P_0(x)$，$y=P_1(x)$，$y=P_2(x)$，$y=P_3(x)$ のグラフをかくと下図となる．

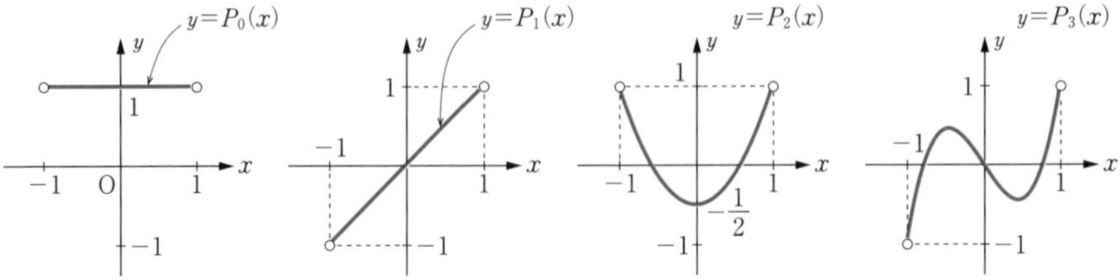

《注意》 ルジャンドルの多項式 $y=P_n(x)$ は x の n 次関数なので，$-\infty<x<\infty$ の全定義域で定義される．しかし，無限級数 $Q_n(x)$ の収束半径が1で $-1<x<1$ で定義されることより，一般に $P_n(x)$ も $-1<x<1$ で定義する．

❹ ロドリグの公式

有限級数 $P_n(x)$ は，$(x^2-1)^n$ の n 階微分を用いて，

$$P_n(x)=\frac{1}{2^n n!}\frac{d^n}{dx^n}(x^2-1)^n \quad \cdots ⑤$$

と表せる．これを**ロドリグの公式**という（この $P_n(x)$ を**ルジャンドルの球関数**ともいう）．

証明

$z=(x^2-1)^n$ とおくと，$z'=2nx(x^2-1)^{n-1}$ となる．辺々に (x^2-1) を乗じて，

$$(x^2-1)z'=(x^2-1)\{2nx(x^2-1)^{n-1}\}$$
$$=2nx(x^2-1)^n \quad \cdots ㋑$$

《注意》 ライプニッツの微分公式
$$(f\cdot g)^{(n)}=\sum_{k=0}^{n}{}_nC_k f^{(n-k)}\cdot g^{(k)}$$

㋑の両辺を $n+1$ 回 x で微分すると，

㋑の左辺 $=\{(x^2-1)z'\}^{(n+1)}=(x^2-1)(z')^{(n+1)}+{}_{n+1}C_1(x^2-1)'(z')^{n}+{}_{n+1}C_2(x^2-1)''(z')^{n-1}$

ライプニッツの微分公式

$$=(x^2-1)z^{(n+2)}+2(n+1)xz^{(n+1)}+(n+1)nz^{(n)} \quad \cdots ㋺$$

㋑の右辺 $=2n(xz)^{(n+1)}=2nxz^{(n+1)}+2n{}_{n+1}C_1(x)'\cdot z^{(n)}$

$$=2nxz^{(n+1)}+2(n+1)nz^{(n)} \quad \cdots ㋩$$

㋺, ㋩より，

$$(x^2-1)z^{(n+2)}+2(n+1)xz^{(n+1)}+(n+1)nz^{(n)}=2nxz^{(n+1)}+2(n+1)nz^{(n)}$$

$$\Leftrightarrow\ (1-x^2)z^{(n+2)}-2xz^{(n+1)}+n(n+1)z^{(n)}=0$$

これは $z^{(n)} = \dfrac{d^n}{dx^n}(x^2-1)^n$ がルジャンドルの微分方程式（p. 171㊟）**の解で**

あることを示している．

一方，$\dfrac{d^n}{dx^n}(x^2-1)^n$ は x の多項式であるから，

$$P_n(x) = C \cdot \frac{d^n}{dx^n}(x^2-1)^n \quad (C\text{ は定数})$$

$\dfrac{d^n}{dx^n}(x^2-1)^n$ の最高次 x^n の係数は $\dfrac{(2n)!}{n!}$ であり，$C = \dfrac{1}{2^n n!}$ とすると，

$\dfrac{1}{2^n n!} \cdot \dfrac{(2n)!}{n!} = \dfrac{(2n)!}{2^n (n!)^2}$ となり，p. 173 の $P(n)$ の係数 $\dfrac{(2n)!}{2^n (n!)^2}$ に一致する．

$$\therefore\ P_n(x) = \frac{1}{2^n n!} \frac{d}{dx^n}(x^2-1)^n \quad ■$$

4　確定特異点での級数解（フロベニウス法）

2 階線形微分方程式 $y'' + P(x)y' + Q(x)y = 0$ …㊟ において，$(x-\alpha)P(x)$，$(x-\alpha)^2 Q(x)$ が $x = \alpha$ のまわりで x の整級数に展開できる場合を考える．このとき，$x = \alpha$ を方程式㊟の**確定特異点**という．変数の変換：$t = x - \alpha$ によって，$\alpha = 0$ の場合に帰着させることができるから，最初から $\alpha = 0$ と仮定する．

そのとき，$xP(x)$，$x^2 Q(x)$ は，$x = 0$ のまわりで整級数に展開できる．すなわち，

$$P(x) = \frac{1}{x}\sum_{n=0}^{\infty} b_n x^n = \frac{b_0}{x} + b_1 + b_2 x + b_3 x^2 + \cdots\cdots \qquad \cdots①$$

$$Q(x) = \frac{1}{x^2}\sum_{n=0}^{\infty} c_n x^n = \frac{c_0}{x^2} + \frac{c_1}{x} + c_2 + c_3 x + c_4 x^2 + \cdots\cdots \qquad \cdots②$$

$x = 0$ が，方程式㊟の確定特異点であるとき，方程式㊟は少なくとも 1 つ，

$$y = x^i \sum_{n=0}^{\infty} a_n x^n = a_0 x^i + a_1 x^{i+1} + a_2 x^{i+2} + \cdots\cdots \quad (a_0 \neq 0)$$

の解をもつことを以下たしかめる．　《注意》i は整数とはかぎらない実数である．

$$y' = i a_0 x^{i-1} + (i+1) a_1 x^i + (i+2) a_2 x^{i+1} + \cdots\cdots$$
$$y'' = i(i-1) a_0 x^{i-2} + (i+1) i a_1 x^{i-1} + (i+2)(i+1) a_2 x^i + \cdots\cdots$$

$$P(x)y' = \frac{1}{x}(b_0 + b_1 x + b_2 x^2 + \cdots) \cdot x^{i-1} \cdot \{i a_0 + (i+1) a_1 x + \cdots\cdots\}$$

$$= x^{i-2}[b_0\cdot ia_0 + \{b_0\cdot(i+1)a_1 + b_1\cdot ia_0\}x + \cdots\cdots]$$

$$Q(x)y = \frac{1}{x^2}(c_0 + c_1x + c_2x^2 + \cdots)\cdot x^i(a_0 + a_1x + \cdots)$$

$$= x^{i-2}\{c_0a_0 + (c_0a_1 + c_1a_0)x + \cdots\}$$

これらを⊛に代入して，

$$y'' + P(x)y' + Q(x)y = x^{i-2}[\{\underline{i(i-1)a_0 + ib_0a_0 + c_0a_0}\}$$

$$+ \{(i+1)ia_1 + (i+1)b_0a_1 + ib_1a_0 + c_0a_1 + c_1a_0\}x + \cdots] = 0$$

[ ]内の定数項，$x, x^2, \cdots\cdots$ の各係数が 0 になる．

定数項 $= 0$ より，$a_0\{i(i-1) + b_0i + c_0\} = 0$

$a_0 \neq 0$ より，$i^2 + (b_0 - 1)i + c_0 = 0$ $\cdots$③ 決定方程式

③を⊛の**決定方程式**という．

b_0, c_0 は①, ②式より，$b_0 = \lim_{x\to 0} xP(x)$

$c_0 = \lim_{x\to 0} x^2Q(x)$ 決定方程式の係数の求め方

③の決定方程式の 2 つの実数解を i_1, i_2 $(i_1 \geqq i_2)$ とすると，⊛の基本解 y_1, y_2 は次のように分類できる．

定理 6-5 **(確定特異点での基本解の表示)**

(i) $i_1 - i_2 \neq$ 整数ならば，$y_1 = x^{i_1}\sum_{n=0}^{\infty} a_nx^n$，$y_2 = x^{i_2}\sum_{n=0}^{\infty} b_nx^n$

(ii) $i_1 = i_2$ ならば，$y_1 = x^{i_1}\sum_{n=0}^{\infty} a_nx^n$，$y_2 = y_1(x)\log|x| + x^{i_2}\sum_{n=1}^{\infty} b_nx^n$

(iii) $i_1 - i_2 =$ 正の整数，$y_1 = x^{i_1}\sum_{n=0}^{\infty} a_nx^n$，$y_2 = \delta y_1(x)\log|x| + x^{i_2}\sum_{n=1}^{\infty} b_nx^n$

($\delta = 0$ または 1)

具体的に例題を用いて，(i)の結果を求めてみよう((ii)は 問題 6-13, p.195)．

例題 2

$2xy'' + (1 - 2x)y' - y = 0$，$y'' + \left(\frac{1}{2x} - 1\right)y' - \frac{1}{2x}y = 0$ の解を求めよ．

(解) $y = x^i\sum_{k=0}^{\infty} a_kx^k$ とおくと，$y' = x^{i-1}\sum_{k=0}^{\infty}(i+k)a_kx^k$

$$y'' = x^{i-2}\sum_{k=0}^{\infty}(i+k)(i+k-1)a_kx^k$$

決定方程式 $i^2+(b_0-1)i+c_0=0$ の b_0, c_0 は,

$$b_0=\lim_{x\to0}x\cdot\left(\frac{1}{2x}-1\right)=\frac{1}{2},\quad c_0=\lim_{x\to0}x^2\left(-\frac{1}{2x}\right)=0$$

よって，決定方程式 $i^2-\dfrac{1}{2}i=i\left(i-\dfrac{1}{2}\right)=0$ から $i=0,\dfrac{1}{2}$ $(i_1-i_2\neq$整数$)$

〔1〕 **$i=0$ のとき**，$y=\sum_{k=0}^{\infty}a_kx^k$，$y'=\sum_{k=0}^{\infty}ka_kx^{k-1}$，$y''=\sum_{k=0}^{\infty}k(k-1)a_kx^{k-2}$

を与式に代入して，$2xy''+(1-2x)y'-y=0$

$$\Leftrightarrow \underbrace{\sum_{k=0}^{\infty}2k(k-1)a_kx^{k-1}}_{\sum_{k=0}^{\infty}2(k+1)ka_{k+1}x^k}+\underbrace{\sum_{k=0}^{\infty}ka_kx^{k-1}}_{\sum_{k=0}^{\infty}(k+1)a_{k+1}x^k}-\sum_{k=0}^{\infty}2ka_kx^k-\sum_{k=0}^{\infty}a_kx^k=0$$

《注意》 x^k でそろえる.

$$\Leftrightarrow \sum_{k=0}^{\infty}\{2(k+1)ka_{k+1}+(k+1)a_{k+1}-2ka_k-a_k\}x^k=0$$

係数 $=0$ より,

$(k+1)(2k+1)a_{k+1}-(2k+1)a_k=0$，$a_{k+1}=\dfrac{1}{k+1}a_k$ $(k=0,1,2,\cdots)$

a_0 を任意定数として，$a_1=a_0$，$a_2=\dfrac{1}{2}a_1=\dfrac{1}{2}a_0$，$a_3=\dfrac{1}{3}a_2=\dfrac{1}{3!}a_0$

$$a_k=\frac{1}{k}a_{k-1}=\frac{1}{k!}a_0$$

解を y_0 とすると，$y_0=a_0\left(1+x+\dfrac{1}{2!}x^2+\dfrac{1}{3!}x^3+\cdots\cdots+\dfrac{1}{k!}x^k+\cdots\cdots\right)$

〔2〕 **$i=\dfrac{1}{2}$ のとき**,

$$y=x^{\frac{1}{2}}\sum_{k=0}^{\infty}a_kx^k=\sum_{k=0}^{\infty}a_kx^{k+\frac{1}{2}},\quad y'=\sum_{k=0}^{\infty}\left(k+\frac{1}{2}\right)a_kx^{k-\frac{1}{2}}$$

$y''=\displaystyle\sum_{k=0}^{\infty}\left(k+\frac{1}{2}\right)\left(k-\frac{1}{2}\right)a_kx^{k-\frac{3}{2}}$ を与式に代入して,

$$\begin{aligned}&2xy''+(1-2x)y'-y\\&=\underline{\sum_{k=0}^{\infty}2\left(k+\frac{1}{2}\right)\left(k-\frac{1}{2}\right)a_kx^{k-\frac{1}{2}}}+\underline{\sum_{k=0}^{\infty}\left(k+\frac{1}{2}\right)a_kx^{k-\frac{1}{2}}}-\sum_{k=0}^{\infty}2\left(k+\frac{1}{2}\right)a_kx^{k+\frac{1}{2}}\\&\quad-\sum_{k=0}^{\infty}a_kx^{k+\frac{1}{2}}\\&=\underbrace{\sum_{k=0}^{\infty}k\cdot(2k+1)a_kx^{k-\frac{1}{2}}}_{\sum_{k=0}^{\infty}(k+1)(2k+3)a_{k+1}x^{k+\frac{1}{2}}}-\sum_{k=0}^{\infty}2(k+1)a_kx^{k+\frac{1}{2}}\end{aligned}$$

$x^{k+\frac{1}{2}}$ $(k=0,1,2,\cdots)$ の係数 $(k+1)(2k+3)a_{k+1}-2(k+1)a_k=0$ より

$$a_{k+1} = \frac{2}{2k+3}a_k \quad (k = 0, 1, 2, \cdots)$$

$$a_1 = \frac{2}{3}a_0,\ a_2 = \frac{2}{5}a_1 = \frac{2^2}{5\cdot 3}a_0,\ \cdots\cdots,\ a_k = \frac{2^k}{1\cdot 3\cdot 5\cdot\cdots\cdot(2k+1)}a_0$$

解を y_2 とすると，$y_2 = a_0\left(x^{\frac{1}{2}} + \dfrac{2}{3}x^{1+\frac{1}{2}} + \dfrac{2^2}{5\cdot 3}x^{2+\frac{1}{2}} + \cdots\right)$

$$= a_0\sqrt{x}\sum_{k=0}^{\infty}\frac{2^k}{1\cdot 3\cdot 5\cdot\cdots\cdot(2k+1)}a_0x^k$$

〔1〕の a_0 を C_1，〔2〕の a_0 を C_2 とおいて，解は $y = C_1y_1 + C_2y_2$ …(答)

5 ベッセルの微分方程式

❶ ベッセル関数

$x^2y'' + xy' + (x^2 - p^2)y = 0$ …㊟ (p：定数)

を**ベッセルの微分方程式**という．

これを $y'' + \dfrac{1}{x}y' + \left(1 - \dfrac{p^2}{x^2}\right)y = 0$ と書き直してみると，係数は $x = 0$ で解析的でない．

そのため，この場合，**3** のルジャンドルの微分方程式のように，$y = a_0 + a_1x + a_2x^2 + \cdots\cdots + a_kx^k + \cdots\cdots$ と置いて解を求めることができない．しかし，試みに $y = x^i(a_0 + a_1x + a_2x^2 + \cdots) = x^i\sum\limits_{k=0}^{\infty}a_kx^k$ ($a_0 \neq 0$) …①の形の解があるとして，定数 i と係数 a_k を決めることができるか調べてみる．フロベニウス法を用いて解を求めてみよう．

$$y' = x^{i-1}\sum_{k=0}^{\infty}(i+k)a_kx^k,\ y'' = x^{i-2}\sum_{k=0}^{\infty}(i+k)(i+k-1)a_kx^k$$

これらを与式に代入すると，

$$x^i\left\{\sum_{k=0}^{\infty}(i+k)(i+k-1)a_kx^k + \sum_{k=0}^{\infty}(i+k)a_kx^k - \sum_{k=0}^{\infty}p^2a_kx^k + \sum_{k=0}^{\infty}a_kx^{k+2}\right\} = 0$$

$\sum\limits_{k=0}^{\infty}a_kx^{k+2} = \sum\limits_{k=2}^{\infty}a_{k-2}x^k$ に注意して，この式を整理すると

$$x^i\left[(\underline{i^2 - p^2})a_0 + \{\underline{(i+1)^2 - p^2}\}a_1x + \sum_{k=2}^{\infty}\{\underline{(((i+k)^2 - p^2)a_k + a_{k-2}}\}x^k\right] = 0$$

この係数を 0 とおくことによって，

・$(i^2 - p^2)a_0 = 0$ ……㋑

・$\{(i+1)^2 - p^2\}a_1 = 0$ ……㋺

・$\{(i+k)^2 - p^2\}a_k + a_{k-2} = 0$ ……㋩

$a_0 \neq 0$ より，㋑から $i = \pm p$

〔1〕 $\boldsymbol{i = p}$ **（$\boldsymbol{p \geqq 0}$）** のとき，

㋺の式から $(i+1)^2 - p^2 \neq 0$ より $a_1 = 0$

$a_1 = 0$ と㋩から，$a_3 = a_5 = \cdots = 0$，このことより，x^m の奇数乗の係数はすべて 0 になる．偶数乗の係数 $a_2, a_4, \cdots$ は，

> 《注意》フロベニウス級数の最低次項（初項）の指数 i を決める㋑の方程式は**決定方程式**にあたる（p. 176）．
>
> $i^2 + (b_0 - 1)i + c_0 = 0$ で，
>
> $b_0 = \lim_{x \to 0} x \cdot \dfrac{1}{x} = 1$
>
> $c_0 = \lim_{x \to 0} x^2\left(1 - \dfrac{p^2}{x^2}\right) = -p^2$
>
> $\therefore\ i^2 - p^2 = 0$

$$a_2 = \frac{-1}{2^2 \cdot (p+1)}a_0,\quad a_4 = \frac{(-1)^2}{2^4 \cdot 2!(p+1)(p+2)}a_0,\quad a_6 = \frac{(-1)^3}{2^6 \cdot 3!(p+1)(p+2)(p+3)}a_0$$

……………

$$一般に\ a_{2k} = \frac{(-1)^k}{2^{2k} \cdot k!(p+1)(p+2)\cdots\cdots(p+k)}a_0 \quad (k = 1, 2, 3\cdots)$$

したがって，⊛の 1 つの特解として，

$$y_1 = x^p\left\{a_0 + \sum_{k=1}^{\infty} \frac{(-1)^k a_0}{2^{2k} \cdot k!(p+1)(p+2)\cdots\cdots(p+k)}x^{2k}\right\}$$

$$= a_0 x^p \sum_{k=0}^{\infty} \frac{(-1)^k}{2^{2k} \cdot k!(p+1)(p+2)\cdots\cdots(p+k)}x^{2k}$$

を得る．このように，フロベニウス法によって，かなり広範囲の関数係数の微分方程式が解けるようになる．しかし万能ではない．フロベニウス法が適用できる条件を 問題 6-8 でチェックしたい．

上の y_1 を Γ 関数（ガンマ関数）を使って見やすい形に整理したい．ここで Γ 関数の性質を整理しておく．

Memo　Γ 関数（ガンマ関数）

Γ 関数は　$\Gamma(x) = \int_0^{\infty} t^{x-1}e^{-t}dt$　$(x > 0)$　で定義される．

部分積分すると，

$$\Gamma(x) = \underbrace{\left[-t^{x-1}e^{-t}\right]_0^{\infty}}_{0} + (x-1)\int_0^{\infty} t^{x-2}e^{-t}dt = (x-1)\Gamma(x-1)$$

$$\therefore\ \Gamma(x) = (x-1)\Gamma(x-1) \qquad \cdots①$$

が成り立つ．

$$\Gamma(1)=\int_0^\infty e^{-t}dt=[-e^{-t}]_0^\infty=1 \qquad \cdots②$$

であり，①,②を用いると，

$$\Gamma(p+k+1)=(p+k)\Gamma(p+k)=(p+k)(p+k-1)\Gamma(p+k-1)$$

$$=\ \cdots\cdots\cdots\cdots\ =\underline{(p+k)(p+k-1)\cdots\cdots(p+1)}\Gamma(p+1)$$

$$\therefore\ \underline{(p+k)(p+k-1)\cdots\cdots\cdots(p+1)}=\frac{\Gamma(p+k+1)}{\Gamma(p+1)} \qquad \cdots③$$

と表せる.

《注意》①の x は x が正の実数のとき定義されるが，x が正の整数であれば，

$$\Gamma(n+1)=n\Gamma(n)=\cdots\cdots=n(n-1)\cdots\cdots\cdots1\cdot\Gamma(1)=n!$$

というように階乗と一致する. したがって, Γ 関数は階乗の実数への拡張とみなすことができる.

$x<0$ のときは，$x+n>0$ となる自然数 n をえらんで，

$\Gamma(x)=\dfrac{\Gamma(x+n)}{x(x+1)\cdots\cdots(x+n-1)}$ と定義する.

ベッセル微分方程式の 1 つの特解は上の③を用いて，

$$y_1=a_0x^p\sum_{k=0}^{\infty}\frac{(-1)^k}{2^{2k}\cdot k!(p+1)(p+2)\cdots\cdots(p+k)}x^{2k}$$

$$=a_0x^p\sum_{k=0}^{\infty}\frac{(-1)^k\Gamma(p+1)}{2^{2k}\cdot k!\,\Gamma(p+k+1)}x^{2k}=a_0x^p\sum_{k=0}^{\infty}\frac{(-1)^k\Gamma(p+1)}{k!\,\Gamma(p+k+1)}\left(\frac{x}{2}\right)^{2k}$$

式を簡単にするために，$a_0=\dfrac{1}{2^p\Gamma(p+1)}$ とおき，あらたに $J_p(x)$ とおくと，

$$J_p(x)=\frac{\left(\frac{x}{2}\right)^p}{\Gamma(p+1)}\sum_{k=0}^{\infty}\frac{(-1)^k\Gamma(p+1)}{k!\,\Gamma(p+k+1)}\left(\frac{x}{2}\right)^{2k}$$

$$=\sum_{k=0}^{\infty}\frac{(-1)^k}{k!\,\Gamma(p+k+1)}\left(\frac{x}{2}\right)^{p+2k}$$

$$\left(=\frac{x^p}{2^p\Gamma(p+1)}\left\{1-\frac{x^2}{2^2(p+1)}+\frac{x^4}{2^4\cdot2!(p+1)(p+2)}-\cdots\cdots\right\}\right)$$

これを**第 1 種ベッセル関数**とよぶ（p を強調する意味から **p 位のベッセル関数**ともいう）.

〔2〕 $\boldsymbol{i=-p}$ （$p\geqq0$） のとき，その解は上の式の p の符号を変えれば得られる.

$$J_{-p}(x)=\sum_{k=0}^{\infty}\frac{(-1)^k}{k!\,\Gamma(-p+k+1)}\left(\frac{x}{2}\right)^{-p+2k}$$

p が 0 以上の整数でないとき，J_p, J_{-p} は 1 次独立であるから，ベッセル微分方程式㊟ （p. 178）の一般解は，$y=C_1J_p(x)+C_2J_{-p}(x)$ （C_1, C_2：任意定数）

で表される．しかし，p が 0 以上の整数のとき，$p=n$ とすると，

$$J_{-n}(x)=(-1)^n J_n(x)$$　（証明 は，p. 197 問題 6-15）

の関係が成り立ち，$J_n(x), J_{-n}(x)$ は 1 次従属となり，別の解を求める必要がある〔Chapter 3（p. 78 問題 3-3）と同じ方法〕．

別の解を $y=J_n(x)z(x)$ とおいて，ベッセル方程式に代入して，

$$z''+\left(\frac{2}{J_n}J_n'+\frac{1}{x}\right)z'=0$$

$z'=\dfrac{dz}{dx}=u$ とおくと，変数分離形であるから一般解が求まるが，さらにその解を 1 回積分して，$z(x)=C_1\displaystyle\int\frac{1}{x\{J_n(x)\}^2}dx+C_2$

ここで**第 2 種ベッセル関数 $\boldsymbol{Y_n(x)}$** を

$$Y_n(x)=J_n(x)\int\frac{1}{x\{J_n(x)\}^2}dx$$　証明　問題 6-15

と定義する．この $Y_n(x)$ を用いれば，n が 0 以上の整数のとき，ベッセル微分方程式の一般解は，$y=C_1J_n(x)+C_2Y_n(x)$　（C_1, C_2：任意定数）

で与えられる．

以上より，ベッセルの微分方程式　$x^2y''+xy'+(x^2-p^2)y=0$　の解は

（i）$p\neq n$　$(n=0, 1, 2, \cdots)$ のとき，

$$y=C_1J_p(x)+C_2J_{-p}(x)$$　（$J_p(x)$：p 次の第 1 種ベッセル関数）

（ii）$p=n$　$(n=0, 1, 2, \cdots)$ のとき，

$$y=C_1J_n(x)+C_2Y_n(x)$$　（$Y_n(x)$：n 次の第 2 種ベッセル関数）

❷ ベッセル関数の性質

ベッセル関数 $J_n(x)=\displaystyle\sum_{k=0}^{\infty}\frac{(-1)^k}{k!\,\Gamma(n+k+1)}\left(\frac{x}{2}\right)^{n+2k}$

を x で微分すると，次の定理が成り立つ．

定理 6-6

(1) $J_n'(x)=\dfrac{n}{x}J_n(x)-J_{n+1}(x)$　…①

(2) $J_n'(x)=-\dfrac{n}{x}J_n(x)+J_{n-1}(x)$　…②

証明

(1) $J_n{}'(x) = \left(\sum_{k=0}^{\infty} \frac{(-1)^k}{k!\,\Gamma(n+k+1)} \left(\frac{x}{2}\right)^{n+2k}\right)'$

$$= \sum_{k=0}^{\infty} \frac{(-1)^k}{k!\,\Gamma(n+k+1)} \cdot \frac{n+2k}{2} \cdot \left(\frac{x}{2}\right)^{n+2k-1}$$

$$= \frac{n}{x} \sum_{k=0}^{\infty} \frac{(-1)^k}{k!\,\Gamma(n+k+1)} \left(\frac{x}{2}\right)^{n+2k} + \sum_{k=1}^{\infty} \frac{(-1)^k}{(k-1)!\,\Gamma(n+k+1)} \left(\frac{x}{2}\right)^{n+2k-1}$$

$\sum_{k=0}^{\infty}$ の形に変形

$$= \frac{n}{x} J_n(x) - \sum_{k=0}^{\infty} \frac{(-1)^k}{k!\,\Gamma(n+(k+1)+1)} \left(\frac{x}{2}\right)^{n+2(k+1)-1}$$

$$\left(\frac{x}{2}\right)^{n+2(k+1)-1} = \left(\frac{x}{2}\right)^{n+1+2k}$$

$$= \frac{n}{x} J_n(x) - J_{n+1}(x)$$

$\therefore\ J_n{}'(x) = \frac{n}{x} J_n(x) - J_{n+1}(x) \quad \cdots①$

(2) $\Gamma(n+k+1) = (n+k)\Gamma(n+k)$ (p. 180) を用いて,

$$J_n{}'(x) = \sum_{k=0}^{\infty} \frac{(-1)^k}{k!\,\Gamma(n+k+1)} \cdot \frac{n+2k}{2} \cdot \left(\frac{x}{2}\right)^{n+2k-1}$$

$\frac{-n+2(n+k)}{2}$ と変形

$$= \sum_{k=0}^{\infty} \frac{(-1)^k}{k!\,\Gamma(n+k+1)} \left(-\frac{n}{2}\right)\left(\frac{x}{2}\right)^{n+2k} \cdot \frac{2}{x} + \sum_{k=0}^{\infty} \frac{(-1)^k}{k!\,(n+k)\Gamma(n+k)} (n+k) \left(\frac{x}{2}\right)^{n+2k-1}$$

$$= -\frac{n}{x} \underbrace{\sum_{k=0}^{\infty} \frac{(-1)^k}{k!\,\Gamma(n+k+1)} x^{n+2k}}_{J_n(x)} + \underbrace{\sum_{k=0}^{\infty} \frac{(-1)^k}{k!\,\Gamma(n+k)} \left(\frac{x}{2}\right)^{n-1+2k}}_{J_{n-1}}$$

$\therefore\ J_n{}'(x) = -\frac{n}{x} J_n(x) + J_{n-1}(x) \quad \cdots②$

①, ②より, $\frac{n}{x} J_n(x) - J_{n+1}(x) = -\frac{n}{x} J_n(x) + J_{n-1}(x)$

$\therefore\ J_{n-1}(x) + J_{n+1}(x) = \frac{2n}{x} J_n(x)$

$(n = 1, 2, 3, \cdots) \quad \cdots③$

の $\{J_n(x)\}$ の 3 項間漸化式が得られる. ベッセル関数 $y = J_n(x)$ のグラフを

$$n = 1, 2, 3, 4, 5, 6, 7, 8$$

で記すと右図となる.

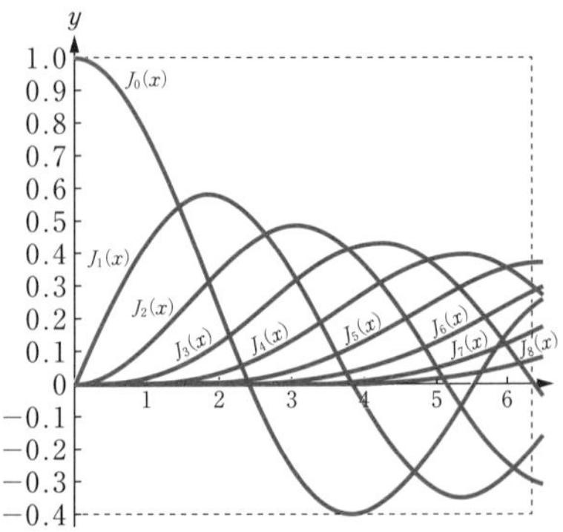

問題 6-1 ▼整級数（1）

次の関数を x の整級数に展開せよ.

(1) $\dfrac{1}{1+x}$　　(2) $\dfrac{1}{1-3x+2x^2}$　　(3) $\cos^2 x$　　(4) $\sinh x$

●考え方●

(1), (2) $(1+x)^\alpha = 1 + \dbinom{\alpha}{1}x + \dbinom{\alpha}{2}x^2 + \cdots + \dbinom{\alpha}{n}x^n + \cdots$ 2項定理

ただし, $\dbinom{\alpha}{k} = \dfrac{\alpha(\alpha-1)(\alpha-2)\cdot\cdots\cdot(\alpha-k+1)}{k!}$

を利用.

《注意》これは2項定理 $(1+x)^n$（n：自然数）の拡張である. どんな α についても, $-1<x<1$ で必ず収束する.

(3) $\cos x = 1 - \dfrac{x^2}{2!} + \dfrac{x^4}{4!} - \cdots + (-1)^n\dfrac{x^{2n}}{(2n)!} + \cdots$ の利用.

(4) $\sinh x = \dfrac{1}{2}(e^x - e^{-x})$ である. $e^x = 1 + x + \dfrac{x^2}{2!} + \dfrac{x^3}{3!} + \cdots + \dfrac{x^n}{n!} + \cdots$ の利用.

解答

(1) $\dfrac{1}{1+x} = (1+x)^{-1} = 1 + (-1)x + \dfrac{(-1)(-2)}{2!}x^2 + \cdots$

$+ \dfrac{(-1)(-2)\cdots(-n)}{n!}x^n + \cdots$

$= 1 - x + x^2 - \cdots + (-1)^n x^n + \cdots$

$(-1<x<1)$ ㋑ 答

(2) $\dfrac{1}{1-3x+2x^2} = \dfrac{1}{(1-x)(1-2x)} = \dfrac{2}{1-2x} - \dfrac{1}{1-x}$

$\dfrac{2}{1-2x}$, $\dfrac{1}{1-x}$ に2項定理を用いて,

・$\dfrac{2}{1-2x} = 2(1-2x)^{-1} = 2\{1 + (2x) + (2x)^2 + \cdots + (2x)^n + \cdots\}$　$\left(|x| < \dfrac{1}{2}\right)$ ㋒

・$\dfrac{1}{1-x} = (1-x)^{-1} = 1 + x + x^2 + \cdots + x^n + \cdots$　$(|x|<1)$ ㋓

両式の辺々を引いて,

$\therefore\ \dfrac{1}{1-3x+2x^2} = 1 + (2^2-1)x + (2^3-1)x^2 + \cdots + (2^{n+1}-1)x^n + \cdots$ 答　$\left(|x| < \dfrac{1}{2}\right)$ ㋔

(3) $\cos^2 x = \dfrac{1}{2}(1+\cos 2x)$ ㋕ $= \dfrac{1}{2}\left[1 + \left\{1 - \dfrac{(2x)^2}{2!} + \dfrac{(2x)^4}{4!} - \cdots (-1)^n\dfrac{(2x)^{2n}}{(2n)!} + \cdots\right\}\right]$

$= 1 - \dfrac{2}{2!}x^2 + \dfrac{2^3}{4!}x^4 - \cdots + (-1)^n\dfrac{2^{2n-1}}{(2n)!}x^{2n} + \cdots$ 答

(4) $\sinh x = \dfrac{1}{2}(e^x - e^{-x})$ ㋕ $= \dfrac{1}{2}\left\{\left(1 + x + \dfrac{x^2}{2!} + \cdots + \dfrac{x^n}{n!} + \cdots\right) - \left(1 + (-x) + \dfrac{(-x)^2}{2!} + \cdots + \dfrac{(-x)^n}{n!} + \cdots\right)\right\}$

$= x + \dfrac{x^3}{3!} + \cdots + \dfrac{x^{2n+1}}{(2n+1)!} + \cdots$　$(-\infty < x < \infty)$ ㋖ 答

ポイント

㋐「考え方」で $\alpha=-1$ を代入.
㋑ 収束範囲
㋒ 収束半径
㋓ 収束半径
㋔ $|x|<\dfrac{1}{2}$ と $|x|<1$ の共通範囲で収束半径は $|x|<\dfrac{1}{2}$
㋕ 公式1 (p.168) の利用.
㋖ 収束範囲　$-\infty < x < \infty$

練習問題 6-1

解答 p.233

次の関数を x の整級数に展開せよ.　(1) $\log\dfrac{1+x}{1-x}$　　(2) $\dfrac{1}{\sqrt{1-x}}$

問題 6-2 ▼整級数 (2)

次の整級数の収束半径を求めよ．

(1) $\displaystyle\sum_{n=0}^{\infty}\frac{(2n)!}{(n!)(n!)}x^n$ (2) $\displaystyle\sum_{n=0}^{\infty}\frac{(n+1)^n}{n!}x^n$

(3) $\displaystyle\sum_{n=1}^{\infty}\frac{1\cdot3\cdot\cdots\cdot(2n-1)}{2\cdot4\cdot\cdots\cdot(2n)}\cdot\frac{x^{2n+1}}{2n+1}$

●考え方● 整関数 $\displaystyle\sum_{n=0}^{\infty}a_nx^n$ において，

$\displaystyle\lim_{n\to\infty}\frac{|a_n|}{|a_{n+1}|}=r$ $(0\leqq r\leqq\infty)$ であれば，r が収束半径．

解答 収束半径を r とする．

(1) $\displaystyle\left|\frac{a_n}{a_{n+1}}\right|=\frac{(2n)!}{(n!)(n!)}\cdot\frac{(n+1)!(n+1)!}{(2n+2)!}=\underbrace{\frac{(n+1)^2}{(2n+1)(2n+2)}}_{㋐}\to\frac{1}{4}$ $(n\to\infty)$

$\therefore\ r=\dfrac{1}{4}$ 答

(2) $\displaystyle\left|\frac{a_n}{a_{n+1}}\right|=\frac{(n+1)^n}{n!}\cdot\frac{(n+1)!}{(n+2)^{n+1}}=\frac{(n+1)^{n+1}}{(n+2)^{n+1}}=\left\{\left(\frac{n+2}{n+1}\right)^{n+1}\right\}^{-1}$

$\displaystyle\lim_{n\to\infty}\left\{\left(\frac{n+2}{n+1}\right)^{n+1}\right\}^{-1}=\underbrace{\lim_{n\to\infty}\left\{\left(1+\frac{1}{n+1}\right)^{n+1}\right\}^{-1}}_{㋑}=\frac{1}{e}$

$\therefore\ r=\dfrac{1}{e}$ 答

(3) (与式) $\displaystyle=\underbrace{x}_{㋒}\sum_{n=1}^{\infty}\frac{1\cdot3\cdot\cdots\cdot(2n-1)}{2\cdot4\cdot\cdots\cdot2n}\frac{x^{2n}}{2n+1}$

(i) $x=0$ のとき，原級数のすべてが 0 になるから，収束する．

(ii) $x\neq0$ のとき，$x^2=y$ とおくと，

$\displaystyle\left|\frac{a_n}{a_{n+1}}\right|=\frac{1\cdot3\cdot\cdots\cdot(2n-1)}{2\cdot4\cdot\cdots\cdot2n}\cdot\frac{1}{2n+1}\cdot\frac{2\cdot4\cdot\cdots\cdot2n\cdot(2n+2)}{1\cdot3\cdot\cdots\cdot(2n-1)(2n+1)}\cdot(2n+3)$

$\displaystyle=\underbrace{\frac{(2n+2)(2n+3)}{(2n+1)^2}}_{㋓}\to1$ $(n\to\infty)$

与式で $x^2=y$ とおいた整級数は $|y|<1$ で収束．よって，原級数は $|x|<1$ で収束㋔．以上(i)，(ii)より，$r=1$ 答

ポイント

㋐ $\displaystyle\lim_{n\to\infty}\frac{(n+1)^2}{(2n+1)(2n+2)}$

$\displaystyle=\lim_{n\to\infty}\frac{\left(1+\frac{1}{n}\right)^2}{\left(2+\frac{1}{n}\right)\left(2+\frac{2}{n}\right)}$

$=\dfrac{1}{4}$

㋑ $\displaystyle\lim_{x\to\infty}\left(1+\frac{1}{x}\right)^x=e$

で $x=n+1$ とおいたもの．

㋒ x は n に無関係だから Σ の外に出せる．

㋓ $\displaystyle\lim_{n\to\infty}\frac{(2n+2)(2n+3)}{(2n+1)^2}$

$\displaystyle=\lim_{n\to\infty}\frac{\left(2+\frac{2}{n}\right)\left(2+\frac{3}{n}\right)}{\left(2+\frac{1}{n}\right)^2}=1$

㋔ $-1<x<1$ に $x=0$ は含まれる．

練習問題 6-2

解答 p. 233

次の整級数の収束域を求めよ．

(1) $A=1+\dfrac{1}{1!}x+\dfrac{1}{2!}x^2+\dfrac{1}{3!}x^3+\cdots\cdots$

(2) $B=x-\dfrac{1}{2}x^2+\dfrac{1}{3}x^3-\dfrac{1}{4}x^4+\cdots\cdots$

(3) $C=1+1!x+2!x^2+3!x^3+\cdots\cdots$

問題 6-3 ▼級数による解法（1）

次の微分方程式を級数に展開する方法で，x^3 の項まで求めよ．

$$(1+x)y'=1 \quad \text{ただし，} y(0)=0$$

●考え方●

$y=a_0+a_1x+a_2x^2+a_3x^3\cdots\cdots$ とおくと，初期条件より $a_0=0$

解答

$y'=a_1+2a_2x+3a_3x^2+\cdots\cdots$ ㋐

与式に代入して，

$(1+x)(a_1+2a_2x+3a_3x^2+\cdots\cdots)=1$

左辺を x^3 の項まで計算すると，

$1\cdot a_1=1$，$2a_2+a_1=0$ ㋑，$3a_3+2a_2=0$ ㋒

$$\therefore\ a_1=1,\ a_2=-\frac{1}{2},\ a_3=\frac{1}{3}\cdots\cdots$$

したがって，求める関数を x^3 の項まで求めると，

$$y=x-\frac{1}{2}x^2+\frac{1}{3}x^3+\cdots\cdots$$ 答

《注意 1》係数の一般項の関係式は　$a_{n+1}=-\dfrac{n}{n+1}a_n$ ㋓

㋓の漸化式を解いて，$a_n=\dfrac{(-1)^{n-1}}{n}$ ㋔

よって，$y=x-\dfrac{1}{2}x^2+\dfrac{1}{3}x^3+\cdots\cdots+\dfrac{(-1)^{n-1}}{n}x^n+\cdots\cdots$

収束半径は 1 ㋕，$-1<x<1$．$x=1$ のときも収束する．

これは，$\log(1+x)$ のマクローリン展開（p. 168）に一致する．

$$\therefore\ y=\log(1+x)\quad(-1<x\leqq 1)$$

《注意 2》

$(1+x)y'=1 \Leftrightarrow \dfrac{dy}{dx}=\dfrac{1}{1+x}$ ㋖

$\Leftrightarrow \displaystyle\int dy=\int\frac{1}{1+x}dx$，$y=\log(1+x)+C$

$x=0$，$y=0$ より　$C=0$　　$\therefore\ y=\log(1+x)$

練習問題　6-3　　解答 p. 234

次の微分方程式を級数に展開する方法で，$(x-1)^3$ の項まで求めよ．

$$y'+2y=2x-1 \quad \text{ただし}\quad y(1)=1$$

ポイント

㋐ x^3 の項まで求めることより，y' は x^2 の項まで計算する．

㋑ $2a_2+a_1=0$ から

$$a_2=-\frac{1}{2}a_1=-\frac{1}{2}$$

㋒ $3a_3+2a_2=0$ から，

$$a_3=-\frac{2}{3}a_2=\left(-\frac{2}{3}\right)\left(-\frac{1}{2}\right)=\frac{1}{3}$$

㋓ x^n の係数は

$(n+1)a_{n+1}=-na_n$

であり，これが 0 になることから

$$a_{n+1}=-\frac{n}{n+1}a_n$$

㋔ $n=1,2,3,\cdots$ を代入して，辺々をかけると

$$\cancel{a_2}=-\frac{1}{2}a_1$$
$$\cancel{a_3}=-\frac{2}{3}\cancel{a_2}$$
$$\vdots$$
$$\times)\quad a_n=-\frac{n-1}{n}\cancel{a_{n-1}}$$
$$a_n=(-1)^{n-1}\frac{1}{n}a_1=\frac{(-1)^{n-1}}{n}$$

㋕ $$\lim_{n\to\infty}\left|\frac{\dfrac{(-1)^{n-1}}{n}}{\dfrac{(-1)^n}{n+1}}\right|=\lim_{n\to\infty}\left(1+\frac{1}{n}\right)=1$$

㋖ 変数分離形の微分方程式

問題 6-4 ▼級数による解法（2）

次の微分方程式を級数に展開する方法で解け．

(1) $y'' - xy' = 1$．ただし，$y(0) = y'(0) = 1$ とする．y を x^6 の項まで求めよ．

(2) $y'' + xy' + y = 0$

●考え方●

求める解を $y = a_0 + a_1x + a_2x^2 + \cdots\cdots$ とおき，$a_0, a_1, a_2, \cdots\cdots$ を決定する．

解答

(1) $y = a_0 + a_1x + a_2x^2 + \cdots$ …①とおき，y', y'' ㋐ を与式に代入して，

$$(2a_2-1)+(2\cdot3a_3-a_1)x+(3\cdot4a_4-2a_2)x^2+(4\cdot5a_5-3a_3)x^3+\cdots\cdots=0$$

これより，

$$a_2 = \frac{1}{2},\ a_4 = \frac{2}{3\cdot4}a_2 = \frac{1}{1\cdot3}\cdot\frac{1}{4},\ a_6 = \frac{1}{1\cdot3\cdot5}\cdot\frac{1}{6}, \cdots$$

$$a_3 = \frac{1}{2\cdot3}a_1,\ a_5 = \frac{3}{4\cdot5}a_3 = \frac{1}{2\cdot4}\cdot\frac{1}{5}a_1,\ a_7 = \frac{1}{2\cdot4\cdot6}\frac{1}{7}a_1$$

$y(0) = y'(0) = 1$ より $a_0 = 1$ ㋑，$a_1 = 1$ ㋒

$$\therefore y=1+x+\frac{x^2}{2}+\frac{1}{2}\frac{x^3}{3}+\frac{1}{1\cdot3}\frac{x^4}{4}+\frac{1}{2\cdot4}\frac{x^5}{5}+\frac{1}{1\cdot3\cdot5}\frac{x^6}{6}+\cdots\cdots$$ 答

(2) y, y', y'' を与式に代入して，

$$\sum_{n=0}^{\infty}(n+2)(n+1)a_{n+2}x^n + \sum_{n=0}^{\infty}na_nx^n + \sum_{n=0}^{\infty}a_nx^n = 0$$

x^n の係数は，$(n+2)(n+1)a_{n+2}+(n+1)a_n=0$ ㋓ $(n \geqq 0)$

から　$a_{n+2} = \dfrac{-1}{n+2}a_n$

これより，$a_{2m}=\dfrac{(-1)^m}{2\cdot4\cdot\cdots\cdot(2m)}a_0$ ㋔，$a_{2m+1}=\dfrac{(-1)^m}{1\cdot3\cdot\cdots\cdot(2m+1)}a_1$

$$\therefore\ y = a_0\sum_{m=0}^{\infty}\frac{(-1)^m}{2\cdot4\cdot\cdots\cdot(2m)}x^{2m} + a_1\sum_{m=0}^{\infty}\frac{(-1)^m}{1\cdot3\cdot\cdots\cdot(2m+1)}x^{2m-1}$$ ㋕

$$= C_0e^{-\frac{1}{2}x^2} + C_1\sum_{m=0}^{\infty}\frac{(-1)^m}{1\cdot3\cdot\cdots\cdot(2m+1)}x^{2m-1}\quad (C_0 = a_0,\ C_1 = a_1)$$ 答

ポイント

㋐ $y' = a_1 + 2a_2x + \cdots$
$y'' = 2a_2 + 2\cdot3a_3x + \cdots$

㋑ ①に $x = 0$ を代入．

㋒ y' の式に $x = 0$ を代入して，$a_1 = 1$

㋓ 帰納公式とよぶ．

㋔ $a_{2m} = \dfrac{-1}{2m}a_{2m-2}$
$= \dfrac{(-1)^2}{2m\cdot(2m-2)}a_{2m-4}$
………………
$= \dfrac{(-1)^m}{2m\cdot(2m-2)\cdot\cdots\cdot2}a_0$

㋕ $e^x=1+\dfrac{1}{1!}x+\dfrac{1}{2!}x^2+\cdots$
の x に $-\dfrac{1}{2}x^2$ を代入．
$e^{-\frac{1}{2}x^2}$
$= \displaystyle\sum_{m=0}^{\infty}\frac{(-1)^m}{2\cdot4\cdot\cdots\cdot(2m)}x^{2m}$

練習問題　6-4　　解答 p. 234

次の微分方程式を級数に展開する方法で解を x^5 の項まで求めよ．

$$y'' - x^2y' - y = 0$$

問題 6-5 ▼級数による解法（3）

次の微分方程式を級数に展開する方法で解け．

$y''+(x-1)y'+y=0$　を $x-2$ の整級数で $(x-2)^6$ の項まで求めよ．

●考え方●

$x-2=u$ とおき，u の整級数 $y=a_0+a_1u+a_2u^2+\cdots$ とおき，a_0, a_1 で表す．

解答

$x=u+2$ とおくと，与式は $\dfrac{d^2y}{du^2}+(u+1)\dfrac{dy}{du}+y=0$

$y''+(u+1)y'+y=0\cdots$① $y=\sum_{n=0}^{\infty}a_nu^n$ とおき，y', y'' ㋐ を代入すると，

$$\sum_{n=0}^{\infty}(n+2)(n+1)a_{n+2}u^n+(u+1)\sum_{n=1}^{\infty}na_nu^{n-1}+\sum_{n=0}^{\infty}a_nu^n=0 \quad ㋑$$

$$\sum_{n=0}^{\infty}\{(n+2)(n+1)a_{n+2}+(n+1)a_{n+1}+a_n\}u^n+\sum_{n=1}^{\infty}na_nu^n=0$$

$$\Leftrightarrow (2a_2+a_1+a_0)+(6a_3+2a_2+2a_1)u+(12a_4+3a_3+3a_2)u^2$$
$$+\cdots\cdots+\{(n+2)(n+1)a_{n+2}+(n+1)a_{n+1}+(n+1)a_n\}u^n \quad ㋒$$
$$+\cdots\cdots=0$$

u のべき係数を 0 とおくと，

$$a_2=-\frac{1}{2}(a_0+a_1),\quad a_3=-\frac{1}{3}(a_1+a_2)=\frac{1}{6}(a_0-a_1)$$

$$a_4=-\frac{1}{4}(a_2+a_3)=\frac{1}{12}(a_0+2a_1),$$

$$a_5=-\frac{1}{5}(a_3+a_4)=-\frac{1}{20}a_0,\quad a_6=-\frac{1}{6}(a_4+a_5)=-\frac{1}{180}a_0-\frac{1}{36}a_1\quad\cdots\cdots$$

帰納公式は，$a_{n+2}=-\dfrac{1}{n+2}(a_{n+1}+a_n)\quad (n=0, 1, 2, 3, \cdots)$

①の解を u^6 まで求めると，

$$y=a_0\left\{1-\frac{1}{2}u^2+\frac{1}{6}u^3+\frac{1}{12}u^4-\frac{1}{20}u^5-\frac{1}{180}u^6+\cdots\cdots\right\}$$
$$+a_1\left\{u-\frac{1}{2}u^2-\frac{1}{6}u^3+\frac{1}{6}u^4-\frac{1}{36}u^6+\cdots\cdots\right\}$$

$u=x-2$ を代入して，

$$y=a_0\left\{1-\frac{1}{2}(x-2)^2+\frac{1}{6}(x-2)^3+\frac{1}{12}(x-2)^4-\frac{1}{20}(x-2)^5-\frac{1}{180}(x-2)^6+\cdots\cdots\right\}$$
$$+a_1\left\{(x-2)-\frac{1}{2}(x-2)^2-\frac{1}{6}(x-2)^3+\frac{1}{6}(x-2)^4-\frac{1}{36}(x-2)^6+\cdots\cdots\right\}$$ 答

ポイント

㋐ $y'=\sum_{n=1}^{\infty}na_nu^{n-1}$

$=\sum_{n=0}^{\infty}(n+1)a_{n+1}u^n$

$y''=\sum_{n=2}^{\infty}n(n-1)a_nu^{n-2}$

$=\sum_{n=0}^{\infty}(n+2)\cdot(n+1)a_{n+2}u^n$

㋑ $\sum_{n=1}^{\infty}na_nu^n+\sum_{n=1}^{\infty}na_nu^{n-1}$

$=\sum_{n=1}^{\infty}na_nu^n$

$+\sum_{n=0}^{\infty}(n+1)a_{n+1}u^n$

u^n にそろえる．

㋒ 係数$=0$ で帰納公式が得られる．

練習問題　6-5　解答 p. 234

次の微分方程式を解け．(1) $y''-xy'-2y=x$　(2) $(1+x^2)y''+xy'-y=0$

問題 6-6 ▼ルジャンドルの微分方程式（1）

次の微分方程式を級数に展開する方法で解け．

$$y'' - \frac{2x}{1-x^2}y' + \frac{12}{1-x^2}y = 0$$

ただし，$x=0$ のとき，$y=0$，$y'=-\dfrac{3}{2}$ とする．

●考え方●　ルジャンドルの微分方程式 $(1-x^2)y''-2xy'+n(n+1)y=0$ で $n=3$ と置いた微分方程式である．

$y = a_0 + a_1x + a_2x^2 + \cdots\cdots + a_nx^n + \cdots\cdots$，$y' = a_1 + 2a_2x + \cdots\cdots + na_nx^{n-1} + \cdots\cdots$

初期条件より，$a_0 = 0$，$a_1 = -\dfrac{3}{2}$

解答　y, y', y'' を与式に代入して，

$(1-x^2)\{2a_2 + 2\cdot 3a_3x + 3\cdot 4a_4x^2 + 4\cdot 5a_5x^3 + \cdots\cdots\}$

$-2x\{a_1+2a_2x+3a_3x^2+\cdots\}+12\{a_0+a_1x+a_2x^2+\cdots\}=0$

・定数項：$2a_2 + 12a_0 = 0$，$a_2 = -6a_0 = 0$ ㋐

・x の係数：$2\cdot 3a_3 - 2a_1 + 12a_1 = 0$，$a_3 = -\dfrac{5}{3}a_1 = \dfrac{5}{2}$ ㋑

・x^2 の係数：$-2a_2+3\cdot 4a_4-4a_2+12a_2=0$, $a_4=-\dfrac{1}{2}a_2=0$

・x^3 の係数：$4\cdot 5a_5-2\cdot 3a_3-6a_3+12a_3=0$，$a_5=0$

…………

・x^n の係数：

$(n+1)(n+2)a_{n+2}-n(n-1)a_n-2na_n+12a_n=0$

$\Leftrightarrow$ $(n+1)(n+2)a_{n+2}=(n-3)(n+4)a_n$ から，

$$a_{n+2} = \frac{(n-3)(n+4)}{(n+1)(n+2)}a_n \quad (n \geqq 0)$$

$a_4 = a_5 = 0$ であるから，上式の帰納公式より，$a_n = 0$ $(n \geqq 4)$ ㋒

よって，求める解は，㋓ $y = -\dfrac{3}{2}x + \dfrac{5}{2}x^3 = \dfrac{1}{2}x(5x^2-3)$　答

ポイント

㋐ 初期条件より，$a_0 = 0$

㋑ 初期条件より，$a_1 = -\dfrac{3}{2}$

㋒ 帰納公式と，
$a_4 = 0$，$a_5 = 0$ より
$a_4 = a_6 = a_8 = \cdots = 0$
$a_5 = a_7 = a_9 = \cdots = 0$
となる．

㋓ $a_0 = 0$，$a_1 = -\dfrac{3}{2}$
$a_2 = 0$，$a_3 = \dfrac{5}{2}$
$a_4 = a_5 = \cdots = 0$
を $y = \sum_{n=0}^{\infty} a_nx^n$ に代入．

上式の解はルジャンドルの多項式（p. 173）

$$P_n(x) = \frac{(2n)!}{2^n(n!)^2}\left\{x^n - \frac{n(n-1)}{2(2n-1)}x^{n-2} + \frac{n(n-1)(n-2)(n-3)}{2\cdot 4\cdot(2n-1)\cdot(2n-3)}x^{n-4} + \cdots\cdots\right\}$$

で $n=3$ と置いたものに等しく，代入すると，$P_3(x) = \dfrac{6!}{2^3(3!)^2}\left(x^3 - \dfrac{3\cdot 2}{2\cdot 5}x\right) = \dfrac{1}{2}x(5x^2-3)$ となる．また，ロドリグの公式（p. 174）$P_n(x) = \dfrac{1}{2^nn!}\dfrac{d^n}{dx^n}(x^2-1)^n$ に $n=3$ を代入してみると，$P_3(x) = \dfrac{1}{2^3\cdot 3!}\cdot\dfrac{d^3}{dx^3}(x^2-1)^3 = \dfrac{1}{48}\cdot\dfrac{d^3}{dx^3}(x^6-3x^4+3x^2-1)$
$= \dfrac{1}{2}x(5x^3-3)$ となる．

練習問題　6-6　解答 p. 235

$f(x) = x^4 + 2x^3 + 2x^2 - x - 3$ をルジャンドルの多項式 $p_n(x)$ $(n = 0, 1, 2, 3, 4)$ を用いて表せ．

問題 6-7 ▼ルジャンドルの微分方程式 (2)（第２種ルジャンドル関数）

第２種ルジャンドル関数 $Q_0(x)$ が

$$Q_0(x) = \frac{1}{2}\log\left(\frac{1+x}{1-x}\right)$$

となることを示し，$y = Q_0(x)$ のグラフをかけ．

●考え方●　p. 173 を参照．$Q_0(x)$ は n：偶数のとき，

$$Q_n(x) = \frac{(-1)^{\frac{n}{2}}\cdot 2^n\cdot\left\{\left(\frac{n}{2}\right)!\right\}^2}{n!}\left\{x - \frac{(n-1)(n+2)}{3!}x^3 + \frac{(n-1)(n-3)(n+2)(n+4)}{5!}x^5 - \cdots\right\}$$

を活用．$n = 0$ を代入してみよ．…①

練習問題 6-7 で $Q_1(x)$ は，n：奇数のとき，

$$Q_n(x) = \frac{(-1)^{\frac{n+1}{2}}\cdot 2^{n-1}\left\{\left(\frac{n-1}{2}\right)!\right\}^2}{1\cdot 3\cdot\cdots\cdot n}\left\{1 - \frac{n(n+1)}{2!}x^2 + \frac{n(n-2)(n+1)(n+3)}{4!}x^4 - \cdots\right\}$$

を活用．$n = 1$ を代入してみよ．…②

解答　①の n に $n = 0$ を代入して，

$$Q_0(x) = \frac{(-1)^0\cdot 2^0\cdot(0!)^2}{0!}\left\{x + \frac{1\cdot 2}{3!}x^3 + \frac{1\cdot 2\cdot 3\cdot 4}{5!}x^5 + \frac{1\cdot 2\cdot 3\cdot 4\cdot 5\cdot 6}{7!}x^7 + \cdots\right\}$$

$$= x + \frac{1}{3}x^3 + \frac{1}{5}x^5 + \frac{1}{7}x^7 + \cdots \quad \cdots③$$

一方，マクローリン展開により，

$$\log(1+x) = x - \frac{1}{2}x^2 + \frac{1}{3}x^3 - \frac{1}{4}x^4 + \frac{1}{5}x^5 - \frac{1}{6}x^6 + \frac{1}{7}x^7\cdots \quad \cdots④$$

$$\log(1-x) = -x - \frac{1}{2}x^2 - \frac{1}{3}x^3 - \frac{1}{4}x^4 - \frac{1}{5}x^5 - \frac{1}{6}x^6 - \frac{1}{7}x^7\cdots \quad \cdots⑤$$

$\frac{1}{2}$(④－⑤) から，$\frac{1}{2}\log\left(\frac{1+x}{1-x}\right) = x + \frac{1}{3}x^3 + \frac{1}{5}x^5 + \frac{1}{7}x^7 + \cdots$ …⑥

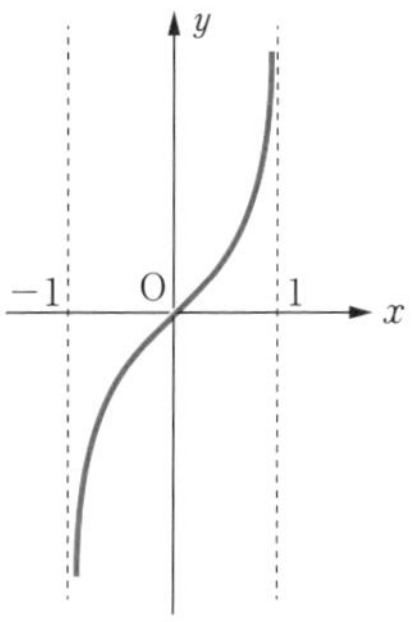

③, ⑥より，$Q_0(x) = \frac{1}{2}\log\frac{1+x}{1-x}$

$Q_0(x)$ の定義域は，$\frac{1+x}{1-x} > 0 \Leftrightarrow (x+1)(x-1) < 0$ から

$-1 < x < 1$．$Q_0{}'(x) = \frac{1}{2}\left(\frac{1}{1+x} + \frac{1}{1-x}\right) = \frac{1}{2}\frac{2}{1-x^2} > 0$

$y = Q_0(x)$ は $-1 < x < 1$ の範囲で単調増加する関数でグラフは右図．

練習問題　6-7　解答 p. 236

第２種のルジャンドル関数 $Q_1(x)$ が

$Q_1(x) = \frac{x}{2}\log\left(\frac{1+x}{1-x}\right) - 1$ となることを示し，$y = Q_1(x)$ のグラフをかけ．

問題 6-8 ▼フロベニウスの級数解（1）

次の微分方程式の点 O のまわりの級数解を求めよ．

(1) $y'' - \dfrac{6}{x^2}y = 0$　　　　(2) $y'' - \dfrac{6}{x^3}y = 0$

●考え方●

$x = 0$ は特異点であり，それが確定特異点になるか調べる．

解を $y = x^i\sum_{k=0}^{\infty}a_kx^k$ $(a_0 \neq 0)$ とおいて，a_k $(k = 0, 1, 2, \cdots)$ が決定できるか．

解答

(1) $y = x^i\sum_{k=0}^{\infty}a_kx^k = \sum_{k=0}^{\infty}a_kx^{i+k}$ とおき，y'', y ㋐ を与式に代入して，

$$x^{i-2}\sum_{k=0}^{\infty}(i+k)(i+k-1)a_kx^k - \frac{6}{x^2}\cdot x^i\cdot\sum_{k=0}^{\infty}a_kx^k = 0 \quad ㋑$$

$$\Leftrightarrow \sum_{k=0}^{\infty}\{(i+k)(i+k-1)-6\}a_kx^{k+i-2} = 0$$

$a_0 \neq 0$, $k=0$ のときの係数$=i(i-1)-6=0 \Leftrightarrow i^2-i-6=0$ ㋒

$\Leftrightarrow (i+2)(i-3)=0$ の解は $i = -2, 3$

(i) $i = -2$ のとき，

x^{k-4} の係数$=\{(k-2)(k-3)-6\}a_k=0 \Leftrightarrow k(k-5)a_k=0$ ㋓

よって，$a_1=a_2=a_3=a_4=0$, $a_6=a_7=a_8=\cdots=0$ となり，

解は，$y = \dfrac{a_0}{x^2} + a_5x^3$ ㋔

(ii) $i=3$ のとき，x^{k+1} の係数$=\{(k+3)(k+2)-6\}a_k=0$

$\Leftrightarrow k(k+5)a_k=0$ から $k=0$　$\therefore$ $y=a_0x^3$ ㋕

以上より，与えられた微分方程式の一般解は，

$$y = \frac{C_1}{x^2} + C_2x^3 \quad (C_1, C_2：任意定数)$$ 答

(2) $y=\sum_{k=0}^{\infty}a_kx^{i+k}$ とおいたとき，与式に y, y' を代入して，

$$\sum_{k=0}^{\infty}(i+k)(i+k-1)a_kx^{k+i-2} = 6\sum_{k=0}^{\infty}a_kx^{k+i-3}$$

両辺の最低次の項の係数を比較して ㋖，$0=6a_0$ ㋗

これは仮定 $a_0 \neq 0$ から成立しない．したがって，与えられた微分方程式はフロベニウス解をもたない．

ポイント

㋐ p. 175 参照．

㋑ $6\cdot x^{i-2}\sum_{k=0}^{\infty}a_kx^k$

㋒ **決定方程式**とよぶ．

$i^2+(b_0-1)i+c_0=0$

$b_0 = \lim_{x\to0}x\cdot(0) = 0$　（(0)：y' の係数）

$c_0 = \lim_{x\to0}x^2\cdot\left(-\dfrac{6}{x^2}\right) = -6$　（y の係数）

より決定方程式は

$i^2 - i - 6 = 0$

と求めることもできる．

㋓ $k = 0, 5$ のとき，a_0, a_5 は任意定数．$k \neq 0, 5$ のとき，$a_k = 0$

㋔ $y = \sum_{k=0}^{\infty}a_kx^{i+k}$

に $(i, k) = (-2, 0)$

$(i, k) = (-2, 5)$

を代入．

㋕ a_0：任意定数

$a_1 = a_2 = \cdots = 0$

㋖ 左辺の最低次は x^{i-2}

右辺の最低次は x^{i-3}

㋗ x^{i-3} の係数

練習問題　6-8　　解答 p. 236

次の微分方程式の点 O のまわりの級数解を求めよ．　$y'' - \dfrac{6}{x^2}y' = 0$

問題 6-9 ▼フロベニウスの級数解（2）

次の微分方程式 $2xy'' + (x+1)y' + 3y = 0$ をフロベニウス法を用いて解け．

●考え方●

$x=0$ は確定特異点であり，$y = x^i\sum_{k=0}^{\infty}a_kx^k = \sum_{k=0}^{\infty}a_kx^{i+k}$ $(a_0 \neq 0)$ とおき，処理する．

解答

$$y'' = x^{i-2}\sum_{k=0}^{\infty}(i+k)(i+k-1)a_kx^k$$

$y' = x^{i-1}\sum_{k=0}^{\infty}(i+k)a_kx^k$，$y = x^i\sum_{k=0}^{\infty}a_kx^k$ $(a_0 \neq 0)$

を与式に代入して，

$$2x^{i-1}\sum_{k=0}^{\infty}(i+k)(i+k-1)a_kx^k + \underbrace{x^{i-1}\sum_{k=0}^{\infty}(i+k)a_kx^{k+1}}_{㋐}$$

$$+x^{i-1}\sum_{k=0}^{\infty}(i+k)a_kx^k + \underbrace{3x^{i-1}\sum_{k=0}^{\infty}a_kx^{k+1}}_{㋐} = 0$$

辺々を x^{i-1} で割ると，

$$\underbrace{2\sum_{k=0}^{\infty}(i+k)(i+k-1)a_kx^k}_{㋑} + \underbrace{\sum_{k=0}^{\infty}(i+k)a_kx^k}_{㋑}$$

$$+\underbrace{\sum_{k=0}^{\infty}(i+k+3)a_kx^{k+1}}_{㋐} = 0$$

$$\Leftrightarrow \underbrace{\sum_{k=0}^{\infty}(i+k)(2i+2k-1)a_kx^k}_{㋑} + \sum_{k=0}^{\infty}(i+k+3)a_kx^{k+1} = 0 \quad \cdots①$$

①式で定数項（$k=0$）の係数$=i(2i-1)a_0$

$a_0 \neq 0$ より，$\underbrace{i(2i-1)=0}_{㋒}$ から $i=0, \frac{1}{2}$

（i）$i=0$ のとき，x^n の係数は

$$\underbrace{n(2n-1)a_n}_{㋓} + \underbrace{(n+2)a_{n-1}}_{㋔} = 0$$

$$a_n = -\frac{n+2}{n(2n-1)}a_{n-1} \quad (n = 1, 2, 3, \cdots)$$

この解を y_0 とすると，　$y_0 = a_0\left(1 - 3x + 2x^2 - \frac{2}{3}x^3 + \cdots\cdots\right)$

（ii）$i = \frac{1}{2}$ のとき，x^n の係数は　$\underbrace{2n\left(n+\frac{1}{2}\right)a_n + \left(n+\frac{5}{2}\right)a_{n-1} = 0}_{㋕}$

$$a_n = \frac{-\left(n+\frac{5}{2}\right)}{2n\left(n+\frac{1}{2}\right)}a_{n-1} = \frac{-(2n+5)}{2n(2n+1)}a_{n-1} \quad (n=1, 2, \cdots)$$

この解を y_1 とすると，$y_1 = a_0\sqrt{x}\left(1 - \frac{7}{6}x + \frac{21}{40}x^2 - \frac{11}{80}x^3 + \cdots\cdots\right)$

以上より，$y = C_0\left(1 - 3x + 2x^2 - \frac{2}{3}x^3 + \cdots\right) + C_1\sqrt{x}\left(1 - \frac{7}{6}x + \frac{21}{40}x^2 - \frac{11}{80}x^3 + \cdots\right)$ 答

（C_1, C_2：任意定数）

ポイント

㋐ まとめて，

$\sum_{k=0}^{\infty}(i+k+3)a_kx^{k+1}$

となる．

㋑ まとめて，

$\sum_{k=0}^{\infty}(i+k)(2i+2k-1)\cdot a_kx^k$

となる．

㋒ 決定方程式

㋓ ①式で第 1 項の x^n の係数．$i=0$，$k=n$

㋔ ①式で第 2 項の x^n の係数．$i=0$，$k=n-1$

㋕ ①式で

第 1 項 $k=n$，$i=\frac{1}{2}$

第 2 項 $k=n-1$，$i=\frac{1}{2}$

を代入．

$a_2 = -\frac{7}{6}a_1$

$a_3 = -\frac{3}{4\cdot 5}a_2 = -\frac{21}{40}a_1$

練習問題　6-9　解答 p. 236

$3xy'' + 2y' + x^2y = 0$　をフロベニウス法を用いて解け．

問題 6-⑩ ▼フロベニウスの級数解（3）

$2x^2(x-1)y''+x(3x+1)y'-2y=0$ を $x=\infty$ の近傍で収束する級数で解け.

●考え方●　$x=\dfrac{1}{z}$ の置き換えをすれば，$z=0$ は確定特異点である.

解答

$x=\dfrac{1}{z}$ とおくと，$y'=-z^2\dfrac{dy}{dz}$，㋐ $y''=z^4\dfrac{d^2y}{dz^2}+2z^3\dfrac{dy}{dz}$ ㋑

を与式に代入すると，

$$2(z-z^2)\frac{d^2y}{dz^2}+(1-5z)\frac{dy}{dz}-2y=0 \qquad \cdots ⊛$$

ここで，$x=\infty$ に対する $z=0$ は確定特異点である.

級数解を，$y=a_0z^m+a_1z^{m+1}+\cdots+a_nz^{m+n}+\cdots\ (a_0\neq 0)$

と仮定すると，　…①

$m(2m-1)a_0z^{m-1}+\{(m+1)(2m+1)a_1$

$-(2m^2+3m+2)a_0\}z^m+\cdots+\{(m+n)(2m+2n-1)a_n$

$-(2(m+n)^2-(m+n)+1)a_{n-1}\}z^{m+n-1}+\cdots=0$

を得る.

ポイント

㋐ $\dfrac{dy}{dx}=\dfrac{\dfrac{dy}{dz}}{\dfrac{dx}{dz}}=-z^2\cdot\dfrac{dy}{dz}$

㋑ $\dfrac{d^2y}{dx^2}=\dfrac{\dfrac{d}{dz}\left(\dfrac{dy}{dx}\right)}{\dfrac{dx}{dz}}$

$=-z^2\left(-z^2\dfrac{dy}{dz}\right)'$

$=-z^2\left(-2z\dfrac{dy}{dz}-z^2\dfrac{d^2y}{dz^2}\right)$

$=z^4\dfrac{d^2y}{dz^2}+2z^3\dfrac{dy}{dz}$

帰納公式は，$a_n=\dfrac{2(m+n)^2-(m+n)+1}{(m+n)(2m+2n-1)}a_{n-1}\quad (n=1,2,\cdots)$　…②

$n\geqq 1$ のとき，これを上式に代入すると，a_n の係数は

$$\{(m+n)(2m+2n-1)a_n-(2(m+n)^2-(m+n)+1)a_{n-1}\}=0$$

となり，

$2(z-z^2)\dfrac{d^2y}{dz^2}+(1-5z)\dfrac{dy}{dz}-2y=m(2m-1)a_0z^{m-1}=0$ を満たす.

$a_0\neq 0$ より⊛が成り立つのは，$m=0$，$m=\dfrac{1}{2}$ のときで，$m=0$ の解を y_1，

$m=\dfrac{1}{2}$ の解を y_2 とすると，

（i）$m=0$ のとき，$y_1=a_0\left(1+2z+\dfrac{7}{3}z^2+\dfrac{112}{45}z^3+\cdots\right)$

$$=a^0\left(1+\frac{2}{x}+\frac{7}{3x^2}+\frac{112}{45x^3}+\cdots\right)$$

（ii）$m=\dfrac{1}{2}$ のとき，$y_2=a_0z^{\frac{1}{2}}\left(1+\dfrac{4}{3}z+\dfrac{22}{15}z^2+\dfrac{484}{315}z^3+\cdots\right)$

$$=a_0x^{-\frac{1}{2}}\left(1+\frac{4}{3x}+\frac{22}{15x^2}+\frac{484}{315x^3}+\cdots\right)$$

完全解は，$y=C_1y_1+C_2y_2$　（C_1, C_2：任意定数）　答

《注意》z は $|z|<1$ の z に対して収束し，x は $|x|>1$ の x に対して収束する.

練習問題　6-10　解答 p. 237

$2x^3y''+x^2y'+y=0$ を $x=\infty$ の近傍で収束する級数で解け.

問題 6-11 ▼ガンマ関数

(1) $\Gamma\left(\dfrac{1}{2}\right)=\sqrt{\pi}$ を示せ.　(2) $\Gamma\left(n+\dfrac{1}{2}\right)=\dfrac{(2n)!}{2^{2n}\cdot n!}\sqrt{\pi}$ を示せ.（$n=1, 2, 3, \cdots$）

(3) $\Gamma\left(-n+\dfrac{1}{2}\right)=\dfrac{(-1)^n 2^{2n} n!}{(2n)!}\sqrt{\pi}$ を示せ.（$n=1, 2, 3, \cdots$）

●考え方●　$\Gamma(x)=\int_0^\infty t^{x-1}e^{-t}dt$（$x>0$）であり, $\boxed{\Gamma(x)=(x-1)\Gamma(x-1)}$ …⊛, $\Gamma(1)=1$（p.180）の活用.

解答

(1) $\Gamma\left(\dfrac{1}{2}\right)=\int_0^\infty t^{\frac{1}{2}-1}e^{-t}dt=\int_0^\infty t^{-\frac{1}{2}}e^{-t}dt=\int_0^\infty \dfrac{e^{-t}}{\sqrt{t}}dt$

$u=\sqrt{t}$ とおくと, $du=\dfrac{1}{2}t^{-\frac{1}{2}}dt$ ㋐

t	$0\to\infty$
u	$0\to\infty$

$=2\int_0^\infty e^{-u^2}du$ ㋑ $=2\cdot\dfrac{\sqrt{\pi}}{2}=\sqrt{\pi}$

(2) ⊛を繰り返し用いると,

$$\Gamma\left(n+\frac{1}{2}\right)=\left(n-\frac{1}{2}\right)\Gamma\left(n-\frac{1}{2}\right)=\left(n-\frac{1}{2}\right)\left(n-\frac{3}{2}\right)\Gamma\left(n-\frac{3}{2}\right)$$

$$=\left(n-\frac{1}{2}\right)\left(n-\frac{3}{2}\right)\left(n-\frac{5}{2}\right)\cdots\cdots\frac{3}{2}\cdot\frac{1}{2}\Gamma\left(\frac{1}{2}\right)$$

$$=\frac{(2n-1)(2n-3)\cdots\cdots3\cdot1}{2^n}\sqrt{\pi}$$

$$=\frac{2n\cdot(2n-1)(2n-2)\cdots\cdots3\cdot2\cdot1}{2^n\cdot2n\cdot(2n-2)\cdots\cdots2}\sqrt{\pi}$$ ㋒

$$=\frac{(2n)!}{2^n\cdot2^n\cdot n!}\sqrt{\pi}=\frac{(2n)!}{2^{2n}n!}\sqrt{\pi}\quad(n=1, 2, 3, \cdots)$$

ポイント

㋐ $u=t^{-\frac{1}{2}}$ の両辺を t で微分
$\dfrac{du}{dt}=\dfrac{1}{2}t^{-\frac{1}{2}}$
$\therefore\ du=\dfrac{1}{2\sqrt{t}}dt$

㋑ $\int_0^\infty e^{-u^2}du=\dfrac{\sqrt{\pi}}{2}$
p. 147 参考 参照.

㋒ $2n\cdot(2n-2)\cdots\cdots2$
$=2n\cdot2(n-1)\cdots\cdots2\cdot1$
$=2^n\cdot n\cdot(n-1)\cdots\cdots1$
$=2^n\cdot n!$

㋓ $n=1, 2, 3, \cdots$のとき,
$-n+\dfrac{1}{2}<0$
$x<0$ のとき, $\Gamma(x)$ の定義は, p. 180 より
$\Gamma(x)=\dfrac{\Gamma(x+n)}{x(x+1)\cdots(x+n-1)}$

㋔ (1)より $\Gamma\left(\dfrac{1}{2}\right)=\sqrt{\pi}$

(3) $\Gamma\left(-n+\dfrac{1}{2}\right)$ ㋓ $=\dfrac{\Gamma\left(-n+\dfrac{1}{2}+n\right)}{\left(-n+\dfrac{1}{2}\right)\left(-n+\dfrac{1}{2}+1\right)\cdots\cdots\left(-n+\dfrac{1}{2}+n-1\right)}$

$$=\frac{\Gamma\left(\frac{1}{2}\right)}{\left(-n+\frac{1}{2}\right)\left(-n+\frac{3}{2}\right)\cdots\cdots\left(-\frac{1}{2}\right)}$$ ㋔

$$=\frac{(-1)^n 2^n\sqrt{\pi}\cdot2n\cdot(2n-2)\cdots\cdots2}{2n\cdot(2n-1)\cdot(2n-2)\cdots\cdots3\cdot2\cdot1}$$

$$=\frac{(-1)^n\cdot2^{2n}\cdot n!}{(2n)!}\sqrt{\pi}\quad(n=1, 2, \cdots)$$

練習問題　6-11　解答 p. 237

$\Gamma\left(\dfrac{3}{2}\right), \Gamma\left(\dfrac{5}{2}\right)$ の値を求めよ.

問題 6-12 ▼ベッセル関数（1）

次の微分方程式

$$xy'' + y' + xy = 0$$

の解ベッセル関数 $J_0(x)$ をフロベニウス法を用いて解け．

●考え方●

上の微分方程式は，ベッセル微分方程式（p. 178）で $p = 0$ とおいたもので，**0 位のベッセルの微分方程式**といい，同じように $x^2y''+xy'+(x^2-p^2)y=0$ を **p 位のベッセルの微分方程式**という．$y = x^i\sum_{k=0}^{\infty}a_kx^k$ とおいて a_k（$k=0, 1, 2, \cdots$）を決定してみる．

解答

$$y = x^i\sum_{k=0}^{\infty}a_kx^k \text{ のとき，}$$

$$y' = \sum_{k=0}^{\infty}(i + k)a_kx^{i+k-1} = x^{i-1}\sum_{k=0}^{\infty}(i + k)a_kx^k$$

$y'' = x^{i-2}\sum_{k=0}^{\infty}(i+k)(i+k-1)a_kx^k$ を与式に代入して，

$$x^{i-1}\sum_{k=0}^{\infty}(i+k)(i+k-1)a_kx^k + x^{i-1}\sum_{k=0}^{\infty}(i+k)a_kx^k + x^{i-1}\sum_{k=0}^{\infty}a_kx^{k+2} = 0$$

両辺を x^{i-1} で割ると，

$$\sum_{k=0}^{\infty}(i+k)(i+k-1)a_kx^k+\sum_{k=0}^{\infty}(i+k)a_kx^k+\sum_{k=0}^{\infty}a_kx^{k+2}=0 \quad \cdots ①$$

x の各べきの係数を 0 とおく．

$k = 0$ のとき，定数項 $= \{i(i-1) + i\}a_0 = i^2a_0$ ㋐ $= 0$

から $i = 0$．このとき，

$$① \Leftrightarrow \sum_{k=0}^{\infty}k(k-1)a_kx^k+\sum_{k=0}^{\infty}ka_kx^k+\sum_{k=0}^{\infty}a_kx^{k+2}=0 \quad \cdots ②$$

x の係数は $k = 1$ を代入して，$a_1x = 0$ ㋑ から $a_1 = 0$

x^n の係数は　$\{n\cdot(n-1)a_n$ ㋒ $+ na_n$ ㋓ $+ a_{n-2}$ ㋔ $\}x^n=0$

$$a_n=-\frac{1}{n^2}a_{n-2} \quad (n\geqq 2)$$ ㋕

よって，

$$y=J_0(x)=a_0\left\{1-\left(\frac{x}{2}\right)^2+\frac{1}{(2!)^2}\left(\frac{x}{2}\right)^4-\frac{1}{(3!)^2}\left(\frac{x}{2}\right)^6+\cdots\right\}$$

$$=c_0\sum_{n=0}^{\infty}\frac{(-1)^n}{(n!)^2}\left(\frac{x}{2}\right)^{2n}$$ 答 $(c_0 = a_0)$

《注意》ダランベールの公式より右辺は収束するから，これが求める解となる．

ポイント

㋐ 決定方程式

$i^2 + (b_0 - 1)i + c_0 = 0$

で b_0, c_0 は

$b_0 = \lim_{x\to 0}x\cdot\frac{1}{x} = 1$

$c_0 = \lim_{x\to 0}x^2\cdot\frac{x}{x} = 0$

より $i^2 = 0$

から求めてもよい．

㋑ ②式の第 1, 3 項から x の項は現れない．

第 2 項から a_1x．

㋒ ②の第 1 項で x^n の係数．

㋓ ②の第 2 項．

㋔ ②の第 3 項．

㋕ $a_1 = 0$．

n：奇数のとき，$a_n = 0$

$a_2 = -\frac{1}{2^2}a_0$

$a_4 = -\frac{1}{4^2}a_2 = \frac{1}{2^2\cdot 4^2}a_0$

$a_6 = -\frac{1}{2^2\cdot 4^2\cdot 6^2}a_0$

⋮

となる．

練習問題　6-12　解答 p. 237

次の微分方程式をフロベニウス法を用いて解け．

$x(x - 1)y'' + (3x - 1)y' + y = 0$　**（ガウスの微分方程式の特殊形）**

問題6-⑬ ▼ベッセル関数（2）

$$xy'' + y' + xy = 0 \quad \cdots\circledast$$

問題6-⑫で求めたベッセル関数 $J_0(x)$ をもとに，上式の微分方程式の基本解の組を求めよ．

●考え方●　決定方程式は $i^2 = 0$．p. 176 定理6-5 の(ⅱ)により，他の1次独立の解は $y = J_0(x)\log x + \underbrace{\sum_{n=1}^{\infty} b_n x^n}_{v(x)\text{とおく．}}$．$\circledast$をみたすように b_n を決定する．

解答　y, y', y''㋐を$\circledast$に代入して整理すると，

$$\log x\,(xJ_0''+J_0'+xJ_0)㋑+xv''+v'+xv=-2J_0'$$

$\boxed{xv''+v'+xv=-2J_0'}$　$v=\sum_{n=1}^{\infty} b_n x^n$ とおき，

v, v', v''㋒を上式に代入して，

$$\sum_{n=1}^{\infty} n(n-1)b_n x^{n-1}+\sum_{n=1}^{\infty} nb_n x^{n-1}㋓+\sum_{n=1}^{\infty} b_n x^{n+1}㋔=\sum_{k=1}^{\infty}\frac{(-1)^{k-1}2k}{(k!)^2 2^{2k-1}}x^{2k-1}$$

$$\Leftrightarrow \sum_{n=0}^{\infty}\{(n+1)^2 b_{n+1}+b_{n-1}\}x^n=\sum_{k=1}^{\infty}\frac{(-1)^{k-1}2k}{(k!)^2 2^{2k-1}}x^{2k-1} \quad\cdots①$$

・$n=2k-1$ のとき，①の両辺を比較して

$$\boxed{(2k)^2 b_{2k} + b_{2k-2} = \frac{(-1)^{k-1}2k}{(k!)^2 2^{2k-1}}} \quad\cdots②$$

・$n=2k$ のとき，①の両辺を比較して，

$$\boxed{(2k+1)^2 b_{2k+1} + b_{2k-1} = 0} \quad\cdots③$$

③式から㋕ $b_1 = b_3 = b_5 = \cdots = 0$

②式から，$b_{2k} = \dfrac{(-1)^{k-1}}{k\cdot(k!)^2 2^{2k}} - \dfrac{1}{(2k)^2}b_{2k-2}$㋖

から　$b_{2k} = \dfrac{(-1)^{k-1}}{(k!)^2\cdot 2^{2k}}\left(\dfrac{1}{k}+\dfrac{1}{k-1}+\cdots+1\right)$

$$\therefore\ v(x)=\sum_{k=1}^{\infty}\frac{(-1)^{k-1}}{(k!)^2\cdot 2^{2k}}\left(1+\frac{1}{2}+\frac{1}{3}+\cdots+\frac{1}{k}\right)x^{2k}$$

よって，0位のベッセル微分方程式の基本解の組は

$$J_0(x),\ J_0(x)\log x+\sum_{n=1}^{\infty}\frac{(-1)^{k-1}}{(k!)^2}\left(1+\frac{1}{2}+\frac{1}{3}+\cdots+\frac{1}{k}\right)\left(\frac{x}{2}\right)^{2k}$$

…（答）

ポイント

㋐ $y' = J_0'\log x + J_0\dfrac{1}{x} + v'$

$y'' = J_0''\log x + 2J_0'\dfrac{1}{x} - J_0\dfrac{1}{x^2} + v''$

㋑ J_0 は$\circledast$の解より

$xJ_0'' + J_0' + xJ_0 = 0$

㋒ $v' = \sum_{n=1}^{\infty} nb_n x^{n-1}$

$v'' = \sum_{n=1}^{\infty} n(n-1)b_n x^{n-2}$

㋓ $\sum_{n=1}^{\infty} n^2 b_n x^{n-1}$

$= \sum_{n=0}^{\infty}(n+1)^2 b_{n+1}x^n$

㋔ $\sum_{n=1}^{\infty} b_n x^{n+1} = \sum_{n=0}^{\infty} b_{n-1}x^n$

これより，$b_{-1}=0$，$b_0=0$

㋓,㋔を x^n でそろえる．

㋕ $k=0, 1, 2\cdots$ を代入

$b_{-1}=0$ から得られる．

㋖ $b_2 = \dfrac{(-1)^0}{1\cdot1^2\cdot2^2} = \dfrac{1}{4}$

$b_4 = \dfrac{-1}{2\cdot(2!)^2\cdot2^4}$

$- \dfrac{1}{4^2}\dfrac{(-1)^0}{1\cdot(1!)^2\cdot2^2}$

$= \dfrac{-1}{(2!)^2\cdot2^4}\left(\dfrac{1}{2}+1\right)$

$b_6 = \dfrac{(-1)^2}{(3!)^2\cdot2^6}\left(\dfrac{1}{3}+\dfrac{1}{2}+1\right)$

⋮

練習問題　6-13　　解答 p. 238

次の微分方程式はカッコ内の変数変換によってベッセル微分方程式に帰着できることを示し，解をベッセル関数を用いて表せ．（ただし $p \neq 0, 1, 2, \cdots$）

(1)　$x^2y''+xy'+\dfrac{1}{4}(x^2-1)y=0$　$(x=2t)$　　(2)　$x^2y''+xy'+4(x^4-p^2)y=0$　$(x^2=t)$

問題 6-14 ▼ベッセル関数（3）

ベッセル関数 $J_p(x)$ に対して，

（1） $J_{\frac{1}{2}}(x)=\sqrt{\dfrac{2}{\pi x}}\sin x$　　（2） $J_{-\frac{1}{2}}(x)=\sqrt{\dfrac{2}{\pi x}}\cos x$ を示せ．

●考え方●

p. 180 より $J_p(x)=\sum_{n=0}^{\infty}\dfrac{(-1)^n}{n!\Gamma(n+1+p)}\left(\dfrac{x}{2}\right)^{2n+p}$ であり，$p=\dfrac{1}{2},-\dfrac{1}{2}$ として変形．

解答

（1） $J_{\frac{1}{2}}(x)=\sum_{n=0}^{\infty}\dfrac{(-1)^n}{n!\underset{㋐}{\underline{\Gamma\left(n+1+\frac{1}{2}\right)}}}\left(\dfrac{x}{2}\right)^{2n+\frac{1}{2}}$

$$=\left(\frac{2}{x}\right)^{\frac{1}{2}}\sum_{n=0}^{\infty}\frac{(-1)^n2^{2n+2}(n+1)!}{n!(2n+2)!\sqrt{\pi}}\left(\frac{x}{2}\right)^{2n+1}$$

ここで，

$$\frac{2^{2n+2}(n+1)!}{n!(2n+2)!}\cdot\left(\frac{x}{2}\right)^{2n+1}=\frac{2\cdot(n+1)}{(2n+2)(2n+1)!}\cdot x^{2n+1}$$

$$=\frac{x^{2n+1}}{(2n+1)!}$$

となるから，

$$J_{\frac{1}{2}}(x)=\sqrt{\frac{2}{\pi x}}\underset{㋑}{\underline{\sum_{n=0}^{\infty}\frac{(-1)^n}{(2n+1)!}x^{2n+1}}}=\sqrt{\frac{2}{\pi x}}\sin x \ ■$$

（2） $J_{-\frac{1}{2}}(x)=\sum_{n=0}^{\infty}\dfrac{(-1)^n}{n!\underset{㋒}{\underline{\Gamma\left(n+1-\frac{1}{2}\right)}}}\left(\dfrac{x}{2}\right)^{2n-\frac{1}{2}}$

$$=\left(\frac{2}{x}\right)^{\frac{1}{2}}\sum_{n=0}^{\infty}\frac{(-1)^n2^{2n}n!}{n!(2n)!\sqrt{\pi}}\left(\frac{x}{2}\right)^{2n}$$

$$=\sqrt{\frac{2}{\pi x}}\underset{㋓}{\underline{\sum_{n=0}^{\infty}\frac{(-1)^n}{(2n)!}x^{2n}}}=\sqrt{\frac{2}{\pi x}}\cos x \ ■$$

ポイント

㋐ 問題 6-11より
$\Gamma\left(n+\dfrac{1}{2}\right)=\dfrac{(2n)!}{2^{2n}\cdot n!}\sqrt{\pi}$
の n に $n+1$ を代入．

㋑ $\sin x$ のマクローリン展開
$\sin x=\sum_{n=0}^{\infty}\dfrac{(-1)^n}{(2n+1)!}x^{2n+1}$

㋒ $\Gamma\left(n+1-\dfrac{1}{2}\right)=\Gamma\left(n+\dfrac{1}{2}\right)$
$=\dfrac{(2n)!}{2^{2n}\cdot n!}\sqrt{\pi}$
（問題 6-11の（2））

㋓ $\cos x$ のマクローリン展開
$\cos x=\sum_{n=0}^{\infty}\dfrac{(-1)^n}{(2n)!}x^{2n}$

練習問題　6-14　解答 p. 238

ベッセル関数の漸化式（p. 182）を利用し，$J_{\frac{5}{2}}(x), J_{-\frac{5}{2}}(x)$ を $\sin x$，$\cos x$ を用いた初等関数の表示式で求めよ．

問題 6-⑮ ▼ベッセル関数（4）

(1) n：0 以上の整数のとき，$J_{-n}(x)=(-1)^n J_n(x)$ を示せ.

(2) 第 2 種ベッセル関数 $Y_n(x)$ （p. 181）が

$$Y_n(x)=J_n(x)\int\frac{1}{x\{J_n(x)\}^2}dx \quad (n：0\text{ 以上の整数})$$

となることを示せ.

●考え方●

(1) n：0 以上の整数のとき，$J_{-n}(x)$ と $J_n(x)$ は従属である.

$$J_{-n}(x)=\sum_{n=0}^{\infty}\frac{(-1)^k}{k!\,\Gamma(-n+k+1)}\left(\frac{x}{2}\right)^{2k-n}=\left(\frac{x}{2}\right)^{-n}\sum_{k=0}^{\infty}\frac{(-1)^k}{k!\,\Gamma(-n+k+1)}\left(\frac{x}{2}\right)^{2k}$$

(2) $y=J_n(x)z(x)$ とおき，z', z'' の関係式を求めてみる.

解答

(1) $\Gamma(-n+k+1)$ $(k=0,1,2,\cdots,n-1)$ は $-n+k+1\leqq 0$ のとき, 0 となるから $-n+k+1\geqq 1$, $k\geqq n$ で k は $k=n$ からはじまる.

$$J_{-n}(x)=\left(\frac{x}{2}\right)^{-n}\sum_{k=n}^{\infty}\frac{(-1)^k}{k!\,\Gamma(\underbrace{-n+k}_{㋐}+1)}\left(\frac{x}{2}\right)^{2k}$$

$$=\left(\frac{x}{2}\right)^{-n}\sum_{m=0}^{\infty}\frac{(-1)^{m+n}}{\underbrace{(m+n)!}_{㋑}\ \underbrace{\Gamma(m+1)}_{㋒}}\left(\frac{x}{2}\right)^{2m+2n}$$

$$=(-1)^n\underbrace{\sum_{m=0}^{\infty}\frac{(-1)^m}{\Gamma(n+m+1)\,m!}\left(\frac{x}{2}\right)^{n+2m}}_{㋓}$$

$$\therefore\ \underbrace{J_{-n}(x)=(-1)^nJ_n(x)}_{㋔}$$

ポイント

㋐ $-n+k=m$ とおくと

k	$n\to\infty$
m	$0\to\infty$

㋑ $(m+n)!=\Gamma(n+m+1)$

㋒ $\Gamma(m+1)=m!$

㋓ $J_n(x)$

㋔ $J_{-n}(x), J_n(x)$ は 1 次従属.

㋕ $y'=J_n'z+J_nz'$

$y''=J_n''z+2J_n'z'+J_nz''$

㋖ 変数分離形の微分方程式

(2) $\underbrace{y=J_n(x)z(x)}_{㋕}$ とおき，y, y', y'' をベッセル方程式に代入すると,

$$\boxed{z''+\left(\frac{2}{J_n}J_n'+\frac{1}{x}\right)z'=0}$$

$z'=u$ とおくと，$\underbrace{\dfrac{du}{dx}=-\left(2\dfrac{J_n'}{J_n}+\dfrac{1}{x}\right)u}_{㋖}$ から $\displaystyle\int\frac{du}{u}=-2\int\frac{J_n'}{J_n}dx-\int\frac{1}{x}dx$

$\log|u|=\log\left|\dfrac{e^{C_0}}{x\{J_n\}^2}\right|$，$z'=\dfrac{C_1}{x\{J_n\}^2}$. 辺々を x で積分して

$$z(x)=C_1\int\frac{1}{x\{J_n(x)\}^2}dx+C_2$$

よって，$y=\underbrace{C_2J_n(x)}_{\text{第 1 種}}+\underbrace{C_1J_n(x)\int\frac{1}{x\{J_n(x)\}^2}dx}_{\text{第 2 種}}$

$$\therefore\ Y_n(x)=J_n(x)\int\frac{1}{x\{J_n(x)\}^2}dx \quad ■$$

練習問題　6-15　　解答 p. 238

$J_2(x), J_3(x), J_4(x)$ を J_0, J_1 で表す式を求めよ.

コラム６　◆ルジャンドル関数，ベッセル関数の広がり

ルジャンドル微分方程式　$(1-x^2)y''-2xy'+n(n+1)=0$

$(n=0,1,2,\cdots)$　(p. 171)

ベッセル微分方程式　$x^2y''+xy'+(x^2-p^2)y=0$　(p：定数)

の解をそれぞれルジャンドル関数，ベッセル関数ということは今まで紹介してきた．これらの関数がどのような形で現れるかを，結果のみ簡単に紹介しよう．

ルジャンドル関数は，ポテンシャル，拡散，波動，量子力学などの問題を極座標を使うとき，球面上の座標 θ に関する因子として現れるので，**球関数**ともよばれる．応用例としては，3 次元ラプラス方程式

$$\varDelta U=0 \quad \cdots①$$

$$\left(\varDelta=\frac{\partial^2}{\partial x^2}+\frac{\partial^2}{\partial y^2}+\frac{\partial^2}{\partial z^2}\right)$$

を極座標 (r,θ,φ) により

$$U=u(r)v(\theta)w(\varphi) \quad \cdots②$$

と変数分離して解くと，

$u=r^n$　または　r^{-n-1}

$v=P_n{}^m(\cos\theta)$　または　$P_n{}^m(\sin\theta)$　(ルジャンドル関数)

$w=\cos m\varphi$　または　$\sin m\varphi$

が得られる．ここで，u,v,w の各 2 通りの関数からどのように選んで②の積を作っても，ラプラス方程式①の解 U を得る．

また，ベッセル関数は，歴史的には，惑星の運動に関するケプラーの方程式を解くために考えられ，さらに F. W. ベッセルによって組織的に研究されたが，その後いろいろな問題に現れ，応用上重要な地位をしめるに至った．

例えば，ヘルムホルツの方程式とよばれる数理物理学で重要な公式 $\varDelta u+k^2u=0$　$\left(\varDelta=\frac{\partial}{\partial x^2}+\frac{\partial}{\partial y^2}\right)$ において，独立変数を直交座標 (x,y) から極座標 (r,θ) に変換すると，この方程式はベッセル関数 $J_n(r)$ を使って，

$$J_n(kr)\cos n\theta, \quad J_n(kr)\sin n\theta \quad (n=0,1,2,\cdots)$$

と表される解をもつ．

Chapter 7

偏微分方程式

偏微分方程式の基本概念を解説し，
2 階偏微分方程式の最も基本的な 3 つのタイプ，
波動方程式，熱方程式，ラプラスの方程式
を取り扱う．

基本事項

1 偏微分方程式入門（問題 7-[1], [2]）

❶ 序論

2つ以上の独立変数とそれらの関数および偏導関数の間の関係を与える方程式を**偏微分方程式**という．この偏微分方程式に含まれる最高次の偏導関数の次数をこの偏微分方程式の**階数**という．与えられた偏微分方程式を満たすような関数をその偏微分方程式の**解**という．

ここでは直接に解が求められるような簡単な形の微分方程式についていくつかの例題を通じて処理の方法を学ぶ．

例題 1

次の偏微分方程式の解 $z = z(x, y)$ を求めよ．

(1) $\dfrac{\partial z}{\partial x} = 0$　　(2) $\dfrac{\partial z}{\partial x} = y$　　(3) $\dfrac{\partial z}{\partial x} = x$　　(4) $\dfrac{\partial z}{\partial x} = z$

（解）(1) x について積分すれば，$\varphi(y)$ を y の**任意関数**として，

$z = \varphi(y)$ …（答）となる解が得られる．

(2) x について積分すれば，$\varphi(y)$ を y の任意関数として，

$z = xy + \varphi(y)$ …（答）となる解が得られる．

(3) x について積分すれば，$\varphi(y)$ を y の任意関数として，

$z = \dfrac{1}{2}x^2 + \varphi(y)$ …（答）となる解が得られる．

(4) $\dfrac{\partial}{\partial x}(\log z) = \dfrac{1}{z}\dfrac{\partial z}{\partial x} = 1$ となるから，x について積分すれば

$\log z = x + \varphi_1(y)$　（$\varphi_1(y)$：任意関数）

$\Leftrightarrow z = e^{x+\varphi_1(y)} = \varphi(y)e^x$　（$\varphi(y)$：任意関数）

例題 1 の1階偏微分方程式は，一つの任意関数を含む解をもつ．これは1階常微分方程式の解が一つの任意定数を含むことに対応している．

1階偏微分方程式の解で一つの任意定数を含むものを，この偏微分方程式の**一般解**という．

例題 2

$$\frac{\partial z}{\partial x} + \frac{\partial z}{\partial y} = 0 \quad \cdots① \quad \text{の一般解を求めよ.}$$

（解）方程式①において，$s = x + y$，$t = x - y$ …② と変数変換し，**例題 1** の(1)の形に変形する.

②式より，$x = \dfrac{1}{2}(s + t)$，$y = \dfrac{1}{2}(s - t)$.

$$\frac{\partial x}{\partial s} = \frac{1}{2},\quad \frac{\partial y}{\partial s} = \frac{1}{2} \text{ であり，}$$

$z = z(x, y)$ を s, t の関数とみることにすれば，

$$\frac{\partial z}{\partial s} = \frac{\partial z}{\partial x}\frac{\partial x}{\partial s} + \frac{\partial z}{\partial y}\frac{\partial y}{\partial s} = \frac{1}{2}\left(\frac{\partial z}{\partial x} + \frac{\partial z}{\partial y}\right) \overset{\text{①より}}{=} 0$$

$$\therefore\ \frac{\partial z}{\partial s} = 0$$

←**例題 1** の(1)と同じ.

$\varphi(t)$ を任意関数として，$z = \varphi(t)$ となる解が得られる.

$t = x - y$ より，求める一般解は　$z = \varphi(x - y)$　…(答)

❷ ラグランジュの偏微分方程式

1 階線形偏微分方程式の中でも典型的な次のラグランジュ偏微分方程式を紹介しよう.

x, y：独立変数，z を従属変数とする偏微分方程式

$$P(x, y, z)\frac{\partial z}{\partial x} + Q(x, y, z)\frac{\partial z}{\partial y} = R(x, y, z) \quad \cdots①$$

を**ラグランジュの偏微分方程式**という.

これを解くために特性方程式である次の常微分方程式

$$\frac{dx}{P(x, y, z)} = \frac{dy}{Q(x, y, z)} = \frac{dz}{R(x, y, z)} \quad \cdots②$$

を用意する．これを 2 つに分解して解いて，②の独立な解を

$$F(x, y, z) = C_1, \quad G(x, y, z) = C_2$$

と求めた後，①の一般解は $\varphi(s, t)$ を任意関数とすると，

$$\varphi(F(x, y, z), G(x, y, z)) = 0 \quad \cdots③ \quad \text{で与えられる.}$$

←証明 **問題** 7-1

《注意》③の一般解は $\varphi(s)$ を任意関数として，$F(x, y, z) = \varphi(G(x, y, z))$ で与えられるといってもよい.

2　2 階線形偏微分方程式（問題 7-3, 4, 5）

❶ 境界値，初期値問題

工学上の問題に関連する偏微分方程式はいろいろあるが，そのうちで最も基本的なものは次の 3 つの方程式である．

（Ⅰ）$\dfrac{\partial^2 u}{\partial t^2} = C^2 \dfrac{\partial^2 u}{\partial x^2}$　（C は定数）　波動方程式　（問題 7-3）

（Ⅱ）$\dfrac{\partial u}{\partial t} = k^2 \dfrac{\partial^2 u}{\partial x^2}$　（k は定数）　熱方程式　（問題 7-4）

（Ⅲ）$\dfrac{\partial^2 u}{\partial x^2} + \dfrac{\partial^2 u}{\partial y^2} = 0$　ラプラスの方程式　（問題 7-5）

工学上の問題で偏微分方程式が問題になるときは，偏微分方程式そのものばかりでなく，**境界条件**，**初期条件**とよばれる条件がつけ加わっているのがふつうである．偏微分方程式の解でこれらの条件を満たすものを求める問題を**境界値問題**，**初期値問題**という．

❷ 弦の振動の方程式

上で紹介した偏微分方程式のうち，（Ⅰ）の波動方程式は弦の振動方程式ともよばれ，これがどのように導かれるかを簡単に説明しよう．いま，両端を固定した弦の振動を考える．弦の静止の位置（平衡状態の位置）を x 軸にとる．弦は平面内で振動しているとし，その平面内で x 軸に垂直な方向の時刻 t における変位の大きさを $u(t, x)$ とし，$u(t, x)$ を記述する微分方程式を考える．

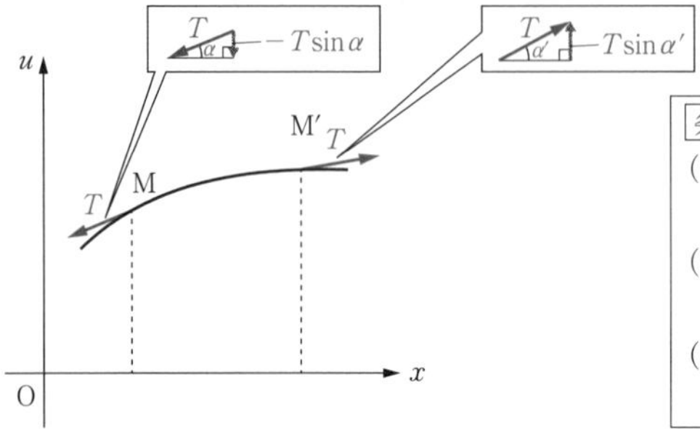

条件

（ⅰ）弦の各点は，y 軸のみ移動し，張力は T で一定．

（ⅱ）弦の各点における密度は一定でこれを ρ とする．

（ⅲ）弦の微小部分 MM′ に働く力は両端における張力になる．

M, M′ における接線が x 軸となす角を α, α' とすれば，点 M に働く張力 T の y 方向の成分は $-T\sin\alpha$，点 M′ において $T\sin\alpha'$ となるから，x 軸に垂直な方向への分力は，$T\sin\alpha' - T\sin\alpha = T(\sin\alpha' - \sin\alpha)$　…①

α, α' が非常に小さいと仮定すれば，$\sin\alpha = \tan\alpha$，$\sin\alpha' = \tan\alpha'$ とみてよく，これは M, M′ における接線の傾きに等しく，

$$\tan\alpha = \frac{\partial u}{\partial x}(t, x), \quad \tan\alpha' = \frac{\partial u}{\partial x}(t, x + \Delta x)$$

と表せるから，①は

$$T(\tan\alpha' - \tan\alpha) = T\left\{\frac{\partial u}{\partial x}(t, x + \Delta x) - \frac{\partial u}{\partial x}(t, x)\right\}$$

$$= T \cdot \frac{\partial^2 u}{\partial x^2}(t, x) \cdot \Delta x$$

弦の部分 MM′ の質量は $\rho\Delta x$，また加速度は $\dfrac{\partial^2 u}{\partial t^2}$ であるから，次の運動方程式が得られる．

$$\rho\Delta x \cdot \frac{\partial^2 u}{\partial t^2} = T \cdot \frac{\partial^2 u}{\partial x^2} \cdot \Delta x \iff \frac{\partial^2 u}{\partial t^2} = \frac{T}{\rho} \cdot \frac{\partial^2 u}{\partial x^2}$$

$\dfrac{T}{\rho}$ は正の一定値である．これを C^2 とすれば**弦の振動方程式**

$$\frac{\partial^2 u}{\partial t^2} = C^2 \frac{\partial^2 u}{\partial x^2}$$

が得られる．

Memo　弦の振動の方程式を一般化（xy 平面に振動が広がる円形膜の振動）すると，

$$\frac{\partial^2 u}{\partial t^2} = C^2\left(\frac{\partial^2 u}{\partial x^2} + \frac{\partial^2 u}{\partial y^2}\right) \quad \cdots ⊛$$

（《注意》上式は $\Delta = \dfrac{\partial^2}{\partial x^2} + \dfrac{\partial^2}{\partial y^2}$ というラプラシアンの記号を用いて，$\dfrac{\partial^2 u}{\partial t^2} = C^2 \Delta u$ と表される．Δu は一般に振動の状態を記述するために用いられる．）

⊛は円形膜の振動を表す式でもあり，また固体に熱を加えたとき，温度変化の関数を $u(x, y, t)$ としたときの**熱伝導方程式**を表し，温度変化が時刻 t と位置（x, y）に依存していることを意味している．

この方程式の特殊な状態を考える．$\dfrac{\partial u}{\partial t} = 0$ のとき，温度変化が時刻に依存しなく，位置だけで決まることを意味している．この関係式が p. 202（Ⅲ）の $\dfrac{\partial^2 u}{\partial x^2} + \dfrac{\partial^2 u}{\partial y^2} = 0$ であり，ラプラスの方程式とよばれ，定常状態を表している．これをみたす関数 $u(x, y)$ が**調和関数**になる．

問題 7-1 ▼ラグランジュの偏微分方程式（1）

ラグランジュの偏微分方程式

$$P(x,y,z)\frac{\partial z}{\partial x}+Q(x,y,z)\frac{\partial z}{\partial y}=R(x,y,z) \quad \cdots ①$$

の一般解は，①の特性方程式

$$\frac{dx}{P(x,y,z)}=\frac{dy}{Q(x,y,z)}=\frac{dz}{R(x,y,z)} \quad \cdots ②$$

の一般解を $F(x,y,z)=C_1$，$G(x,y,z)=C_2$ …③

$\varphi(s,t)$ を任意関数とするとき，

$$\varphi(F(x,y,z),\ G(x,y,z))=0 \quad \cdots ④$$

と表されることを示せ．

●考え方●

②式より，$\dfrac{dy}{dx}=\dfrac{Q}{P}$，$\dfrac{dz}{dx}=\dfrac{R}{P}$ を得る．③式の辺々を x で微分してみる．

④式を x,y それぞれで微分した関係式を用意する．④が①をみたすことを示す．

解答　④式を x,y でそれぞれ微分すると，㋐

$$\frac{\partial\varphi}{\partial s}\left(\frac{\partial F}{\partial x}+\frac{\partial F}{\partial z}\cdot\frac{\partial z}{\partial x}\right)+\frac{\partial\varphi}{\partial t}\left(\frac{\partial G}{\partial x}+\frac{\partial G}{\partial z}\cdot\frac{\partial z}{\partial x}\right)=0 \cdots ⑤$$

$$\frac{\partial\varphi}{\partial s}\left(\frac{\partial F}{\partial y}+\frac{\partial F}{\partial z}\cdot\frac{\partial z}{\partial y}\right)+\frac{\partial\varphi}{\partial t}\left(\frac{\partial G}{\partial y}+\frac{\partial G}{\partial z}\cdot\frac{\partial z}{\partial y}\right)=0 \cdots ⑥$$

③式の第一式を x で微分して，

$\dfrac{\partial F}{\partial x}+\dfrac{\partial F}{\partial y}\cdot\dfrac{dy}{dx}+\dfrac{\partial F}{\partial z}\dfrac{dz}{dx}=0$ に②式を用いて，㋑

$$\frac{\partial F}{\partial x}+\frac{Q}{P}\frac{\partial F}{\partial y}+\frac{R}{P}\frac{\partial F}{\partial z}=0 \quad \therefore\ P\frac{\partial F}{\partial x}+Q\frac{\partial F}{\partial y}+R\frac{\partial F}{\partial z}=0 \quad \cdots ⑦$$

同様に③の第二式を x で微分して，

$P\dfrac{\partial G}{\partial x}+Q\dfrac{\partial G}{\partial y}+R\dfrac{\partial G}{\partial z}=0$ …⑧ を得る．

$P\times$⑤$+Q\times$⑥を作り，⑦, ⑧を用いて

$$\frac{\partial\varphi}{\partial s}\frac{\partial F}{\partial z}\left(P\frac{\partial z}{\partial x}+Q\frac{\partial z}{\partial y}-R\right)_{㋒}+\frac{\partial\varphi}{\partial t}\frac{\partial G}{\partial z}\left(P\frac{\partial z}{\partial x}+Q\frac{\partial z}{\partial y}-R\right)_{㋒}=0$$

$\Leftrightarrow\left(\dfrac{\partial\varphi}{\partial s}\dfrac{\partial F}{\partial z}+\dfrac{\partial\varphi}{\partial t}\dfrac{\partial G}{\partial z}\right)\left(P\dfrac{\partial z}{\partial x}+Q\dfrac{\partial z}{\partial y}-R\right)=0$ を得る．

$\dfrac{\partial\varphi}{\partial s}\dfrac{\partial F}{\partial z}+\dfrac{\partial\varphi}{\partial t}\dfrac{\partial G}{\partial z}\neq 0$ ㋓ より　$P\dfrac{\partial z}{\partial x}+Q\dfrac{\partial z}{\partial y}=R$

よって，④が①の一般解を与えることが示された．

ポイント

㋐ y を固定

$\varphi(s,t)$ → $s=F(x,y,z)$, $t=G(x,y,z)$

㋑ ②式より，

$\dfrac{dy}{dx}=\dfrac{Q}{P}$，$\dfrac{dz}{dx}=\dfrac{R}{P}$

㋒ ⑦, ⑧より，

$P\dfrac{\partial F}{\partial x}+Q\dfrac{\partial F}{\partial y}=-R\dfrac{\partial F}{\partial z}$

$P\dfrac{\partial G}{\partial x}+Q\dfrac{\partial G}{\partial y}=-R\dfrac{\partial G}{\partial z}$

を用いて整理．

㋓ ④式は z を含むから，④式を z で偏微分した式は0でない．

練習問題　7-1　解答 p. 239

$x\dfrac{\partial z}{\partial x}+y\dfrac{\partial z}{\partial y}=z$ の一般解を求めよ．

問題 7-2 ▼ラグランジュの偏微分方程式（2）

次の偏微分方程式の一般解を求めよ．

(1) $(y-z)\dfrac{\partial u}{\partial x}+(z-x)\dfrac{\partial u}{\partial y}+(x-y)\dfrac{\partial u}{\partial z}=0$

(2) $x^2\dfrac{\partial z}{\partial x}-xy\dfrac{\partial z}{\partial y}+y^2=0$

●考え方●　特性方程式の常微分方程式は，

(1) $\dfrac{dx}{y-z}=\dfrac{dy}{z-x}=\dfrac{dz}{x-y}$ …①　　(2) $\dfrac{dx}{x^2}=\dfrac{dy}{-xy}=\dfrac{dz}{-y^2}$ …②

解答

(1) ①の関係式から，

$$\left.\begin{aligned} dx+dy+dz&=0 \quad \cdots③\\ xdx+ydy+zdz&=0 \quad \cdots④ \end{aligned}\right\}㋐$$

を得るから，①をみたす一般解は，

$$x+y+z=C_1 \ ㋑$$

$$x^2+y^2+z^2=C_2 \ ㋒$$

で与えられる．よって，求める一般解は，$\varphi(s,t)$ を任意関数として，

$$u=\varphi(x+y+z,\ x^2+y^2+z^2) \quad \text{答}$$

で与えられる．

(2) ②の第一の等式から，$\dfrac{dx}{x}+\dfrac{dy}{y}=0$ ㋓ から，$xy=C_1$

$xy=C_1$ を②の第二の等式に代入して，

$\dfrac{dy}{C_1}=\dfrac{dz}{y^2}$，$\displaystyle\int y^2dy=C_1\int dz$ から，

$$\frac{1}{3}y^3=C_1z+C_2,\quad \frac{1}{3}y^3-xyz=C_2$$

したがって，$\varphi(s,t)$ を任意関数として，

$$\varphi\left(xy,\frac{1}{3}y^3-xyz\right)=0 \quad \text{答}$$

が一般解である．

ポイント

㋐ ①は比例式より，

$$\begin{cases} dx=k(y-z)\\ dy=k(z-x)\\ dz=k(x-y) \end{cases}$$

とおけ，辺々をたすと

$dx+dy+dz=0$

また，

$xdx+ydy+zdz=0$

を得る．

㋑ ③から，

$$1+\frac{dy}{dx}+\frac{dz}{dx}=0$$

辺々を x で積分すると，

$$\int\left(1+\frac{dy}{dx}+\frac{dz}{dx}\right)dx=C_1$$

$\therefore\ x+y+z=C_1$

㋒ ㋑と同様な考え方で処理．

㋓ $\displaystyle\int\frac{dy}{y}=-\int\frac{dx}{x}$

$\log|y|=-\log|x|+C_0$

$\Leftrightarrow\ \log|xy|=C_0$

$\therefore\ xy=C_1\ (C_1=\pm e^{C_0})$

練習問題　7-2　解答 p. 239

偏微分方程式　$xy\dfrac{\partial u}{\partial x}+y^2\dfrac{\partial u}{\partial y}=x^2$　の一般解を求めよ．

問題 7-③ ▼**波動方程式**

偏微分方程式 $\dfrac{\partial^2 u}{\partial t^2} = C^2\dfrac{\partial^2 u}{\partial x^2}$ $(t > 0,\ 0 < x < l)$ …①

を満たす $u(t, x)$ で $u(t, 0) = u(t, l) = 0$ …②（境界条件）

となるものを求めよ．ただし，C は0でない定数とする．

●考え方●

弦の振動方程式①で $u(t, x) = T(t)X(x)$ というように，t の関数と x の関数の積として表される解があるか調べる（$u(t, x)$ は恒等的に0でない）．

解答 $u(t, x) = T(t)X(x)$ を①に代入すると，

$T''(t)X(x) = C^2T(t)X''(x)$，$\dfrac{T''(t)}{C^2T(t)} = \dfrac{X''(x)}{X(x)}$ …③

③より，この式の値は定数でなければならない．㋐ この値を λ とおく．

$$T'' = C^2\lambda T(t)\ \cdots④,\quad X''(x) = \lambda X(x)\ \cdots⑤$$

②から，$X(0) = 0,\ X(l) = 0$ ㋑

⑤の一般解は，

$\lambda>0$ のときは，$X(x) = C_1e^{\sqrt{\lambda}x} + C_2e^{-\sqrt{\lambda}x}$
$\lambda=0$ のときは，$X(x) = C_1 + C_2x$
$\lambda<0$ のときは，$X(x)=C_1\cos\sqrt{-\lambda}\,x+C_2\sin\sqrt{-\lambda}\,x$

㋒

$\lambda > 0$，$\lambda = 0$ のとき，$X(x) = 0$ となるので，$\lambda < 0$ のときのみ調べる．$X(0) = 0$ より，$C_1 = 0$，$X(l) = 0$ より，$C_2\cdot\sin\sqrt{-\lambda}\,l = 0$

ポイント

㋐ 左辺は t のみの関数．右辺は x のみの関数．t, x は独立な変数よりすべての t，x で成り立つことから，**定数**となる．

㋑ 区間 $[0, 1]$ の端における値を指定しているもので**境界条件**とよぶ．

㋒ p. 69 参照．

㋓ ④の $s^2 - C^2\lambda = 0$ の解が $\lambda < 0$ のとき，

$s = \pm\sqrt{C^2(-\lambda)}\,i$

$\quad = \pm\left(\dfrac{C}{l}n\pi\right)i$

より $T(t)$ を得る．

$\sqrt{-\lambda}\,l = n\pi$（$n$：自然数）から $\lambda = -\dfrac{n^2\pi^2}{l^2}$ $\quad\therefore\ \boldsymbol{X(x) = C_2\sin\dfrac{n\pi}{l}x}$

④の一般解は，$\lambda < 0$ のとき，

$$\boldsymbol{T(t) = C_3\cos\frac{C}{l}n\pi t + C_4\sin\frac{C}{l}n\pi t}$$ ㋓

①は線形の方程式であるから，$n = 1, 2, 3, \cdots$ の解の任意の線形結合は，また解となる．

$$\therefore\ u(t, x) = \sum_{n=1}^{\infty}\left(A_n\cos\frac{C}{l}n\pi t + B_n\sin\frac{C}{l}n\pi t\right)\sin\frac{n\pi}{l}x\ \cdots⑥$$ 答

が一般の解となる．

《注意》上のように $u(t, x) = T(t)X(x)$ のように，2つの変数 t, x の別々の関数の積となる形の解を求め，一般の解を表示しようとする方法を**変数分離の方法**という．

練習問題 7-3 解答 p. 239

問題 7-③が初期条件 $u(0, x) = \varphi_0(x)$，$\dfrac{\partial u}{\partial t}(0, x) = \varphi_1(x)$ をみたすとき，A_n, B_n を定めよ．ただし，$\varphi_0(x), \varphi_1(x)$ は与えられた関数である．

問題 7-4 ▼熱方程式

偏微分方程式　$\dfrac{\partial u}{\partial t} = k^2\dfrac{\partial^2 u}{\partial x^2}$　$(t > 0,\ 0 < x < l)$　…①

を満たす $u(t,x)$ で　$u(t,0) = u(t,l) = 0$　…②

$u(0,x) = f(x)$　…③

となるものを求めよ．ただし，k は0でない定数で，$f(x)$ は与えられた関数である．

●考え方●　$u(t,x) = T(t)X(x)$ とおいて，問題 7-3と同様に処理する．

解答　$u(t,x) = T(t)X(x)$ …④を①に代入して，

$$\frac{T'}{k^2T} = \frac{X''}{X} = \lambda \quad \Leftrightarrow \quad \begin{cases} X'' - \lambda X = 0 & \cdots⑤ \\ T' - \lambda k^2 T = 0 & \cdots⑥ \end{cases}$$ ㋐

$\lambda < 0$ ㋑のとき，⑤をみたす $X(x)$ は，

$X(x) = C_1\cos\sqrt{-\lambda}\,x + C_2\sin\sqrt{-\lambda}\,x$　(C_1, C_2：任意定数)

$X(0) = 0$ より $C_1 = 0$，$X(l) = 0$ から $\sin\sqrt{-\lambda}\,l = 0$，

$\sqrt{-\lambda}\,l = n\pi$

$$\lambda = -\frac{n^2\pi^2}{l^2},\quad X(x) = C_2\sin\frac{n\pi}{l}x \quad (n = 1, 2, 3, \cdots)$$

⑥を解いて㋒，$T(t) = C_0e^{-\left(\frac{kn\pi}{l}\right)^2 t}$

以上で①,②をみたし恒等的に0でない $u(t,x)$ として，

$$e^{-\left(\frac{kn\pi}{l}\right)^2 t}\cdot\sin\frac{n\pi}{l}x \quad (n = 1, 2, 3, \cdots)$$ が得られた．

$n = 1, 2, 3, \cdots$ の解の任意の線形結合として，A_n を定数とおいて，級数

$$u(t,x) = \sum_{n=1}^{\infty} A_n e^{-\left(\frac{kn\pi}{l}\right)^2 t}\cdot\sin\frac{n\pi}{l}x$$ を考える．

上式で $t = 0$ とおいたものが $f(x)$ より，

$$f(x) = u(0,x) = \sum_{n=1}^{\infty} A_n\sin\frac{n\pi}{l}x \quad \cdots⑧$$

⑧の辺々に $\sin\dfrac{m\pi}{l}x$ (n：自然数) をかけて，x で0から l まで積分すると，㋓

$$A_m = \frac{2}{l}\int_0^l f(x)\sin\frac{m\pi x}{l}dx \quad (m = 1, 2, 3, \cdots;\ m = n)$$

これで A_m が定められ，⑧に代入したものが求める解である．

ポイント

㋐ 問題 7-3の㋐を参照．

㋑ $\lambda > 0$，$\lambda = 0$ のとき，X は恒等的に0になる．
問題 7-3参照．

㋒ 変数分離形

$$\int\frac{dT}{T} = -\frac{k^2n^2\pi^2}{l^2}\int dt$$

$$\log|T| = -\frac{k^2n^2\pi^2}{l^2}t + C'$$

$$T = C_0e^{-\left(\frac{kn\pi}{l}\right)^2 t}$$

$(C_0 = \pm e^{C'})$

㋓ $$\int_0^l \sin\frac{2nx}{l}\sin\frac{2mx}{l}dx = \begin{cases} \dfrac{l}{2} & (m = n) \\ 0 & (m \neq n) \end{cases}$$

《注意》上の問題は，長さ l の針金の両端を温度0に保ち，$t = 0$ の温度分布を与えておくとき，針金の各点の温度が時間の経過にともなってどのようになるか問題にするものである．

練習問題　7-4

解答 p. 240

問題 7-4で $f(x)$ を具体的に

$$f(x) = \begin{cases} T_0 & \left(\dfrac{l}{2} \leqq x \leqq \dfrac{3}{4}l\right) \\ 0 & \left(0 \leqq x < \dfrac{l}{2},\ \dfrac{3}{4}l < x \leqq l\right) \end{cases} \quad (T_0\text{：正の定数})$$

とするとき，$u(t,x)$ を求めよ．

問題 7-5 ▼ラプラス方程式

偏微分方程式

$$\frac{\partial^2 u}{\partial x^2} + \frac{\partial^2 u}{\partial y^2} = 0 \quad (0 < x < a,\ 0 < y < b) \qquad \cdots①$$

を満たす $u(x, y) = 0$ で，$u(0, y) = 0,\ u(a, y) = 0$ …②

$u(x, b) = 0$ …③

となるものを求めよ．

●考え方● $u(x, y) = X(x) \cdot Y(y)$ とおき，問題 7-3, 4 と同じように処理する．

解答 $u(x, y) = X(x) \cdot Y(y)$ とおくと，①より，

$X''Y + XY'' = 0,\ \dfrac{X''}{X} = -\dfrac{Y''}{Y}$．両辺は定数 λ ㋐であり，

$$X'' - \lambda X = 0 \ \cdots④,\quad Y'' + \lambda Y = 0 \ \cdots⑤$$

これをみたす λ は $\lambda < 0$ ㋑ ②より，$X(0) = X(a) = 0$ ㋒ …⑥

このとき④から，$X = C_1 \cos(\sqrt{-\lambda}\,x) + C_2 \sin(\sqrt{-\lambda}\,x)$

⑥より $C_1 = 0$ となるから，$X = C_2 \sin(\sqrt{-\lambda}\,x)$

$x = a$ を代入して，$0 = C_2 \sin(\sqrt{-\lambda}\,a)$ から

$$\sqrt{-\lambda}\,a = n\pi \quad (n = 1, 2, 3, \cdots)$$

よって，$\lambda = -\dfrac{n^2\pi^2}{a^2}$，$\boldsymbol{X(x) = C_2 \sin \dfrac{n\pi}{a} x}$

⑤の一般解は，$Y(y) = C_3 e^{\frac{n\pi}{a}y} + C_4 e^{-\frac{n\pi}{a}y}$ ㋓

$Y(b) = 0$ より，上式に $y = b$ を代入して $C_4 = -C_3 e^{\frac{2n\pi b}{a}}$

よって，

$$\begin{aligned} \boldsymbol{Y(y)} &= C_3\left(e^{\frac{n\pi}{a}y} - e^{\frac{2n\pi b}{a}} \cdot e^{-\frac{n\pi}{a}y}\right) ㋔ \\ &= C_3 \cdot e^{\frac{n\pi b}{a}}\left(e^{\frac{n\pi}{a}(y-b)} - e^{-\frac{n\pi}{a}(y-b)}\right) ㋕ \\ &= 2C_3 e^{\frac{n\pi b}{a}} ㋖ \cdot \sinh\left(\frac{n\pi}{a}(y - b)\right) = \boldsymbol{C_0 \sinh\left(\frac{n\pi}{a}(y - b)\right)} \end{aligned}$$

$n = 1, 2, 3, \cdots$ の解の任意の線形結合として，A_n を定数とすると

$$u(x, y) = \sum_{n=1}^{\infty} A_n \sinh\left(\frac{n\pi}{a}(y - b)\right) \sin \frac{n\pi x}{a} \qquad \cdots⑦$$ 答

ポイント

㋐ 左辺は x だけの関数
右辺は y だけの関数．

㋑ 問題 7-3, 4 と同様の考え方．

㋒ $\underset{0}{\underline{u(0, y)}} = X(0)Y(y)$
より $X(0) = 0$
$\underset{0}{\underline{u(a, y)}} = X(a)Y(y)$
より $X(a) = 0$

㋓ $Y'' - \dfrac{n^2\pi^2}{a^2}Y = 0$ の特性方程式の解は $\pm\dfrac{n\pi}{a}$．
p. 69 を参照．

㋔ $e^{\frac{n\pi b}{a}}$ でくくる．

㋕ $2\sinh\left(\dfrac{n\pi}{a}(y - b)\right)$

㋖ $C_0 = 2C_3 e^{\frac{n\pi b}{a}}$ とおく．

《注意》②, ③の条件に $u(x, 0) = f(x)$ の初期条件を加えた問題（**練習問題 7-5**）は，長方形の 3 辺を温度 0 に保ち，1 辺の温度分布 $f(x)$ を与えたときの定常的な温度分布を求める問題である．

練習問題 7-5

解答 p. 240

上の問題で初期条件 $u(x, 0) = f(x)$ を追加したとき，$u(x, y)$ を求めよ．ただし，$f(x)$ は与えられた関数である．

練習問題解答

Chapter 1　微分方程式の概念と用語

練習問題 1-1

(1) 2 階 1 次　…(答)

(2) 2 階（次数は当てはまらない）　…(答)

(3) $\left(\dfrac{d^2\varphi}{dq^2}\right)^4=\varphi+\left(\dfrac{d\varphi}{dq}\right)^2$ と変形でき，2 階 4 次　…(答)

練習問題 1-2

(1) $y'=\dfrac{-1(1+Cx)-(C-x)\cdot C}{(1+Cx)^2}=\dfrac{-1-C^2}{(1+Cx)^2}$

$$左辺=\frac{-(1+C^2)(1+x^2)}{(1+Cx)^2}+1+\frac{(C-x)^2}{(1+Cx)^2}$$

$$=\frac{-1-x^2-C^2-\cancel{C^2x^2}+1+\cancel{2Cx}+\cancel{C^2x^2}+C^2-\cancel{2Cx}+x^2}{(1+Cx)^2}$$

$=0=$ 右辺

よって，成り立つ．

(2) $\tan\dfrac{y}{2}=Ce^{-2\cos x}$

の辺々を x で微分すると，

$$\frac{\frac{1}{2}}{\cos^2\frac{y}{2}}\cdot y'=2C\sin x\cdot e^{-2\cos x}$$

$$=2\sin x(Ce^{-2\cos x})$$

$$=2\sin x\cdot\tan\frac{y}{2}$$

から，

$$y'=4\sin x\cdot\cos^2\frac{y}{2}\cdot\frac{\sin\frac{y}{2}}{\cos\frac{y}{2}}$$

$$=4\sin x\cdot\sin\frac{y}{2}\cos\frac{y}{2}$$

$$=2\sin x\sin y$$

$$=\cos(x-y)-\cos(x+y)$$

積→和公式

よって，成り立つ．

練習問題 1-3

$y=C_1e^x+C_2e^{2x}+x$

$y'=C_1e^x+2C_2e^{2x}+1$

$y''=C_1e^x+4C_2e^{2x}$

$左辺=(\cancel{C_1e^x}+\cancel{4C_2e^{2x}})-3(\cancel{C_1e^x}+\cancel{2C_2e^{2x}}+1)$

$+2(\cancel{C_1e^x}+\cancel{C_2e^{2x}}+x)$

$=2x-3=$ 右辺

よって，成り立つ．

点 (0, 0)，(1, 0) を通ることより，

$$\begin{cases} C_1+C_2=0 \\ eC_1+e^2C_2+1=0 \end{cases}$$

両式より，

$C_1=-C_2=\dfrac{1}{e^2-e}$ となり，求める方程式は，

$$y=x+\frac{e^x-e^{2x}}{e^2-e}$$ …(答)

練習問題 1-4

(1) $y=a\cos kx+b\sin kx$

$y'=-ka\sin kx+kb\cos kx$

$y''=-k^2a\cos kx-k^2b\sin kx$

$=-k^2(a\cos kx+b\sin kx)$

$=-k^2y$

$\therefore\ y''+k^2y=0$　…(答)

(2) 与式より，$cxy+dy=ax+b$

両辺を x で微分して，$cy+cxy'+dy'=a$

さらに x で微分して，$2cy'+cxy''+dy''=0$　…①

さらに x で微分して，$3cy''+cxy'''+dy'''=0$　…②

①より，$c(2y'+xy'')+dy''=0$　…③

②より，$c(3y''+xy''')+dy'''=0$　…④

$y'''\times$③ $-\ y''\times$④ より，

$c\{2y'\cdot y'''+\cancel{xy''\cdot y'''}-3(y'')^2-\cancel{xy''\cdot y'''}\}=0$

$\therefore\ 2y'y'''=3(y'')^2$　…(答)

〔注〕$y=\dfrac{ax+b}{cx+d}$ は定数の個数はみかけ上 4 個であるが，例えば $c\neq0$ のとき，分母分子を c で割れば $y=\dfrac{\alpha x+\beta}{x+\delta}$ となって，本質的には定数の個数は 3 個．

練習問題 1-5

求める曲線の方程式を $y=f(x)$ とする．この曲線上の任意の点 $\mathrm{P}(x, y)$ における接線の方程式は，

$$Y-y=\frac{dy}{dx}(X-x)$$

接線と y 軸との交点の Y 座標は $X=0$ を代入して，

$$Y = y - x\cdot\frac{dy}{dx}$$

問題の仮定によって，$Y = 2y$ であるから，

$$2y = y - x\frac{dy}{dx},\ \ xy' + y = 0$$

$$\Leftrightarrow (xy)' = 0$$

$\therefore\ xy = C$　（C は定数）　…(答)

練習問題 1-6

$$x^3 + y^3 = C^3$$

の辺々を x で微分すると，

$$3x^2 + 3y^2\cdot y' = 0,\ \ y' = -\frac{x^2}{y^2}$$

法線の傾きは，$y' = \frac{y^2}{x^2}$

求める微分方程式は

$x^2y' = y^2$ …⊛　…(答)

〔注〕⊛は $\frac{dy}{dx} = \frac{y^2}{x^2}$ で Chapter 2 で取り扱う変数分離形の微分方程式で

$\int\frac{1}{y^2}dy = \int\frac{1}{x^2}dx$ から，

$$-\frac{1}{y} = -\frac{1}{x} + C_0 = \frac{C_0x - 1}{x}$$

から，$y = \frac{x}{-C_0x+1} = \frac{x}{Cx+1}$，$y = \frac{x}{Cx+1}$

（C：定数）が直交する曲線族となる．

Chapter 2　1階常微分方程式

練習問題 2-1

$$\int\frac{dy}{a - by} = \int dx$$

$$-\frac{1}{b}\log|a - by| = x + C_1$$

$$\log|a - by| = -bx - bC_1$$

$$by - a = \pm e^{-bC_1}\cdot e^{-bx}$$

$$= C_2\cdot e^{-bx}$$

一般解は C を任意定数として，

$y = \frac{a}{b} + Ce^{-bx}$　$\left(C = \frac{C_2}{b}\right)$　…(答)

次に $x = 0$，$y = y_0$ を上式に代入して，

$y_0 = \frac{a}{b} + C$ から $C = y_0 - \frac{a}{b}$

特殊解は $y = \frac{a}{b} + \left(y_0 - \frac{a}{b}\right)e^{-bx}$　…(答)

練習問題 2-2

$-1 < x < 1$，$-1 < y < 1$ より $\sqrt{1 - x^2} > 0$，$\sqrt{1 - y^2} > 0$

① を変形すると，

$$\int\sqrt{1 - x^2}dx + \int\sqrt{1 - y^2}dy = C$$

求める一般解は，

$\sin^{-1}x + \sin^{-1}y = C$　（C：任意定数）　…(答)

$x = \frac{1}{\sqrt{2}}$，$y = \frac{1}{\sqrt{2}}$ を上式に代入して，

$\sin^{-1}\frac{1}{\sqrt{2}} = \frac{\pi}{4}$ であるから $C = \frac{\pi}{2}$

求める特殊解は，

$\sin^{-1}x + \sin^{-1}y = \frac{\pi}{2}$　…(答)

練習問題 2-3

(1) $\int\frac{dy}{\tan y} = \int\frac{1}{x}dx$

$$\Leftrightarrow\int\frac{\cos y}{\sin y}dy = \int\frac{1}{x}dx$$

$$\log|\sin y| = \log|x| + C_1$$

よって，一般解は，

$\sin y = Cx$ $(C = \pm e^{C_1})$

$x = 0$，$y = n\pi$ は ① をみたす．

$C = 0$ を含めて，

一般解は，

$\sin y = Cx$　（C：任意の定数）　…(答)

$x = 1$，$y = \frac{\pi}{6}$ を代入して，

$$C = \frac{1}{2}$$

特殊解は，

$y = \sin^{-1}\frac{1}{2}x$　…(答)

(2) $e^x\cdot e^y dx + dy = 0$

$$e^x dx = -e^y dy$$

$$\int e^x dx = -\int e^{-y}dy$$

$$e^x + C = e^{-y}$$
$$-y = \log(e^x + C)$$
一般解は，$y = -\log(e^x + C)$ …(答)

$x = 0$，$y = 0$ を代入して，

$0 = -\log(C + 1)$，$C + 1 = 1$

から，$C = 0$

特殊解は，$y = -x$ …(答)

練習問題 2-4

(1) $y' = \dfrac{2x - y}{2x - y + 1}$

$u = 2x - y$ とおくと，$u' = 2 - \dfrac{dy}{dx}$

$\dfrac{dy}{dx} = 2 - u'$ …⊛ を与式に代入して，

$$2 - \frac{du}{dx} = \frac{u}{u + 1}$$
$$\frac{du}{dx} = 2 - \frac{u}{u + 1} = \frac{u + 2}{u + 1}$$
$$\int \frac{u + 1}{u + 2}du = \int dx \quad (u \neq -2)$$
$$\int\left(1 - \frac{1}{u + 2}\right)du = x + C_1$$
$$u - \log|u + 2| = x + C_1$$
$$2x - y - \log|2x - y + 2| = x + C_1$$
一般解は，
$$x - y - C_1 = \log|2x - y + 2|$$
$$e^{x-y-C_1} = |2x - y + 2|$$
$$\Leftrightarrow \frac{1}{e^{C_1}}\cdot e^x\cdot\frac{1}{e^y} = |2x - y + 2|$$
$e^x = C\cdot e^y(2x - y + 2)$ …(答)

$\left(C = \pm\dfrac{1}{e^{C_1}}\right)$

（$u = -2$ のとき，$y = 2x + 2$ となり ⊛ の解となる．$C \to \infty$ として一般解に含まれる．）

(2) $u = \dfrac{y}{x}$ とおくと，$y = xu$ より

$y' = u + xu'$ を $y' = u^2 + u + 1$ に代入すると，
$$\cancel{u} + xu' = u^2 + \cancel{u} + 1$$
から，$\displaystyle\int \frac{1}{u^2 + 1}du = \int \frac{1}{x}dx$
$$\tan^{-1}u = \log|x| + C_1$$
$$= \log e^{C_1}|x|$$
$$u = \tan\log C|x| \quad (C = e^{C_1})$$
$\dfrac{y}{x} = \tan\log C|x|$ から

一般解は，

$y = x\tan(\log C|x|)$ …(答)

練習問題 2-5

(1) 与式の辺々を x^3 で割ると，
$$1 + \left(\frac{y}{x}\right)^3 - 3\left(\frac{y}{x}\right)^2\cdot y' = 0$$
$u = \dfrac{y}{x}$ とおき，$y = xu$ から $y' = u + xu'$ を上式に代入すると，
$$1 + u^3 = 3u^2(u + xu')$$
$$1 - 2u^3 = 3u^2xu'$$
$\dfrac{3u^2}{1 - 2u^3}du = \dfrac{1}{x}dx$ と分離して積分すると，
$$\int \frac{3u^2}{1 - 2u^3}du = \int \frac{1}{x}dx$$
$$-\frac{1}{2}\log|1 - 2u^3| = \log|x| + C_1$$
$$\log|1 - 2u^3| = \log\frac{e^{-2C_1}}{x^2}$$
$$1 - 2u^3 = \frac{C}{x^2} \quad (C = \pm e^{-2C_1})$$
$u = \dfrac{y}{x}$ を代入して，
$$1 - \frac{2y^3}{x^3} = \frac{C}{x^2}$$
一般解は，

$x^3 - 2y^3 = Cx$ …(答)

（$x = 0$，$y = 0$ も上式をみたす）

(2) 与式の辺々を x で割って，
$$y' = \sqrt{1 - \left(\frac{y}{x}\right)^2} + \frac{y}{x}$$
$u = \dfrac{y}{x}$ とおき，$y' = u + xu'$ を代入すると，
$$\cancel{u} + xu' = \sqrt{1 - u^2} + \cancel{u}$$
$$x\frac{du}{dx} = \sqrt{1 - u^2}$$

$$\int \frac{1}{\sqrt{1-u^2}}\,du = \int \frac{1}{x}\,dx$$

$\sin^{-1}u = \log|x| + C_1$

$\quad = \log e^{C_1}|x|$

$Cx = e^{\sin^{-1}u}$　$(C = \pm e^{C_1})$

一般解は,

$Cx = e^{\sin^{-1}\frac{y}{x}}$　…(答)

練習問題 2-6

$u = x - 2y - 1$ とおくと,

$\dfrac{du}{dx} = 1 - 2y'$ に $y' = \dfrac{2u+5}{u}$ を代入して,

$$\frac{du}{dx} = 1 - \frac{4u+10}{u}$$

$$= \frac{-(3u+10)}{u}$$

$$\int \frac{u}{3u+10}\,du = -\int dx$$

$$\int \left(1 - \frac{10}{3u+10}\right)du = -3\int dx$$

$$u - \frac{10}{3}\log|3u+10| = -3x + C_1$$

$u = x - 2y - 1$ を代入して,

$3x - 6y - 3 - 10\log|3x - 6y + 7| = -9x + 3C_1$

$12x - 6y - 10\log|3x - 6y + 7| = 3(C_1 + 1)$

よって, 一般解は,

$6x - 3y - 5\log|3x - 6y + 7| = C$　…(答)

$(C$：任意定数$)$

練習問題 2-7

(1) $y' + e^x y = 0$ の解は $y = Ce^{-e^x}$

$y = C(x)e^{-e^x}$ とおくと,

$y' = C'(x)e^{-e^x} - e^x\cdot\underbrace{C(x)e^{-e^x}}_{y}$

$y' + e^x y = C'(x)e^{-e^x}$

与式と比較して,

$C'(x)e^{-e^x} = -3e^x$

$C'(x) = -3e^x\cdot e^{e^x}$

から, $C(x) = -3\int e^x\cdot e^{e^x}dx$

$\quad = -3e^{e^x} + C$

一般解は,

$y = (-3e^{e^x} + C)e^{-e^x}$

$\quad = -3 + Ce^{-e^x}$　$(C$：任意定数$)$　…(答)

(2) $(1+x^2)y' = 2xy$ の解は,

$y = C(1+x^2)$

$y = C(x)(1+x^2)$ とおくと,

$y' = C'(x)(1+x^2) + 2xC(x)$

辺々に $1 + x^2$ を乗じて,

$(1+x^2)y' - 2x\underbrace{C(x)(1+x^2)}_{y} = C'(x)(1+x^2)^2$

$(1+x^2)y' - 2xy = C'(x)(1+x^2)^2$

与式と比較して,

$C'(x) = 1$ から $C(x) = x + C$

一般解は,

$y = x(1+x^2) + C(1+x^2)$　…(答)

$(C$：任意定数$)$

練習問題 2-8

(1) $y' + \dfrac{2}{x}y = 8x$

$f(x) = \dfrac{2}{x}$, $g(x) = 8x$

$e^{-\int f(x)dx} = e^{-\int \frac{2}{x}dx} = e^{-2\log x}$

$\quad = e^{\log\frac{1}{x^2}} = \dfrac{1}{x^2}$

$\int e^{\int f(x)dx}\cdot g(x)dx$

$= \int x^2\cdot(8x)dx = 8\int x^3dx = 2x^4$

一般解は,

$y = \dfrac{1}{x^2}(2x^4 + C) = 2x^2 + \dfrac{C}{x^2}$　…(答)

$(C$：任意定数$)$

(2) $f(x) = 1$, $g(x) = xe^{-x}$

$e^{-\int f(x)dx} = e^{-\int dx} = e^{-x}$

$\int e^{\int f(x)dx}\cdot g(x)dx = \int e^x\cdot xe^{-x}dx$

$\quad = \int x\,dx = \dfrac{1}{2}x^2$

一般解は,

$y = e^{-x}\left(\dfrac{1}{2}x^2 + C\right)$　…(答)

$(C$：任意定数$)$

練習問題 2-9

$y' + f(x)y = g(x)$　…①

$y' + f(x)y = 0 \quad \cdots$②

① の 1 つの解 $y_1(x)$ をとり，

$y = z + y_1(x) \quad \cdots$③　とおくと，

$y' = z' + y_1'(x)$

これと，②, ③ を ① に代入すると，

$$z' + y_1'(x) + f(x)(z + y_1(x)) = g(x)$$

$$z' + f(x)z + \underbrace{y_1'(x) + f(x)y_1(x) - g(x)}_{0} = 0$$

$y_1(x)$ は①の解より

$z' + f(x)z = 0$　←変数分離形

上式の解は $z = Ce^{-\int f(x)dx}$

となり，これを ③ に代入すると，

$y = y_1(x) + Ce^{-\int f(x)dx}$

よって示された．

〔注〕

上のことは，① の一般解は ① の 1 つの解と ② の一般解の和であることを意味している．このことから ① の 1 つの解を知れば，不定積分を 1 回行うことによって ① の一般解が求められることがわかる．

(2)　(1) より，2 つの異なる解 $y_1(x)$, $y_2(x)$ により，

①の解は，

$y = y_1(x) + C_1e^{-\int f(x)dx}$

$y = y_2(x) + C_2e^{-\int f(x)dx}$

$C_1 \neq C_2$ と表せる．

両式より，

$$y_1(x) - y_2(x) + (C_1 - C_2)e^{-\int f(x)dx} = 0$$

$e^{-\int f(x)dx} = \dfrac{y_1(x) - y_2(x)}{C_2 - C_1}$ を上式に代入して，

$$y = y_2(x) + \frac{C_2}{C_2 - C_1}\{y_1(x) - y_2(x)\}$$

$$y = y_2(x) + C\{y_1(x) - y_2(x)\}$$

(C：任意定数)

よって，① の一般解は積分せずに求められる．

練習問題 2-10

(1)　$y' + 2xy = 2x^3y^3 \cdots$①

$y^{-3}y' + 2xy^{-2} = 2x^3$

$z = y^{-2}$ とおくと，$z' = -2y^{-3}\cdot y'$

$-2y^{-3}y' - 4xy^{-2} = -4x^3$ から，

$z' - 4xz = -4x^3$　(←線形微分方程式)

$$z = e^{4\int x dx}\cdot\left(\int e^{-4\int x dx}\cdot(-4x^3)dx\right)$$

$$= e^{2x^2}\cdot\left(\int e^{-2x^2}\cdot(-4x^3)dx\right)$$

$$= e^{2x^2}\cdot\left(-4\int x^3e^{-2x^2}dx\right)$$

$-4\int x^3e^{-2x^2}dx$ は $t = x^2$ とおくと，

$dt = 2x\,dx$

$$-4\int x^3e^{-2x^2}dx = -2\int te^{-2t}dt$$

$$= \left(te^{-2t} + \frac{1}{2}e^{-2t} + C\right)$$

$$= x^2e^{-2x^2} + \frac{1}{2}e^{-2x^2} + C$$

よって，

$$z = e^{2x^2}\left(x^2e^{-2x^2} + \frac{1}{2}e^{-2x^2} + C\right)$$

$$= x^2 + \frac{1}{2} + Ce^{2x^2}$$

① の一般解は，

$y^2\left(x^2 + \dfrac{1}{2} + Ce^{2x^2}\right) = 1$　　…(答)

(C：任意定数)

(2)　$y' + \dfrac{y}{x} = 2y^2\log x \cdots$①

$y^{-2}y' + \dfrac{1}{x}y^{-1} = 2\log x$

$z = y^{-1}$ とおくと，$z' = -y^{-2}\cdot y'$

上式は，

$$z' - \frac{1}{x}z = -2\log x$$

$$z = e^{\int\frac{1}{x}dx}\cdot\left(-\int e^{-\int\frac{1}{x}dx}\cdot 2\log x\,dx\right)$$

$$= x\cdot\left(-2\int\frac{1}{x}\cdot\log x\,dx\right)$$

$$= x\cdot(C - (\log x)^2)$$

① の一般解は，

$xy\cdot(C - (\log x)^2) = 1$　　…(答)

練習問題 2-11

$y = x$ が解の 1 つであるから，$y = z + x$ とおくと，$y' = z' + 1$

これらを与式に代入して，

$x(z'+1)=2x+x^2-(2x+1)(z+x)$
$\qquad+(z+x)^2$

$\Leftrightarrow\quad xz'=-z+z^2,\ z'+\dfrac{1}{x}z=\dfrac{z^2}{x}$

辺々を z^2 で割ると,

$z^{-2}z'+\dfrac{1}{x}\cdot z^{-1}=\dfrac{1}{x}$

$u=z^{-1}$ とおくと，$u'=-z^{-2}\cdot z'$

$u'-\dfrac{1}{x}u=-\dfrac{1}{x}$

$u=e^{\int\frac{1}{x}dx}\cdot\left(\int e^{-\int\frac{1}{x}dx}\cdot\left(-\dfrac{1}{x}\right)dx\right)$

$\quad=x\cdot\left(\int\dfrac{1}{x}\left(-\dfrac{1}{x}\right)dx\right)$

$\quad=x\cdot\left\{-\int\dfrac{1}{x^2}dx\right\}$

$\quad=x\left(\dfrac{1}{x}+C\right)$

$\dfrac{1}{z}=1+Cx$

から $z=\dfrac{1}{1+Cx}$

$y-x=\dfrac{1}{1+Cx}$

$\therefore\ y=x+\dfrac{1}{1+Cx}$ …(答)

(C：任意定数)

練習問題 2-12

(1) $X=\log(y^2+1),\ Y=\dfrac{2y(x-1)}{y^2+1}$ とおくと,

$\dfrac{\partial X}{\partial y}=\dfrac{2y}{y^2+1},\ \dfrac{\partial Y}{\partial x}=\dfrac{2y}{y^2+1}$

よって，与式は完全形.

このとき,

$\dfrac{\partial f}{\partial x}=\log(y^2+1)$ から,

$f(x,y)=\log(y^2+1)\int dx$

$\qquad=x\log(y^2+1)+p(y)$ …①

辺々を y で微分すると,

$\dfrac{\partial f}{\partial y}=\dfrac{2xy}{y^2+1}+p'(y)$

$\dfrac{\partial f}{\partial y}=\dfrac{2xy-2y}{y^2+1}$

の 2 式から

$\cancel{\dfrac{2xy}{y^2+1}}+p'(y)=\cancel{\dfrac{2xy}{y^2+1}}-\dfrac{2y}{y^2+1}$

$p'(y)=-\dfrac{2y}{y^2+1}$

より，$p(y)=-\int\dfrac{2y}{y^2+1}dy$

$\qquad=-\log(y^2+1)$

これを ① に代入して,

$f(x,y)=x\log(y^2+1)-\log(y^2+1)$

一般解は,

$(x-1)\log(y^2+1)=C$ (C：任意定数)

(2) $X=y+e^x\sin y,\ Y=x+e^x\cos y$ とおくと,

$\dfrac{\partial X}{\partial y}=1+e^x\cos y,\ \dfrac{\partial Y}{\partial x}=1+e^x\cos y$

よって，与式は完全形.

このとき,

$\dfrac{\partial f}{\partial x}=y+e^x\sin y$ から,

$f(x,y)=\int(y+e^x\sin y)dx$

$\qquad=xy+e^x\sin y+p(y)$ …①

辺々を y で微分すると,

$\dfrac{\partial f}{\partial y}=x+e^x\cos y+p'(y)$

$\dfrac{\partial f}{\partial y}=x+e^x\cos y$

の 2 式から,

$\cancel{x}+\cancel{e^x\cos y}+p'(y)=\cancel{x}+\cancel{e^x\cos y}$

$p'(y)=0$ より $p(y)=0$

これを ① に代入して,

$f(x,y)=xy+e^x\sin y$

一般解は,

$xy+e^x\sin y=C$ (C：任意定数)

練習問題 2-13

(1) $X=x^2-2y,\ Y=y^2-2x$ とおくと,

$\dfrac{\partial X}{\partial y}=-2,\ \dfrac{\partial Y}{\partial x}=-2$ となるから完全形.

$\dfrac{\partial f}{\partial x}=x^2-2y$ から,

$f(x,y)=\int(x^2-2y)dx=\dfrac{1}{3}x^3-2xy+p(y)$

辺々を y で微分して,

$$\frac{\partial f}{\partial y} = -2x + p'(y)$$

一方, $\dfrac{\partial f}{\partial y} = y^2 - 2x$ であり, 両式を比較して,

$$\cancel{-2x} + p'(y) = y^2 \cancel{- 2x}$$

$$p'(y) = y^2,\ \ p(y) = \int y^2 dy = \frac{1}{3}y^3$$

から, $f(x, y) = \dfrac{1}{3}x^3 - 2xy + \dfrac{1}{3}y^3$

一般解は

$$\frac{1}{3}x^3 - 2xy + \frac{1}{3}y^3 = C_1$$

$\therefore\ x^3 - 6xy + y^3 = C$ …(答)

(C：任意定数)

(2) $X = 2xy^2 + 1 + e^x\cos y,\ Y = 2x^2y - e^x\sin y$

とおくと, $\dfrac{\partial X}{\partial y} = 4xy - e^x\sin y$

$$\frac{\partial Y}{\partial x} = 4xy - e^x\sin y$$

となるから完全形.

$\dfrac{\partial f}{\partial x} = 2xy^2 + 1 + e^x\cos y$ から,

$$f(x, y) = \int (2xy^2 + 1 + e^x\cos y)dx$$

$$= x^2y^2 + x + e^x\cos y + p(y)$$

辺々を y で微分して,

$$\frac{\partial f}{\partial y} = 2x^2y - e^x\sin y + p'(y)$$

$\dfrac{\partial f}{\partial y} = 2x^2y - e^x\sin y$ であるから,

$$\cancel{2x^2y} - \cancel{e^x\sin y} + p'(y) = \cancel{2x^2y} - \cancel{e^x\sin y}$$

$$p'(y) = 0,\ \ p(y) = 0$$

よって, 一般解は

$$x^2y^2 + x + e^x\cos y = C$$

(C：任意定数)

練習問題 2-14

$X = x^2 - e^{x+y},\ Y = x(x+1)e^{x+y}$ とおくと,

$$a(x) = \frac{1}{Y}\left(\frac{\partial X}{\partial y} - \frac{\partial Y}{\partial x}\right)$$

$$= \frac{1}{x(x+1)e^{x+y}}(-e^{x+y} - (x^2+3x+1)e^{x+y})$$

$$= \frac{1}{x\cancel{(x+1)}\cancel{e^{x+y}}}(-\cancel{(x+1)}(x+2)\cancel{e^{x+y}})$$

$$= -\frac{x+2}{x} = -1 - \frac{2}{x}$$

$$\therefore\ M(x) = e^{\int\left(-1-\frac{2}{x}\right)dx} = e^{-x-2\log|x|}$$

$$= e^{\log\frac{1}{x^2e^x}} = \frac{1}{x^2e^x}$$

$M(x) = \dfrac{1}{x^2e^x}$ を与式の辺々に乗じて,

$$\left(\frac{1}{e^x} - \frac{e^y}{x^2}\right)dx + \left(\frac{e^y}{x} + e^y\right)dy = 0$$

$\dfrac{\partial f}{\partial x} = e^{-x} - e^y\cdot x^{-2}$ から,

$$f(x, y) = \int (e^{-x} - e^y\cdot x^{-2})dx$$

$$= -e^{-x} + \frac{e^y}{x} + p(y)$$

$$\frac{\partial f}{\partial y} = \frac{e^y}{x} + p'(y)$$

一方, $\dfrac{\partial f}{\partial y} = \dfrac{e^y}{x} + e^y$ より,

$$\cancel{\frac{e^y}{x}} + p'(y) = \cancel{\frac{e^y}{x}} + e^y$$

$p'(y) = e^y$ から, $p(y) = \displaystyle\int e^y dy = e^y$

一般解は $-\dfrac{1}{e^x} + \left(1 + \dfrac{1}{x}\right)e^y = C$ …(答)

(C：任意定数)

練習問題 2-15

与式に x^my^n を掛けて

$$4x^{m+2}y^{n+1}dx + (x^{m+3}y^n + 3x^{m+1}y^{n+1})dy = 0$$

$X = 4x^{m+2}y^{n+1},\ \ Y = x^{m+3}y^n + 3x^{m+1}y^{n+1}$

とおくと,

$$\frac{\partial X}{\partial y} = \underline{4(n+1)x^{m+2}\cdot y^n}$$

$$\frac{\partial Y}{\partial x} = \underline{(m+3)x^{m+2}y^n} + 3(m+1)x^my^{n+1}$$

$\dfrac{\partial X}{\partial y} = \dfrac{\partial Y}{\partial x}$ となるためには,

$\begin{cases} 4(n+1) = m+3 \\ 3(m+1) = 0 \end{cases}$ から $m = -1,\ \ n = -\dfrac{1}{2}$

積分因子は $x^{-1}y^{-\frac{1}{2}}$ …(答)

与式の辺々に乗じて,

$$4xy^{\frac{1}{2}}dx + (x^2y^{-\frac{1}{2}} + 3y^{\frac{1}{2}})dy = 0$$

$\dfrac{\partial f}{\partial x} = 4xy^{\frac{1}{2}}$ から,

$f = 4\displaystyle\int xy^{\frac{1}{2}}dx = 2x^2y^{\frac{1}{2}} + p(y)$

$\dfrac{\partial f}{\partial y} = x^2y^{-\frac{1}{2}} + p'(y)$

一方, $\dfrac{\partial f}{\partial y} = x^2y^{-\frac{1}{2}} + 3y^{\frac{1}{2}}$ であるから,

$\cancel{x^2y^{-\frac{1}{2}}} + p'(y) = \cancel{x^2y^{-\frac{1}{2}}} + 3y^{\frac{1}{2}}$

$p'(y) = 3y^{\frac{1}{2}}$ から, $p(y) = 3\displaystyle\int y^{\frac{1}{2}}dy = 2y^{\frac{3}{2}}$

一般解は, $x^2y^{\frac{1}{2}} + y^{\frac{3}{2}} = C$ (C：任意定数)

…(答)

練習問題 2-16

(1) (与式) $\Leftrightarrow x^2(ydx + xdy) - dx = 0$

この中の $ydx + xdy$ と微分形

$d(xy) = ydx + xdy$ に着目し, 辺々を x^2 で割ると,

$ydx + xdy - \dfrac{dx}{x^2} = 0$

$\therefore\ d(xy) + d\left(\dfrac{1}{x}\right) = 0$

$\Leftrightarrow d\left(xy + \dfrac{1}{x}\right) = 0$

求める一般解は, $xy + \dfrac{1}{x} = C$ …(答)

(C：任意定数)

(2) (与式) $\Leftrightarrow (x^2 + y^2)dx - (xdx + ydy) = 0$

微分形 $d\log(x^2 + y^2) = \dfrac{2xdx + 2ydy}{x^2 + y^2}$

の形から, 辺々に $\dfrac{2}{x^2 + y^2}$ を乗じると,

$2dx - \dfrac{2(xdx + ydy)}{x^2 + y^2} = 0$

$d(\log(x^2 + y^2) - 2x) = 0$

から一般解は,

$\log(x^2 + y^2) - 2x = C_1$

$\therefore\ x^2 + y^2 = Ce^{2x}$ $(C = e^{C_1})$ …(答)

(C：任意定数)

練習問題 2-17

(1) 与式の辺々を x で微分して,

$\cancel{p} = \cancel{p} + x\dfrac{dp}{dx} - 4p\cdot\dfrac{dp}{dx}$

$\Leftrightarrow (x - 4p)\dfrac{dp}{dx} = 0$

(i) $\dfrac{dp}{dx} = 0$ のとき, $p = C$

よって, 一般解は $y = Cx - 2C^2$

(C：任意定数)

(ii) $x = 4p$ のとき, $p = \dfrac{x}{4}$ と与式から p を

消去して, $y = \dfrac{1}{4}x^2 - \dfrac{1}{8}x^2 = \dfrac{1}{8}x^2$

よって, 特殊解 $y = \dfrac{1}{8}x^2$

以上より,

一般解 $y = Cx - 2C^2$, 特異解 $y = \dfrac{1}{8}x^2$

…(答)

(2) 与式の辺々に底を e とする対数をとると,

$y - px = 2\log p$, $y = px + 2\log p$

辺々を x で微分すると,

$\cancel{p} = \cancel{p} + x\dfrac{dp}{dx} + \dfrac{2}{p}\cdot\dfrac{dp}{dx}$

$\Leftrightarrow \left(x + \dfrac{2}{p}\right)\cdot\dfrac{dp}{dx} = 0$

(i) $\dfrac{dp}{dx} = 0$ のとき, $p = C$

よって, 一般解 $y = Cx + \log C^2$

(ii) $x = -\dfrac{2}{p}$ と与式から p を消去すると,

特異解 $y = -\dfrac{2}{x}\cdot x + 2\log\left(-\dfrac{2}{x}\right)$

$= -2 + \log\dfrac{4}{x^2}$

以上より, 一般解 $y = Cx + \log C^2$

特異解 $y = -2 + \log\dfrac{4}{x^2}$

…(答)

練習問題 2-18

与式の辺々を x で微分すると,

$p = \dfrac{dp}{dx} + 3p^2\cdot\dfrac{dp}{dx}$

$= (3p^2 + 1)\dfrac{dp}{dx}$

(i) $p \neq 0$ のとき, $dx = \dfrac{3p^2 + 1}{p}dp$ から,

$$x = \int\left(3p + \frac{1}{p}\right)dp$$

$$= \frac{3}{2}p^2 + \log|p| + C$$

(ii) $p = 0$ のとき，①の解であるが $C = \infty$ に対応するから，一般解は，

$$\begin{cases} x = \dfrac{3}{2}p^2 + \log|p| + C \\ y = p + p^3 \end{cases} \quad \cdots(答)$$

(p：パラメータ)

(C：任意定数)

Chapter 3　2階常微分方程式

練習問題 3-1

(1)

$$W(y_1, y_2) = \begin{vmatrix} e^{ax} & xe^{ax} \\ ae^{ax} & (1+ax)e^{ax} \end{vmatrix}$$

$$= (1 + ax)e^{2ax} - axe^{2ax}$$

$$= e^{2ax} \quad \cdots(答)$$

(2)

$$W(y_1, y_2) = \begin{vmatrix} x^m & x^n \\ mx^{m-1} & nx^{n-1} \end{vmatrix}$$

$$= nx^{m+n-1} - mx^{m+n-1}$$

$$= (n - m)x^{m+n-1} \quad \cdots(答)$$

練習問題 3-2

①の左辺 $= (\cos 2x)'' + 4(\cos 2x)$

$= -4\cos 2x + 4\cos 2x = 0$

①の左辺 $= (\sin 2x)'' + 4(\sin 2x)$

$= -4\sin 2x + 4\sin 2x = 0$

となり，y_1, y_2 は①の解である．次に y_1, y_2 が1次独立になることを示す．

$$W(y_1, y_2) = \begin{vmatrix} \cos 2x & \sin 2x \\ -2\sin 2x & 2\cos 2x \end{vmatrix}$$

$$= 2(\cos^2 2x + \sin^2 2x) = 2 \neq 0$$

よって，y_1, y_2 は1次独立で，①の基本解となる．

よって，①の一般解は，

$$y = C_1\cos 2x + C_2\sin 2x \quad \cdots(答)$$

練習問題 3-3

(1) $(1 + x^2)y'' - 2xy' + 2y = 0 \cdots$①

$y = ux$, $y' = u'x + u$

$y'' = u''x + 2u'$

を①式に代入して，

$(1+x^2)(u''x+2u') - 2x(u'x+u) + 2ux = 0$

$x(1 + x^2)u'' + 2u' = 0$

$u' \neq 0$, $x \neq 0$ として，

$$\frac{u''}{u'} + \frac{2}{x(1 + x^2)} = 0$$

辺々を x で積分して，

$$\log|u'| + 2\int\left(\frac{1}{x} - \frac{x}{1 + x^2}\right)dx = 0$$

$$\log|u'| + 2\log|x| - \log(1 + x^2) = A_1$$

$$\Leftrightarrow \log\frac{x^2}{1 + x^2}|u'| = \log e^{A_1}$$

$$\frac{x^2}{1 + x^2}u' = A \quad (A = \pm e^{A_1})$$

$$u' = A\cdot\frac{1 + x^2}{x^2} = A\left(1 + \frac{1}{x^2}\right)$$

$$u = A\int\left(1 + \frac{1}{x^2}\right)dx$$

$$\therefore\ \frac{y}{x} = A\left(x - \frac{1}{x}\right) + B$$

$$\therefore\ y = A(x^2 - 1) + Bx \quad (A, B：定数)$$

(2) ① $\Leftrightarrow y'' - \dfrac{2x}{1 + x^2}y' + \dfrac{2y}{1 + x^2} = 0$

$$y_1 = x,\ p(x) = -\frac{2x}{1 + x^2}$$

$$y_2 = x\int\frac{1}{x^2}e^{\int\frac{2x}{1+x^2}dx}dx$$

$$= x\int\frac{1}{x^2}e^{\log(1+x^2)+A_1}dx$$

$$= x\int\frac{A(1 + x^2)}{x^2}dx \quad (A = e^{A_1})$$

$$= Ax\int\left(1 + \frac{1}{x^2}\right)dx = Ax\left(x - \frac{1}{x} + B_1\right)$$

$$= A(x^2 - 1) + AB_1x$$

①の一般解は，

$$y = A(x^2 - 1) + Bx \quad (B = AB_1 + 1)$$

$\cdots$(答)

練習問題 3-4

① $\Leftrightarrow y'' - \dfrac{x}{x - 1}y' + \dfrac{1}{x - 1}y = x - 1$

$y_1 = x$, $y_2 = e^x$, $R(x) = x - 1$ とおけ，公式より，

$$y = C_1y_1 + C_2y_2 + y_1\int\frac{-R(x)\cdot y_2}{W(y_1, y_2)}dx$$

$$+\ y_2\int\frac{R(x)\cdot y_1}{W(y_1,y_2)}dx$$

$$W(y_1,y_2)=\begin{vmatrix} x & e^x \\ 1 & e^x \end{vmatrix}=(x-1)e^x$$

$$\int\frac{-R(x)y_2}{W(y_1,y_2)}dx=\int\frac{-(x-1)e^x}{(x-1)e^x}dx=-\int dx$$
$$=-x$$

$$\int\frac{R(x)y_1}{W(y_1,y_2)}dx=\int\frac{(x-1)\cdot x}{(x-1)e^x}dx=\int xe^{-x}dx$$
$$=-xe^{-x}-e^{-x}$$

$$\therefore\ y=C_1x+C_2e^x-x^2-x-1$$
$$=C_1x+C_2e^x-x^2-1$$

(C_1-1 を新たに C_1 とおく)…(答)

練習問題 3-5

(1) $y_2=y_1\int\frac{1}{{y_1}^2}e^{-\int p(x)dx}dx\quad\left(p(x)=-\frac{1}{x}\right)$

$$=x\int\frac{1}{x^2}e^{\int\frac{1}{x}dx}dx=x\int\frac{1}{x^2}e^{\log|x|}dx$$
$$=x\int\frac{1}{x^2}|x|\,dx=x\int\frac{1}{|x|}dx=x\log|x|$$

$$W(y_1,y_2)=\begin{vmatrix} x & x\log|x| \\ 1 & \log|x|+1 \end{vmatrix}=x\neq 0$$

より y_1, y_2 は1次独立.

他の基本解は $y_2=x\log|x|$ …(答)

(2) $y=C_1x+C_2x\log|x|+x\int\frac{-R(x)y_2}{W(y_1,y_2)}dx$

$$+\ x\log|x|\int\frac{R(x)y_1}{W(y_1,y_2)}dx$$

$R(x)=1$, $W(y_1,y_2)=x$ であるから,

$$\int\frac{-R(x)y_2}{W(y_1,y_2)}dx=\int\frac{-x\log|x|}{x}dx=-\int\log|x|\,dx$$
$$=-x\log|x|+x$$

$$\int\frac{R(x)y_1}{W(y_1,y_2)}dx=\int\frac{x}{x}dx=x$$

$$\therefore\ y=C_2x+C_1x\log|x|$$
$$-\cancel{x^2\log|x|}+x^2+\cancel{x^2\log|x|}$$
$$=x(x+C_1\log|x|+C_2)$$ …(答)

練習問題 3-6

(1) $4t^2-3=0$ より, $t=\pm\frac{\sqrt{3}}{2}$

$\therefore\ y=C_1e^{\frac{\sqrt{3}}{2}x}+C_2e^{-\frac{\sqrt{3}}{2}x}$ …(答)

(2) $4t^2+4t+1=0$ より, $t=-\frac{1}{2}$ (重解)

$\therefore\ y=e^{-\frac{1}{2}x}(C_1+C_2x)$ …(答)

(3) $t^2+2t+5=0$ より, $t=-1+2i$

$\therefore\ y=e^{-x}(C_1\cos 2x+C_2\sin 2x)$ …(答)

(4) $t^2+t+1=0$ より, $t=\frac{-1\pm\sqrt{3}i}{2}$

$\therefore\ y=e^{-\frac{1}{2}x}\left(C_1\cos\frac{\sqrt{3}}{2}x+C_2\sin\frac{\sqrt{3}}{2}x\right)$

…(答)

(5) 特性方程式は $t^2+k=0$

(i) $k>0$ のとき, $t=\pm\sqrt{k}i$

$\therefore\ y=C_1\cos\sqrt{k}x+C_2\sin\sqrt{k}x$

(ii) $k=0$ のとき, $t=0$ (重解)

$\therefore\ y=C_1+C_2x$

(iii) $k<0$ のとき, $t=\pm\sqrt{-k}$

$\therefore\ y=C_1e^{\sqrt{-k}x}+C_2e^{-\sqrt{-k}x}$ …(答)

練習問題 3-7

(1) 特性方程式の解は $t=2\pm 3i$

一般解は

$y=e^{2x}(C_1\cos 3x+C_2\sin 3x)$

$y'=e^{2x}\{(2C_1+3C_2)\cos 3x$

$+(-3C_1+2C_2)\sin 3x\}$

$y(0)=C_1=1$, $y'(0)=2C_1+3C_2=0$

から, $C_1=1$, $C_2=-\frac{2}{3}$

$\therefore\ y=e^{2x}\left(\cos 3x-\frac{2}{3}\sin 3x\right)$ …(答)

(2) (1)の y, y' に $x=0$ を代入して,

$y(0)=C_1=0$, $y'(0)=2C_1+3C_2=1$

から, $C_1=0$, $C_2=\frac{1}{3}$

$\therefore\ y=\frac{1}{3}e^{2x}\sin 3x$ …(答)

(3) 特性方程式の解は, $1, 2$ より

一般解は, $y=C_1e^x+C_2e^{2x}$

$y'=C_1e^x+2C_2e^{2x}$

$y(0)=C_1+C_2=1$

$y'(0)=C_1+2C_2=-1$

から, $C_1=3$, $C_2=-2$

$\therefore\ y=3e^x-2e^{2x}$ …(答)

(4) 特性方程式の解は, $-4, 5$ より,

一般解は $y=C_1e^{-4x}+C_2e^{5x}$

$y'=-4C_1e^{-4x}+5C_2e^{5x}$

$y(0)=C_1+C_2=1$

$\lim_{x\to\infty} y = \lim_{x\to\infty} C_2 e^{5x} = 0$ から $C_2 = 0$

$C_1 = 1$

$\therefore\ y = e^{-4x}$ …(答)

練習問題 3-8

(1) （$R(x) = e^{-x}$
-1 が特性方程式 $t^2-t-2=(t-2)\times(t+1)=0$ の単解より タイプ2。(ii) で
$z(x) = kxe^{-x}$ とおける.）

$z(x) = kxe^{-x}$

$z'(x) = (k-kx)e^{-x}$, $z''(x) = (-2k+kx)e^{-x}$

を $z'' - z' - 2z = e^{-x}$ に代入して,

$-3ke^{-x} = e^{-x}$, $k = -\dfrac{1}{3}$

$\therefore\ z(x) = -\dfrac{1}{3}xe^{-x}$ …(答)

(2) （$R(x) = 4\sin x$
i が特性方程式の解.
タイプ3。(ii) $z(x) = x(k\cos x + l\sin x)$
とおける.）

$z(x) = x(k\cos x + l\sin x)$,

$z'(x) = (k+lx)\cos x + (l - kx)\sin x$

$z''(x) = (2l - kx)\cos x + (-2k-lx)\sin x$

を $z''(x) + z = 4\sin x$ に代入して,

$2l\cos x - 2k\sin x = 4\sin x$

$l = 0$, $k = -2$

$\therefore\ z(x) = -2x\sin x$ …(答)

練習問題 3-9

(1) 特性方程式 $t^2 + 4t = 0$ の解は $t = 0, -4$

$y'' + 4y' = 0$ の一般解は, $y = C_1 + C_2 e^{-4x}$

特殊解を $z(x) = k\cos x + l\sin x$

とおくと, $z'(x) = -k\sin x + l\cos x$

$z''(x) = -k\cos x - l\sin x$ を

$z'' + 4z' = \sin x$ に代入して,

$(-k+4l)\cos x + (-4k-l)\sin x = \sin x$

から, $\begin{cases} -k + 4l = 0 \\ -4k - l = 1 \end{cases}$

を解いて, $k = -\dfrac{4}{17}$, $l = -\dfrac{1}{17}$

一般解は,

$y = C_1 + C_2 e^{-4x} - \dfrac{1}{17}(4\cos x + \sin x)$

…(答)

(2) 特性方程式 $t^2 + 4 = 0$ の解は $t = \pm 2i$

よって, $y'' + 4y = 0$ の一般解は

$y = C_1\cos 2x + C_2\sin 2x$

特殊解は $z(x) = x(k\cos 2x + l\sin 2x)$ とおけ,

$z'(x) = (k+2lx)\cos 2x + (l-2kx)\sin 2x$

$z''(x) = (-4kx+4l)\cos 2x + (-4k-4lx)\sin 2x$

を $z'' + 4z = -3\cos 2x$ に代入して,

$-4k\sin 2x + 4l\cos 2x = -3\cos 2x$

から, $k = 0$, $l = -\dfrac{3}{4}$

一般解は,

$y = C_1\cos 2x + C_2\sin 2x - \dfrac{3}{4}x\sin 2x$ …(答)

練習問題 3-10

(1) $y'' + 4y' = 0$ の基本解は $y_1 = 1$, $y_2 = e^{-4x}$

$W(y_1, y_2) = \begin{vmatrix} 1 & e^{-4x} \\ 0 & -4e^{-4x} \end{vmatrix} = -4e^{-4x}$

$R(x) = \sin x$ であり,

$\displaystyle\int \frac{-R(x)\cdot y_2}{W(y_1, y_2)}dx = \int \frac{-\sin x\cdot e^{-4x}}{-4e^{-4x}}dx$

$\displaystyle = \frac{1}{4}\int \sin x dx = -\frac{1}{4}\cos x$

$\displaystyle\int \frac{R(x)\cdot y_1}{W(y_1, y_2)}dx = \int \frac{\sin x\cdot 1}{-4e^{-4x}}dx$

$\displaystyle = -\frac{1}{4}\int \sin x e^{4x}dx$

$I = \int \sin x e^{4x}dx$ とおくと,

$I = -(\cos x)e^{4x} + 4(\sin x)e^{4x} - 16\underbrace{\int e^{4x}\sin x dx}_{= I}$

から $I = \dfrac{1}{17}e^{4x}(4\sin x - \cos x)$

$\displaystyle\int \frac{R(x)y_1}{W(y_1, y_2)}dx = -\frac{1}{4\cdot 17}e^{4x}(-\cos x + 4\sin x)$

$\therefore\ y = C_1 + C_2 e^{-4x} - \dfrac{1}{4}\cos x - \dfrac{1}{4\cdot 17}(-\cos x + 4\sin x)$

$= C_1 + C_2 e^{-4x} - \dfrac{1}{17}(4\cos x + \sin x)$

…(答)

(2) $y''+4y=0$ の基本解は

$y_1=\cos 2x,\ \ y_2=\sin 2x$

$$W(y_1,y_2)=\begin{vmatrix}\cos 2x & \sin 2x\\ -2\sin 2x & 2\cos 2x\end{vmatrix}=2$$

$R(x)=-3\cos 2x$ であり，

$$\int\frac{-R(x)y_2}{W(y_1,y_2)}dx=\int\frac{3\cos 2x\cdot\sin 2x}{2}dx$$

$$=\frac{3}{4}\int\sin 4x dx=-\frac{3}{16}\cos 4x$$

$$\int\frac{R(x)\cdot y_1}{W(y_1,y_2)}dx=\int\frac{-3\cos 2x\cdot\cos 2x}{2}dx$$

$$=-\frac{3}{2}\int\frac{1+\cos 4x}{2}dx$$

$$=-\frac{3}{4}\left(x+\frac{1}{4}\sin 4x\right)$$

$$\therefore\ y=C_1\cos 2x+C_2\sin 2x$$

$$+\cos 2x\left(-\frac{3}{16}\cos 4x\right)$$

$$+\sin 2x\left(-\frac{3}{4}x-\frac{3}{16}\sin 4x\right)$$

$$=C_1\cos 2x+C_2\sin 2x$$

$$-\frac{3}{16}(\underbrace{\cos 4x\cos 2x+\sin 4x\sin 2x}_{=\cos 2x})$$

$$-\frac{3}{4}x\sin 2x$$

$$=C_0\cos 2x+C_2\sin 2x-\frac{3}{4}x\sin 2x$$

…(答)

$$\left(C_0=C_1-\frac{3}{16}\right)$$

練習問題 3-11

(1) $y''+3y'+2y=0$ の一般解は

$y=C_1e^{-x}+C_2e^{-2x}$

特殊解を $z(x)=ae^x+b\cos x+c\sin x$

とおくと，

$z'(x)=ae^x-b\sin x+c\cos x$

$z''(x)=ae^x-b\cos x-c\sin x$

を与式に代入して，

$6ae^x+(b+3c)\cos x+(-3b+c)\sin x$

$\ \ =e^x+\sin x$

$6a=1,\ \ b+3c=0,\ \ -3b+c=1$

$\therefore\ a=\frac{1}{6},\ \ b=-\frac{3}{10},\ \ c=\frac{1}{10}$

一般解は，

$y=C_1e^{-x}+C_2e^{-2x}$

$$+\frac{1}{6}e^x-\frac{3}{10}\cos x+\frac{1}{10}\sin x$$ …(答)

(2) $y''+2y'+2y=0$ の特性方程式

$t^2+2t+2=0$ の解は $t=-1\pm i$ より

一般解は $y=e^{-x}(C_1\cos x+C_2\sin x)$

特殊解を

$z=e^x(a\cos x+b\sin x)$ とおいてみる．

$z'=e^x\{(a+b)\cos x+(-a+b)\sin x\}$

$z''=e^x(2b\cos x-2a\sin x)$

を与式に代入して，

$e^x\cdot\{4(a+b)\cos x-4(a-b)\sin x\}=2e^x\cos x$

$$\begin{cases}4(a+b)=2\\ -4(a-b)=0\end{cases}\qquad\therefore\ a=b=\frac{1}{4}$$

一般解は，

$y=e^{-x}(C_1\cos x+C_2\sin x)$

$$+\frac{1}{4}e^x(\cos x+\sin x)$$ …(答)

練習問題 3-12

$x^{t_1}=x^{p+qi}=x^p\cdot x^{iq}=x^p\cdot e^{iq\log x}$

オイラーの公式：$e^{i\theta}=\cos\theta+i\sin\theta$

$\ \ =x^p\cdot\{\cos(q\log x)+i\sin(q\log x)\}$

同様に

$x^{t_2}=x^{p-qi}=x^p\cdot\{\cos(q\log x)-i\sin(q\log x)\}$

①の基本解として，

$y_1=\frac{1}{2}(x^{t_1}+x^{t_2}),\ \ y_2=\frac{1}{2i}(x^{t_1}-x^{t_2})$ を考えると

$y_1=x^p\cdot\cos(q\log x),\ \ y_2=x^p\cdot\sin(q\log x)$

このとき，$W(y_1,y_2)=\beta x^{2\alpha-1}\neq 0$ $(\beta\neq 0$ より$)$

から y_1, y_2 は1次独立となり，

①の一般解は，

$y=x^p\cdot\{C_1\cos(q\log x)+C_2\sin(q\log x)\}$ ■

練習問題 3-13

① ⇔ $x^2y''-2xy'+2y=x^3e^x$

の特性方程式の解は（p. 74）

$t^2-3t+2=(t-1)(t-2)=0$ から

$t=1,2$

$x^2y''-2xy'+2y=0$ …② の基本解は

$y_1=x,\ \ y_2=x^2$

$$W(y_1, y_2) = \begin{vmatrix} x & x^2 \\ 1 & 2x \end{vmatrix} = x^2 \neq 0$$

より，y_1, y_2 は1次独立で，

②の一般解は $y = C_1x + C_2x^2$

①の特殊解 $z(x)$ は，

$$z(x) = -x\int \frac{xe^x \cdot x^2}{x^2}dx + x^2\int \frac{(xe^x)\cdot x}{x^2}dx$$

$$= -x\int xe^x dx + x^2\int e^x dx$$

$$= -x(x-1)e^x + x^2e^x = xe^x$$

①の一般解は，$y = C_1x + C_2x^2 + xe^x$ …(答)

練習問題 3-14

特性方程式　$s^2 + b = 0$ の解は

$s = \pm\sqrt{b}\,i$

一般解は

$$y = C_1\cos\sqrt{b}\,t + C_2\sin\sqrt{b}\,t$$

$$= A\sin(\sqrt{b}\,t + B)$$

運動の状態は一定の振幅で永久に振動する sin カーブとなる．

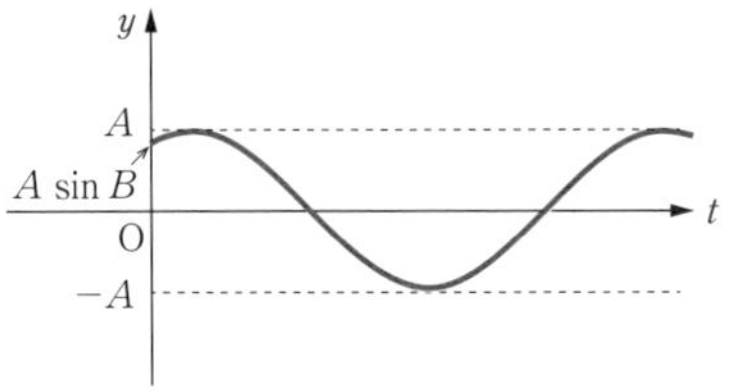

Chapter 4　高階常微分方程式

練習問題 4-1

〔1〕

(1) $(D^2 + 10D + 9)y = 0$ …(答)

(2) $(D^2 + 6D)y = \cos 2x$ …(答)

〔2〕

(1) $\{(D + 1)(D - 1)\}y = (D^2 - 1)y$

$= D^2y - y$

$\therefore\ y'' - y = 3x + 1$ …(答)

(2) $(D + 3)^2y = (D^2 + 6D + 9)y$

$= D^2y + 6Dy + 9y$

$\therefore\ y'' + 6y' + 9y = e^x\sin x$ …(答)

練習問題 4-2

定理 4-3 より，

$$D^k(e^{\alpha x}R(x)) = e^{\alpha x}(D + \alpha)^kR(x)$$

$(k = 0, 1, 2, \cdots, n)$

辺々に a_{n-k} を乗じて，

$$a_{n-k}D^k(e^{\alpha x}R(x)) = a_{n-k}e^{\alpha x}(D + \alpha)^kR(x)$$

$k = 0, 1, 2, \cdots, n$ を代入して辺々をたすと，

$$\sum_{k=0}^{n} a_{n-k}D^k(e^{\alpha x}R(x)) = \sum_{k=0}^{n} a_{n-k}e^{\alpha x}(D + \alpha)^kR(x)$$

$$\Leftrightarrow \{a_0D^n + a_1D^{n-1} + a_2D^{n-2} + \cdots + a_n\}e^{\alpha x}R(x)$$

$$= e^{\alpha x}\{a_0(D + \alpha)^n + a_1(D + \alpha)^{n-1} + \cdots + a_{n-1}(D + \alpha) + a_n\}R(x)$$

$\therefore\ f(D)e^{\alpha x}R(x) = e^{\alpha x}f(D + \alpha)R(x)$ ■

練習問題 4-3

(1) 公式2 の③で，$f(x) = (x-1)(x-3)(x+2)$ とおくと，$f(4) \neq 0$ より，

$$\frac{1}{f(D)}e^{4x} = \frac{1}{f(4)}e^{4x} = \frac{1}{3\cdot 1\cdot 6}e^{4x}$$

$$= \frac{1}{18}e^{4x}$$ …(答)

(2) $$\frac{1}{(D-1)(D-2)^2}e^{2x}$$

$$= \frac{1}{(D-2)^2}\left\{\frac{1}{D-1}e^{2x}\right\}$$

$$= \frac{1}{(D-2)^2}\left\{\frac{1}{2-1}e^{2x}\right\} = \frac{1}{(D-2)^2}e^{2x}$$

公式2 の③　公式2 の⑤(i)

$$= \frac{x^2}{2!}e^{2x} = \frac{x^2}{2}e^{2x}$$ …(答)

練習問題 4-4

(1) 公式2 の②(i)で $R(x) = e^{\beta x}$ とおくと，

$$\frac{1}{D-\alpha}R(x) = e^{\alpha x}\cdot\frac{1}{D}\{e^{-\alpha x}\cdot e^{\beta x}\}$$

$$= e^{\alpha x}\int_p e^{(\beta-\alpha)x}dx$$

$$= e^{\alpha x}\cdot\frac{1}{\beta-\alpha}e^{(\beta-\alpha)x}$$

$$= \frac{1}{\beta-\alpha}e^{\beta x}$$ $(\alpha \neq \beta)$ …(答)

別解

公式2 ③より，

$$\frac{1}{f(D)}e^{\beta x} = \frac{1}{\beta-\alpha}e^{\beta x}$$ …(答)

(2) 公式2 の②(ii) $R(x) = \cos\beta x$ とおく．

$$\frac{1}{D-\alpha}(e^{\alpha x}\cos\beta x) = e^{\alpha x}\int_p \cos\beta x\,dx$$

$$= \frac{1}{\beta}e^{\alpha x}\sin\beta x$$ …(答)

練習問題 4-5

(1) $\dfrac{1}{(D-\alpha)^2}(e^{\alpha x}\cos\beta x)$

$$= \frac{1}{D-\alpha}\frac{1}{D-\alpha}(e^{\alpha x}\cos\beta x)$$

$$= \frac{1}{D-\alpha}\left(\frac{1}{\beta}e^{\alpha x}\sin\beta x\right)$$

↑ 公式 3 の②

$$= \frac{1}{\beta}\frac{1}{D-\alpha}(e^{\alpha x}\sin\beta x) = \frac{-1}{\beta^2}e^{\alpha x}\cos\beta x$$

…(答)

(2) $\dfrac{1}{(D-\alpha)^2}\cos\beta x = \dfrac{1}{D-\alpha}\left(\dfrac{1}{D-\alpha}\cos\beta x\right)$

$$= \frac{1}{D-\alpha}\left\{\frac{1}{\alpha^2+\beta^2}(\beta\sin\beta x - \alpha\cos\beta x)\right\}$$

↑ 公式 3 の③

$$= \frac{\beta}{\alpha^2+\beta^2}\frac{1}{D-\alpha}\sin\beta x - \frac{\alpha}{\alpha^2+\beta^2}\frac{1}{D-\alpha}\cos\beta x$$

公式 3 ③　　公式 3 ③

$$= \frac{\beta}{\alpha^2+\beta^2}\left\{-\frac{1}{\alpha^2+\beta^2}(\alpha\sin\beta x + \beta\cos\beta x)\right\}$$

$$- \frac{\alpha}{\alpha^2+\beta^2}\left\{\frac{1}{\alpha^2+\beta^2}(\beta\sin\beta x - \alpha\cos\beta x)\right\}$$

$$= \frac{1}{(\alpha^2+\beta^2)^2}\left\{(\alpha^2-\beta^2)\cos\beta x - 2\alpha\beta\sin\beta x\right\}$$

練習問題 4-6

(1) $D^2(x\sin\beta x) = (x\sin\beta x)''$

$= (\sin\beta x + \beta x\cos\beta x)'$

$= \beta\cos\beta x + \beta\cos\beta x - \beta^2 x\sin\beta x$

$= 2\beta\cos\beta x - \beta^2 x\sin\beta x$

となるから,

$(D^2+\beta^2)(x\sin\beta x)$

$= 2\beta\cos\beta x - \beta^2 x\sin\beta x + \beta^2 x\sin\beta x$

$= 2\beta\cos\beta x$

$\beta \neq 0$ より

$$\therefore \frac{1}{D^2+\beta^2}\cos\beta x = \frac{1}{2\beta}x\sin\beta x \quad ■$$

(2) $D^2\cos\beta x = (\cos\beta x)''$

$= (-\beta\sin\beta x)' = -\beta^2\cos\beta x$

となるから,

$(D^2+k^2)(\cos\beta x) = -\beta^2\cos\beta x + k^2\cos\beta x$

$= (k^2-\beta^2)\cos\beta x$

$k \neq \beta$ より

$$\therefore \frac{1}{D^2+k^2}\cos\beta x = \frac{1}{k^2-\beta^2}\cos\beta x \quad ■$$

練習問題 4-7

(1) $\dfrac{1}{D-2}x = e^{2x}\dfrac{1}{D}e^{-2x}x$

↑ 公式 2 の②(ⅰ)

$$= e^{2x}\int_p xe^{-2x}dx$$

$$= e^{2x}\left(-\frac{1}{2}x - \frac{1}{4}\right)e^{-2x}$$

$$= -\frac{1}{2}x - \frac{1}{4}$$

…(答)

(2) $\dfrac{1}{D-3}x^2e^{3x}$

$$= e^{3x}\int_p x^2dx = \frac{1}{3}x^3e^{3x}$$

…(答)

↑ 公式 2 の②(ⅱ)

(3) $\dfrac{1}{D-3}x^2e^{2x}$

$$= e^{3x}\cdot\frac{1}{D}\{e^{-3x}\cdot x^2\cdot e^{2x}\}$$

↑ 公式 2 の②(ⅰ), $R(x) = x^2e^{2x}$

$$= e^{3x}\int_p x^2e^{-x}dx$$

$$= e^{3x}\{-(x^2+2x+2)e^{-x}\}$$

$$= -e^{2x}(x^2+2x+2)$$

…(答)

(4) $\dfrac{1}{D^2+4}\sin 2x$

$$= \frac{1}{D^2+2^2}\sin 2x = -\frac{1}{2\cdot 2}x\cos 2x$$

↑ 公式 5 の①

$$= -\frac{1}{4}x\cos 2x$$

…(答)

練習問題 4-8

(1) (与式)=

$$\frac{1}{(D-1)(D-3)(D+2)}(e^{4x}+6e^{2x}+9\cdot e^{0\cdot x})$$

$f(x) = (x-1)(x-3)(x+2)$ とおくと,

$f(4) \neq 0$, $f(2) \neq 0$, $f(0) \neq 0$ より

$$(与式) = \frac{1}{(D-1)(D-3)(D+2)}e^{4x}$$

$$+ \frac{6}{(D-1)(D-3)(D+2)}e^{2x}$$

$$+ \frac{9}{(D-1)(D-3)(D+2)}e^{0\cdot x}$$

$$= \frac{1}{f(4)}e^{4x} + \frac{6}{f(2)}e^{2x} + \frac{9}{f(0)}$$

公式 2 の③

$$= \frac{1}{18}e^{4x} - \frac{6}{4}e^{2x} + \frac{9}{6}$$

$$= \frac{1}{18}e^{4x} - \frac{3}{2}e^{2x} + \frac{3}{2}$$ …(答)

(2) $\dfrac{1}{D^2+4}\sin 3x$

$$= \frac{1}{D^2+2^2}\sin 3x = \frac{1}{2^2-3^2}\sin 3x$$

$$= -\frac{1}{5}\sin 3x$$ …(答)

練習問題 4-9

$(D-\alpha)^2 y = (D-\alpha)(D-\alpha)x^{\gamma}e^{\alpha x}$

$= (D-\alpha)(\gamma x^{\gamma-1}e^{\alpha x} + \cancel{\alpha x^{\gamma}e^{\alpha x}} - \cancel{\alpha x^{\gamma}e^{\alpha x}})$

$= \gamma(D-\alpha)x^{\gamma-1}e^{\alpha x}$

$= \gamma\{(\gamma-1)x^{\gamma-2}e^{\alpha x} + \cancel{\alpha x^{\gamma-1}e^{\alpha x}} - \cancel{\alpha x^{\gamma-1}e^{\alpha x}}\}$

$= \gamma(\gamma-1)x^{\gamma-2}e^{\alpha x} = 0$ をみたす r は,

$\gamma = 0, 1$　したがって，方程式は 2 つの 1 次独立な解 $y = e^{\alpha x}$ と $y = xe^{\alpha x}$ をもつ.

一般解は　$y = C_1e^{\alpha x} + C_2xe^{\alpha x}$ …(答)

練習問題 4-10

(1) $(D^3-D^2-12D)y = D(D-4)(D+3)y = 0$

特性方程式の解は 0, 4, −3 より，一般解は

$y = C_1 + C_2e^{4x} + C_3e^{-3x}$ …(答)

(2) $(D^4 - D^3 - 9D^2 - 11D - 4)y$

$= (D+1)^3(D-4)y = 0$

特性方程式の解は，−1, −1, −1, 4 であり，

$y = e^{-x}(C_1 + C_2x + C_3x^2) + C_4e^{4x}$

…(答)

(3) $(D^4 + D^3 + 2D^2 - D + 3)y$

$= (D^2 + 2D + 3)(D^2 - D + 1)y$

$= \{(D+1)^2 + (\sqrt{2})^2\}\left\{\left(D - \frac{1}{2}\right)^2 + \left(\frac{\sqrt{3}}{2}\right)^2\right\}y = 0$

特性方程式の解は

$-1 \pm \sqrt{2}i,\ \dfrac{1}{2} \pm \dfrac{\sqrt{3}}{2}i$ であり，一般解は,

$y = e^{-x}(C_1\cos\sqrt{2}x + C_2\sin\sqrt{2}x)$

$\quad + e^{\frac{1}{2}x}\left(C_3\cos\dfrac{\sqrt{3}}{2}x + C_4\sin\dfrac{\sqrt{3}}{2}x\right)$

…(答)

練習問題 4-11

(1) $(D^2 + 6D + 9)y = (D+3)^2y = 0$

$f(t) = (t+3)^2 = 0$ の解は $t = -3$（重解）であり，この補関数は

$y = e^{-3x}(C_1 + C_2x)$

特殊解は,　公式 4 の①

$$y = \frac{1}{(D+3)^2}e^x = \frac{1}{\{1-(-3)\}^2}e^x = \frac{1}{16}e^x$$

よって，一般解は

$y = e^{-3x}(C_1 + C_2x) + \dfrac{1}{16}e^x$ …(答)

(2) $(D^3 - 5D^2 + 8D - 4)y = e^{2x}$

$(D^3-5D^2+8D-4)y = (D-1)(D-2)^2y = 0$

$f(t) = (t-1)(t-2)^2 = 0$ 解が $t = 1, 2$（重解）より，補関数は，$y = C_1e^x + C_2e^{2x} + C_3xe^{2x}$

特殊解は

$$y = \frac{1}{(D-1)(D-2)^2}e^{2x}$$

$$= \frac{1}{(D-2)^2}\left(\frac{1}{D-1}e^{2x}\right)$$ 公式 2 の③

$$= \frac{1}{(D-2)^2}e^{2x}$$ 公式 4 の①

$$= \frac{1}{2}x^2e^{2x}$$

よって，一般解は

$$y = C_1e^x + C_2e^{2x} + C_3xe^{2x} + \frac{1}{2}x^2e^{2x}$$

…(答)

練習問題 4-12

$$y = \frac{1}{D^3 - D}x^2 = \frac{1}{D(D+1)(D-1)}x^2$$

$f(x) = x(x+1)(x-1)$ とおくと，$f(x) = 0$ となる x は $x = 0, -1, 1$

補関数は

$y = C_1 + C_2e^{-x} + C_3e^x$

特殊解は

$$y = \frac{1}{D}\left(\frac{1}{D^2-1}\right)x^2$$

$$= -\frac{1}{D}\left(\frac{1}{1-D^2}\right)x^2$$

$$= -\frac{1}{D}(1 + D^2 + D^4 + \cdots)x^2$$

$$= -\frac{1}{D}(x^2+2)$$

$$= -\int_p (x^2+2)\,dx = -\frac{1}{3}x^3 - 2x$$

よって，一般解は

$$y = C_1 + C_2 e^{-x} + C_3 e^{x} - \frac{1}{3}x^3 - 2x \qquad \cdots(\text{答})$$

練習問題 4-13

$f(x) = 2x^2 + 2x + 3 = 0$ の解は $x = \dfrac{-1 \pm \sqrt{5}i}{2}$

より補関数は

$$y = e^{-\frac{1}{2}x}\left(C_1 \cos\frac{\sqrt{5}}{2}x + C_2 \sin\frac{\sqrt{5}}{2}x\right)$$

特殊解は

$$y = \frac{1}{2D^2 + 2D + 3}(x^2 + 2x - 1)$$

$$= \left(\frac{1}{3} - \frac{2}{9}D - \frac{2}{27}D^2\right)(x^2 + 2x - 1)$$

$$= \frac{1}{3}(x^2 + 2x - 1) - \frac{2}{9}(2x + 2) - \frac{2}{27}(2)$$

$$= \frac{1}{3}x^2 + \frac{2}{9}x - \frac{25}{27}$$

一般解は，

$$y = e^{-\frac{1}{2}x}\left(C_1 \cos\frac{\sqrt{5}}{2}x + C_2 \sin\frac{\sqrt{5}}{2}x\right)$$

$$+ \frac{1}{3}x^2 + \frac{2}{9}x - \frac{25}{27} \qquad \cdots(\text{答})$$

練習問題 4-14

$t^2 - t + 1 = 0$ の解は $t = \dfrac{1 \pm \sqrt{3}i}{2}$ より補関数

は，$f(x) = x - D + 1$ とおくと，

$$y = \frac{1}{f(D^2)}\sin 2x = \frac{1}{f(-2^2)}\sin 2x$$

$$= -\frac{1}{D+3}\sin 2x$$

$$= -\frac{D-3}{D^2-9}\sin 2x$$

$$= -(D-3)\left(\frac{1}{D^2-9}\sin 2x\right)$$

$$= -(D-3)\frac{1}{-4-9}\sin 2x$$

$$= \frac{1}{13}(D-3)\sin 2x$$

$$= \frac{1}{13}(2\cos 2x - 3\sin 2x)$$

よって，一般解は

$$y = e^{\frac{x}{2}}\left(C_1 \cos\frac{\sqrt{3}}{2}x + C_2 \sin\frac{\sqrt{3}}{2}x\right)$$

$$+ \frac{1}{13}(2\cos 2x - 3\sin 2x) \qquad \cdots(\text{答})$$

練習問題 4-15

$t^2 + 2t + 4 = 0$ の解は $t = -1 \pm \sqrt{3}i$ より，補関数は

$$y = e^{-x}(C_1 \cos\sqrt{3}x + C_2 \sin\sqrt{3}x)$$

特殊解は

$$y = \frac{1}{D^2 + 2D + 4}e^{x}\sin 2x$$

$$= e^{x}\frac{1}{(D+1)^2 + 2(D+1) + 4}\sin 2x$$

↑ 公式2 の④(ii)

$$= e^{x}\frac{1}{D^2 + 4D + 7}\sin 2x$$

$f(t) = t + 4D + 7$ とおくと，

$f(-2^2) = 4D + 3$ （公式6）より

$$(\text{与式}) = e^{x}\frac{1}{4D+3}\sin 2x$$

$$= e^{x}\frac{4D-3}{16D^2-9}\sin 2x$$

$g(t) = 16t - 9$ とおくと，

$g(-2^2) = 16(-4) - 9 = -73$

$$(\text{与式}) = -\frac{1}{73}e^{x}(4D-3)\sin 2x$$

$$= -\frac{1}{73}e^{x}(8\cos 2x - 3\sin 2x)$$

よって，一般解は

$$y = e^{-x}(C_1 \cos\sqrt{3}x + C_2 \sin\sqrt{3}x)$$

$$-\frac{1}{73}e^{x}(8\cos 2x - 3\sin 2x) \qquad \cdots(\text{答})$$

練習問題 4-16

(1) 問題 4-16 の別解より，

$$z_1 = \frac{2i-1}{15}(\cos 2x + i\sin 2x)$$

$$z_2 = \frac{3i-1}{80}(\cos 3x + i\sin 3x) \text{ とおくと，}$$

・$(D^3 + D^2 + D + 1)y = \cos 2x + \cos 3x$ の特殊解は

$\mathrm{Re}(z_1) + \mathrm{Re}(z_2)$ で，

$$-\frac{1}{15}(2\sin 2x + \cos 2x)$$

$$-\frac{1}{80}(3\sin 3x+\cos 3x)$$

…(答)

(2)　・$(D^3+D^2+D+1)y=\sin 2x+\sin 3x$

の特殊解は

$\mathrm{Im}(z_1)+\mathrm{Im}(z_2)$ で,

$$\frac{1}{15}(2\cos 2x-\sin 2x)$$

$$+\frac{1}{80}(3\cos 3x-\sin 3x)$$

…(答)

練習問題 4-17

行列式を用いて x を求めると,

$$\begin{vmatrix} 2(D+1) & D-1 \\ D-3 & 2(D+2) \end{vmatrix} x = \begin{vmatrix} \cos t & D-1 \\ 2\sin t & 2(D+2) \end{vmatrix}$$

$$\Leftrightarrow\ (3D^2+16D+5)x$$

$$=2(D+2)\cos t-2(D-1)\sin t$$

$$=2(-\cancel{\sin} t+2\cos t-\cos t+\cancel{\sin} t)$$

$$=2\cos t$$

$$x=\frac{2}{3D^2+16D+5}\cos t=\frac{2}{(3D+1)(D+5)}\cos t$$

x の補関数は

$$x=C_1e^{-5t}+C_2e^{-\frac{1}{3}t}$$

$f(s)=3x+16D+5$ とおくと,

$f(-1^2)=3(-1)+16D+5=16D+2$

となるから

$$x=\frac{2}{f(-1^2)}\cos t=\frac{1}{8D+1}\cos t$$

$$=\frac{8D-1}{64D^2-1}\cos t=-\frac{1}{65}(8D-1)\cos t$$

$$=-\frac{1}{65}(-8\sin t-\cos t)$$

$$=\frac{1}{65}(8\sin t+\cos t)$$

x の一般解は

$$x=C_1e^{-5t}+C_2e^{-\frac{1}{3}t}+\frac{1}{65}(8\sin t+\cos t)$$

…(答)

y は

$$(D-1)y=\cos t-2(D+1)x$$

$$=\cos t-2\Big\{\Big(-5C_1e^{-5t}-\frac{1}{3}C_2e^{-\frac{1}{3}t}+\frac{8}{65}\cos t-\frac{1}{65}\sin t\Big)$$

$$+\Big(C_1e^{-5t}+C_2e^{-\frac{1}{3}t}+\frac{8}{65}\sin t+\frac{1}{65}\cos t\Big)\Big\}$$

$$=\cos t-2\Big(-4C_1e^{-5t}+\frac{2}{3}C_2e^{-\frac{1}{3}t}+\frac{7}{65}\sin t+\frac{9}{65}\cos t\Big)$$

$$=8C_1e^{-5t}-\frac{4}{3}C_2e^{-\frac{1}{3}t}+\frac{47}{65}\cos t-\frac{14}{65}\sin t$$

$$\therefore\ y=\frac{1}{D-1}\Big(8C_1e^{-5t}-\frac{4}{3}C_2e^{-\frac{1}{3}t}+\frac{47}{65}\cos t-\frac{14}{65}\sin t\Big)$$

$$=e^t\int_p e^{-t}\Big(8C_1e^{-5t}-\frac{4}{3}C_2e^{-\frac{1}{3}t}+\frac{47}{65}\cos t-\frac{14}{65}\sin t\Big)dt$$

$$=e^t\int\Big(8C_1e^{-6t}-\frac{4}{3}C_2e^{-\frac{4}{3}t}+\frac{47}{65}e^{-t}\cos t-\frac{14}{65}e^{-t}\sin t\Big)dt$$

$$=e^t\Big(-\frac{4}{3}C_1e^{-6t}+C_2e^{-\frac{4}{3}t}+\frac{61\sin t-33\cos t}{130}e^{-t}\Big)$$

$$\therefore\ y=-\frac{4}{3}C_1e^{-5t}+C_2e^{-\frac{1}{3}t}+\frac{61\sin t-33\cos t}{130}$$

…(答)

練習問題 4-18

行列式を用いて x, y を求めると,

$$\begin{vmatrix} D+1 & D-1 \\ D^2+D+1 & D^2-D+1 \end{vmatrix} x = \begin{vmatrix} e^t & D-1 \\ t^2 & D^2-D+1 \end{vmatrix}$$

$$\Leftrightarrow\ 2x=(D^2-D+1)e^t-(D-1)t^2$$

$$=(\cancel{e^t}-\cancel{e^t}+e^t)-(2t-t^2)$$

$$\therefore\ x=\frac{1}{2}(t^2-2t+e^t)$$

$$\begin{vmatrix} D+1 & D-1 \\ D^2+D+1 & D^2-D+1 \end{vmatrix} y = \begin{vmatrix} D+1 & e^t \\ D^2+D+1 & t^2 \end{vmatrix}$$

$$2y=(D+1)t^2-(D^2+D+1)e^t$$

$$=(2t+t^2)-3e^t$$

$$\therefore\ y=\frac{1}{2}(t^2+2t-3e^t)$$

一般解は

$$\begin{cases} x = \dfrac{1}{2}(t^2 - 2t + e^t) \\ y = \dfrac{1}{2}(t^2 + 2t - 3e^t) \end{cases} \cdots(答)$$

〔注〕

$\begin{vmatrix} D+1 & D-1 \\ D^2+D+1 & D^2-D+1 \end{vmatrix} = 2$ であり，D の次数がゼロであり，解には任意定数がない．

練習問題 4-19

① − ③から $Dx - (D+2)z = 1$ …④

$D \times$ ② − $(D+2) \times$ ④から

$(5D+4)z = -2$

$$z = \frac{-2}{5D+4} = -\frac{2}{5}e^{-\frac{4}{5}t}\int e^{\frac{4}{5}t}dt$$

$$= -\frac{2}{5}e^{-\frac{4}{5}t}\left(\frac{5}{4}e^{\frac{4}{5}t} + C_0\right) = -\frac{1}{2} - \frac{2}{5}C_0e^{-\frac{4}{5}t}$$

$$\therefore\ z = -\frac{1}{2} + C_1e^{-\frac{4}{5}t} \quad \left(C_1 = -\frac{2}{5}C_0\right)$$

これを③に代入して，

$$(D+1)y = -(D+2)\left(-\frac{1}{2} + C_1e^{-\frac{4}{5}t}\right)$$

$$= \frac{4}{5}C_1e^{-\frac{4}{5}t} + 1 - 2C_1e^{-\frac{4}{5}t}$$

$$= 1 - \frac{6}{5}C_1e^{-\frac{4}{5}t}$$

$$y = \frac{1}{D+1}\left(1 - \frac{6}{5}C_1e^{-\frac{4}{5}t}\right)$$

$$= e^{-t}\int e^t\left(1 - \frac{6}{5}C_1e^{-\frac{4}{5}t}\right)dt$$

$$= e^{-t}\int\left(e^t - \frac{6}{5}C_1e^{-\frac{4}{5}t}\right)dt$$

$$= e^{-t}(e^t - 6C_1e^{\frac{1}{5}t} + C_2)$$

$$= 1 - 6C_1e^{-\frac{4}{5}t} + C_2e^{-t}$$

これを①に代入して，

$$Dx = 1 - (D+1)y = 1 - Dy - y$$

$$= \cancel{1} - \frac{24}{5}C_1e^{-\frac{4}{5}t} + \cancel{C_2e^{-t}}$$

$$- (\cancel{1} - 6C_1e^{-\frac{4}{5}t} + \cancel{C_2e^{-t}})$$

$$= \frac{6}{5}C_1e^{-\frac{4}{5}t}$$

$$x = \frac{6}{5}C_1\int e^{-\frac{4}{5}t}dt$$

$$= \frac{6}{5}C_1\left(-\frac{5}{4}e^{-\frac{4}{5}t}\right) + C_3$$

$$= -\frac{3}{2}C_1e^{-\frac{4}{5}t} + C_3$$

ここで，

$$\begin{vmatrix} D & D+1 & 0 \\ D+2 & 0 & -(D-1) \\ 0 & D+1 & D+2 \end{vmatrix}$$

$$= -(D+1)(D+2)^2 + D(D^2-1)$$

$$= (D+1)\{-(D+2)^2 + D(D-1)\}$$

$$= -(D+1)(5D+4) = -(5D^2 + 9D + 4)$$

D の次数が 2 であるから，一般解の任意定数は 2 つとなる．

x, z を②式に代入して，

$$(D+2)\left(-\frac{3}{2}C_1e^{-\frac{4}{5}t} + C_3\right)$$

$$-(D-1)\left(-\frac{1}{2} + C_1e^{-\frac{4}{5}t}\right) = 1$$

$$\Leftrightarrow\ \frac{6}{5}\cancel{C_1e^{-\frac{4}{5}t}} - 3\cancel{C_1e^{-\frac{4}{5}t}} + 2C_3$$

$$+ \frac{4}{5}\cancel{C_1e^{-\frac{4}{5}t}} - \frac{1}{2} + \cancel{C_1e^{-\frac{4}{5}t}} = 1$$

$$\Leftrightarrow\ 2C_3 = \frac{3}{2} \qquad \therefore\ C_3 = \frac{3}{4}$$

以上より，一般解は

$$\begin{cases} x = \dfrac{3}{4} - \dfrac{3}{2}C_1e^{-\frac{4}{5}t} \\ y = 1 - 6C_1e^{-\frac{4}{5}t} + C_2e^{-t} \\ z = -\dfrac{1}{2} + C_1e^{-\frac{4}{5}t} \end{cases} \cdots(答)$$

Chapter 5　ラプラス変換

練習問題 5-1

$$I_n = \int_0^\infty t^n e^{\alpha t}e^{-st}dt = \int_0^\infty t^n \underbrace{e^{-(s-\alpha)t}}_{\left\{-\frac{1}{s-\alpha}e^{-(s-\alpha)t}\right\}'}dt$$

$$= \underbrace{\left[-\frac{1}{s-\alpha}t^n\cdot e^{-(s-\alpha)t}\right]_0^\infty}_{0} + \frac{n}{s-\alpha}\underbrace{\int_0^\infty t^{n-1}e^{-(s-\alpha)t}dt}_{I_{n-1}}$$

$$I_n = \frac{n}{s-\alpha}I_{n-1}$$

$$= \frac{n}{s-\alpha}\cdot\frac{n-1}{s-\alpha}I_{n-2} = \frac{n(n-1)}{(s-\alpha)^2}I_{n-2}$$

$$= \cdots\cdots = \frac{n\cdot(n-1)\cdot\cdots\cdot2\cdot1}{(s-\alpha)^n}I_0 = \frac{n!}{(s-\alpha)^{n+1}}$$

$\left(I_0 = -\dfrac{1}{s-\alpha}\left[e^{-(s-\alpha)t}\right]_0^{\infty} = \dfrac{1}{s-\alpha}\right)$

練習問題 5-2

(1) $\mathcal{L}(\sin\omega t) = \dfrac{\omega}{s^2+\omega^2}$ と像関数の移動（定理 5-2 ④ p. 138）より，

$$\mathcal{L}(e^{\alpha t}\sin\omega t) = F(s-\alpha)$$

$$= \frac{\omega}{(s-\alpha)^2+\omega^2} \quad \cdots(答)$$

(2) $\mathcal{L}(\cos\omega t) = \dfrac{s}{s^2+\omega^2}$

$$\mathcal{L}(e^{\alpha t}\cos\omega t) = \frac{s-\alpha}{(s-\alpha)^2+\omega^2} \quad \cdots(答)$$

練習問題 5-3

> 定理 5-2 ⑤　像の微分公式(ii)
> $\mathcal{L}\{t^n f(t)\} = (-1)^n F^n(s)$

(1) $\mathcal{L}(\sin t) = \dfrac{1}{s^2+1}$ ← 公式 2 ④

$$\mathcal{L}(t\sin t) = (-1)\left(\frac{1}{s^2+1}\right)'$$

$$= -\frac{-2s}{(s^2+1)^2} = \frac{2s}{(s^2+1)^2} \quad \cdots(答)$$

(2) $\mathcal{L}(t^2\sin t) = (-1)^2\left(\dfrac{1}{s^2+1}\right)''$

$$= \left\{\frac{-2s}{(s^2+1)^2}\right\}'$$

$$= -2\frac{1\cdot(s^2+1)^2 - s\cdot 2(s^2+1)\cdot 2s}{(s^2+1)^4}$$

$$= \frac{2(3s^2-1)}{(s^2+1)^3} \quad \cdots(答)$$

練習問題 5-4

(1) $\dfrac{1-e^{-2t}}{t}$ の分子を $f(t) = 1-e^{-2t}$ とおくと，

$$\mathcal{L}\{f(t)\} = \mathcal{L}(1) - \mathcal{L}(e^{-2t})$$

$$= \frac{1}{s} - \frac{1}{s+2}$$

像の積分公式より（定理 5-2 ⑥ p. 138）

$$\mathcal{L}\left(\frac{f(t)}{t}\right) = \int_s^{\infty}\left(\frac{1}{u} - \frac{1}{u+2}\right)du$$

$$= [\log u - \log(u+2)]_s^{\infty}$$

$$= \left[\log\frac{u}{u+2}\right]_s^{\infty} = -\log\frac{s}{s+2}$$

$$= \log\frac{s+2}{s} \quad \cdots(答)$$

(2) $\dfrac{e^{-t}-e^{-2t}}{t}$ の分子を $f(t) = e^{-t}-e^{-2t}$ とおくと，

$$\mathcal{L}\{f(t)\} = \mathcal{L}(e^{-t}) - \mathcal{L}(e^{-2t})$$

$$= \frac{1}{s+1} - \frac{1}{s+2}$$

$$\therefore\ \mathcal{L}\left(\frac{f(t)}{t}\right) = \int_s^{\infty}\left(\frac{1}{u+1} - \frac{1}{u+2}\right)du$$

$$= [\log(u+1) - \log(u+2)]_s^{\infty}$$

$$= \left[\log\frac{u+1}{u+2}\right]_s^{\infty}$$

$$= -\log\frac{s+1}{s+2}$$

$$= \log\frac{s+2}{s+1} \quad \cdots(答)$$

練習問題 5-5

(1) $\cosh x = \dfrac{1}{2}(e^x + e^{-x})$ であるから，

$$\mathcal{L}(\cosh x) = \frac{1}{2}\{\mathcal{L}(e^x) + \mathcal{L}(e^{-x})\}$$

$$= \frac{1}{2}\left(\frac{1}{s-1} + \frac{1}{s+1}\right) = \frac{s}{s^2-1}$$

…(答)

(2) $\sinh x = \dfrac{1}{2}(e^x - e^{-x})$ であるから，

$$\mathcal{L}(\sinh x) = \frac{1}{2}\{\mathcal{L}(e^x) - \mathcal{L}(e^{-x})\}$$

$$= \frac{1}{2}\left(\frac{1}{s-1} - \frac{1}{s+1}\right)$$

$$= \frac{1}{s^2-1} \quad \cdots(答)$$

練習問題 5-6

(1) $\mathcal{L}^{-1}\left(\dfrac{1}{(s-5)^2+1}\right) = e^{5t}\mathcal{L}^{-1}\left(\dfrac{1}{s^2+1}\right)$

$$= e^{5t}\sin t \quad \cdots(答)$$

(2) $\dfrac{2s+10}{s^2+6s+10} = \dfrac{2(s+3)+4}{(s+3)^2+1}$

$$= \frac{2(s+3)}{(s+3)^2+1} + \frac{4}{(s+3)^2+1}$$

となるから，

$$\mathcal{L}^{-1}\left(\frac{2s+10}{s^2+6s+10}\right)$$

$$= 2\mathcal{L}^{-1}\left\{\frac{s+3}{(s+3)^2+1} + \frac{2}{(s+3)^2+1}\right\}$$

$$= 2e^{-3t}\left\{\mathcal{L}^{-1}\left(\frac{s}{s^2+1}\right) + 2\mathcal{L}^{-1}\left(\frac{1}{s^2+1}\right)\right\}$$

$$= 2e^{-3t}(\cos t + 2\sin t) \qquad \cdots(答)$$

練習問題 5-7

(1) $\mathcal{L}^{-1}\left(\dfrac{1}{s^2}\right) = t$，$\mathcal{L}^{-1}\left(\dfrac{1}{s^2+1}\right) = \sin t$

$$F(s) = \frac{1}{s^2}\cdot\frac{1}{s^2+1}$$

$$\mathcal{L}^{-1}\left(\frac{1}{s^2}\cdot\frac{1}{s^2+1}\right) = t * \sin t$$

$$= \int_0^t (t-u)\underset{(-\cos u)'}{\underset{\shortparallel}{\sin u}}\,du$$

$$= [-(t-u)\cos u]_0^t - \int_0^t \cos u\,du$$

$$= t - [\sin u]_0^t = t - \sin t \qquad \cdots(答)$$

(2) $\mathcal{L}^{-1}\left(\dfrac{s}{s^2+a^2}\right) = \cos at$

$$\mathcal{L}^{-1}\left(\frac{a}{s^2+a^2}\right) = \sin at$$

$$\mathcal{L}^{-1}\left(\frac{s}{s^2+a^2}\cdot\frac{a}{s^2+a^2}\right)$$

$$= \cos at * \sin at$$

$$= \int_0^t \cos a(t-u)\cdot\sin au\,du$$

$$= \frac{1}{2}\int_0^t \{\sin at - \sin a(t-2u)\}\,du$$

$$= \frac{1}{2}\left[(\sin at)u - \frac{1}{2a}\cos a(t-2u)\right]_0^t$$

$$= \frac{1}{2}\left(t\sin at - \cancel{\frac{1}{2a}\cos at} + \cancel{\frac{1}{2a}\cos at}\right)$$

$$= \frac{t}{2}\sin at \qquad \cdots(答)$$

練習問題 5-8

(1) $F(s) = \dfrac{a}{s} + \dfrac{b}{s-2} + \dfrac{cs+d}{s^2+4}$

となるように a, b, c, d を求めると，

$$a = \frac{1}{2},\ b = \frac{1}{4},\ c = -\frac{3}{4},\ d = \frac{1}{2}$$

$$F(s) = \frac{1}{4}\left(\frac{2}{s} + \frac{1}{s-2} + \frac{-3s+2}{s^2+4}\right)$$

$$= \frac{1}{4}\left(\frac{2}{s} + \frac{1}{s-2} - 3\frac{s}{s^2+4} + \frac{2}{s^2+4}\right)$$

$\therefore\ \mathcal{L}^{-1}\{F(s)\}$

$$= \frac{1}{4}\left\{2\mathcal{L}^{-1}\left(\frac{1}{s}\right) + \mathcal{L}^{-1}\left(\frac{1}{s-2}\right)\right.$$

$$\left. - 3\mathcal{L}^{-1}\left(\frac{s}{s^2+4}\right) + \mathcal{L}^{-1}\left(\frac{2}{s^2+4}\right)\right\}$$

$$= \frac{1}{4}(2 + e^{2t} - 3\cos 2t + \sin 2t) \qquad \cdots(答)$$

(2) $F(s) = \dfrac{s^2+1}{(s+1)^3} = \dfrac{(s+1)^2 - 2(s+1) + 2}{(s+1)^3}$

$$\mathcal{L}^{-1}(F(s)) = e^{-t}\mathcal{L}^{-1}\left(\frac{s^2-2s+2}{s^3}\right)$$

$$= e^{-t}\mathcal{L}^{-1}\left(\frac{1}{s} - \frac{2}{s^2} + \frac{2}{s^3}\right)$$

$$= e^{-t}\left\{\mathcal{L}^{-1}\left(\frac{1}{s}\right) - 2\mathcal{L}^{-1}\left(\frac{1}{s^2}\right) + \mathcal{L}^{-1}\left(\frac{2}{s^3}\right)\right\}$$

$$= e^{-t}(1 - 2t + t^2) \qquad \cdots(答)$$

練習問題 5-9

(1) $\mathcal{L}(x'' - 2x' + 10x) = 0$

$\Leftrightarrow\ \mathcal{L}(x'') - 2\mathcal{L}(x') + 10\mathcal{L}(x) = 0$

$\Leftrightarrow\ (s^2 - 2s + 10)X = s - 2$

$$X = \frac{s-2}{(s-1)^2+9}$$

$$= \frac{s-1}{(s-1)^2+9} - \frac{1}{(s-1)^2+9}$$

両辺に逆ラプラス変換を行うと，

$$x(t) = \mathcal{L}^{-1}\left(\frac{s-1}{(s-1)^2+9}\right) - \mathcal{L}^{-1}\left(\frac{1}{(s-1)^2+9}\right)$$

$$= e^t\left(\cos 3t - \frac{1}{3}\sin 3t\right) \qquad \cdots(答)$$

> 《注意》 p. 120 の(5)の一般解は，
> $x = e^t(C_1\cos 3t + C_2\sin 3t)$
> $x' = e^t\{(C_1 + 3C_2)\cos 3t + (C_2 - 3C_1)\sin 3t\}$
> $x(0) = 1$，$x'(0) = 0$ より $C_1 = 1$，$C_2 = -\dfrac{1}{3}$
> 上の(答)と一致する．

(2) $\mathcal{L}(x''' - 3x'' + 3x' - x) = 0$

$$\left(\begin{aligned}\mathcal{L}(x''') &= s^3X - s^2\underset{1}{\underset{\shortparallel}{x(0)}} - s\underset{0}{\underset{\shortparallel}{x'(0)}} - \underset{0}{\underset{\shortparallel}{x''(0)}}\\ &= s^3X - s^2\end{aligned}\right)$$

$\Leftrightarrow (s^3X - s^2) - 3(s^2X - s) + 3(sX - 1) - X = 0$

$\Leftrightarrow (s^3 - 3s^2 + 3s - 1)X = s^2 - 3s + 3$

$$X = \frac{(s-1)^2 - s + 2}{(s-1)^3}$$

$$= \frac{1}{s-1} - \frac{1}{(s-1)^2} + \frac{1}{(s-1)^3}$$

両辺に逆ラプラス変換を行うと，

$$x(t) = \mathcal{L}^{-1}\left(\frac{1}{s-1}\right) - \mathcal{L}^{-1}\left(\frac{1}{(s-1)^2}\right)$$

$$+\mathcal{L}^{-1}\left(\frac{1}{(s-1)^3}\right)$$

$$= e^t - te^t + \frac{1}{2}t^2e^t$$

$$= \left(1 - t + \frac{1}{2}t^2\right)e^t \qquad \cdots(\text{答})$$

練習問題 5-10

$y(0) = 0,\ y'(0) = 1$

$\mathcal{L}(y'' - 3y' + 2y) = 4\mathcal{L}(e^{3t})$

$\mathcal{L}(y'') = s^2Y(s) - 1$

$\mathcal{L}(y') = sY(s)$

$\mathcal{L}(y) = Y(s)$

$$(s^2 - 3s + 2)Y = 1 + \frac{4}{s-3}$$

$$Y = \frac{1}{(s-1)(s-2)} + \frac{4}{(s-1)(s-2)(s-3)}$$

$$= \left(\frac{1}{s-2} - \frac{1}{s-1}\right) + \left(\frac{2}{s-1} - \frac{4}{s-2} + \frac{2}{s-3}\right)$$

$$= \frac{1}{s-1} - \frac{3}{s-2} + \frac{2}{s-3}$$

辺々に逆ラプラス変換を行うと，

$$y(t) = e^t - 3e^{2t} + 2e^{3t} \qquad \cdots(\text{答})$$

練習問題 5-11

与式の辺々にラプラス変換を行うと，

$$(s^2 - 7s + 12)Y - s + 6 = \frac{11s}{s^2+1} + \frac{7}{s^2+1}$$

$$(s-4)(s-3)Y = s - 6 + \frac{11s+7}{s^2+1}$$

$$= \frac{s^3 - 6s^2 + 12s + 1}{s^2+1}$$

$$Y = \frac{s^3 - 6s^2 + 12s + 1}{(s-4)(s-3)(s^2+1)}$$

$$= \frac{1}{s-4} - \frac{1}{s-3} + \frac{s}{s^2+1}$$

両辺に逆ラプラス変換を行うと，

$$y(t) = e^{4t} - e^{3t} + \cos t \qquad \cdots(\text{答})$$

練習問題 5-12

(1) $a = f(0),\ b = f'(0)$

$\mathcal{L}(y'') = s^2Y(s) - as - b$

$\mathcal{L}(y') = sY(s) - a$

$\mathcal{L}(y) = Y(s)$ より，

$$(s^2 + 3s - 4)Y(s) = s\text{ の 1 次式} + \frac{2}{s^2+4}$$

$$Y(s) = \frac{s\text{ の 1 次式}}{(s-1)(s+4)} + \underbrace{\frac{2}{(s-1)(s+4)(s^2+4)}}_{㋐}$$

$$= \frac{A_1}{s-1} + \frac{A_2}{s+4}$$

$$+ \underbrace{\frac{a}{s-1} + \frac{b}{s+4} + \frac{cs}{s^2+4} + \frac{d}{s^2+4}}_{㋐}$$

㋐が一致するように a, b, c, d を定めると，

$$\begin{cases} a + b + c = 0 \\ 4a - b + 3c + d = 0 \\ 4a + 4b - 4c + 3d = 0 \\ 4a - b - d = \dfrac{1}{2} \end{cases}$$

これをみたす c, d を求めて，

$$c = -\frac{3}{50},\ d = -\frac{8}{50}$$

よって，

$$Y(s) = \frac{C_1}{s-1} + \frac{C_2}{s+4} - \frac{8}{50}\frac{1}{s^2+4} - \frac{3}{50}\frac{s}{s^2+4}$$

（C_1, C_2：任意定数）

辺々に逆ラプラス変換を行うと，

$$y(t) = C_1e^t + C_2e^{-4t} - \frac{1}{50}(4\sin 2t + 3\cos 2t)$$

$\cdots$(答)

(2) 与式にラプラス変換を行うと，

$$Y(s) = \frac{as - (3a-b)}{(s-4)(s+1)}$$

$$+ \underbrace{\frac{1}{(s-4)(s+1)} \cdot \frac{1}{s^2 - 8s + 17}}_{㋐}$$

$$= \frac{A_1}{s-4} + \frac{A_2}{s+1} + \underbrace{\frac{a}{s-4} + \frac{1}{s+1}}$$

$$+ \underbrace{\frac{cs}{s^2-8s+17} + \frac{d}{s^2-8s+17}}_{㋐}$$

㋐が一致するように，a, b, c, d を定めると，

$$\begin{cases} a + b + c = 0 \\ -7a - 12b - 3c + d = 0 \\ 9a + 49b - 4c - 3d = 0 \\ 17a - 68b - 4d = 1 \end{cases}$$

これより，

$$\begin{cases} 19c + 5d = 0 \\ 85c + 21d = -1 \end{cases}$$

c, d を求めて，$c = -\dfrac{5}{26},\ d = \dfrac{19}{26}$

$$\frac{-\dfrac{5}{26}s}{s^2-8s+17} + \frac{\dfrac{19}{26}}{s^2-8s+17}$$

$$=\frac{-\frac{5}{26}(s-4)}{(s-4)^2+1}+\frac{-\frac{20}{26}+\frac{19}{26}}{(s-4)^2+1}$$

よって,

$$Y(s)=\frac{C_1}{s-4}+\frac{C_2}{s+1}$$

$$-\frac{1}{26}\cdot\frac{1}{(s-4)^2+1}-\frac{5}{26}\cdot\frac{s-4}{(s-4)^2+1}$$

辺々に逆ラプラス変換を行うと,

$$y(t)=C_1e^{4t}+C_2e^{-t}-\frac{e^{4t}}{26}(\sin t+5\cos t)$$

…(答)

練習問題 5-13

$\mathcal{L}(y'''-6y''+12y'-8y)=3\mathcal{L}(te^{2t})$

$y(0)=a$, $y'(0)=b$, $y''(0)=c$ とおくと,

$$(s^3Y-as^2-bs-c)-6(s^2Y-as-b)$$

$$+12(sY-a)-8Y=\frac{3}{(s-2)^2}$$

$$\Leftrightarrow\ (s^3-6s^2+12s-8)Y$$

$$=as^2+(b-6a)s+12a-6b+c+\frac{3}{(s-2)^2}$$

$$Y=\frac{s\text{の2次式}}{(s-2)^3}+\frac{3}{(s-2)^5}$$

$$=\frac{A_1}{s-2}+\frac{A_2}{(s-2)^2}+\frac{A_3}{(s-2)^3}+\frac{3}{(s-2)^5}$$

逆ラプラス変換を行うと,

$$y(t)=\left(C_1e^{2t}+C_2te^{2t}+\frac{C_3}{2}t^2e^{2t}\right)+\frac{3}{4!}t^4e^{2t}$$

$\frac{C_3}{2}$ を新たに C_3 とおいて,

$$y(t)=(C_1+C_2t+C_3t^2)e^{2t}+\frac{1}{8}t^4e^{2t}$$

…(答)

(C_1, C_2, C_3：任意定数)

練習問題 5-14

$\mathcal{L}(y^{(4)}-2y^{(2)}+y)=12\mathcal{L}(te^t)$

から,

$$Y=\frac{12}{(s^2-1)^2(s-1)^2}=\frac{12}{(s+1)^2(s-1)^4}$$

$$=12\left\{\frac{1}{2}\left(\frac{1}{s-1}-\frac{1}{s+1}\right)\right\}^2\cdot\frac{1}{(s-1)^2}$$

$$=3\left\{\frac{1}{(s-1)^2}+\frac{1}{(s+1)^2}-\frac{2}{(s-1)(s+1)}\right\}\cdot\frac{1}{(s-1)^2}$$

$$=3\left\{\frac{1}{(s-1)^4}+\frac{1}{\{(s-1)(s+1)\}^2}\right.$$

$$\left.-\left(\frac{1}{s-1}-\frac{1}{s+1}\right)\cdot\frac{1}{(s-1)^2}\right\}$$

$$=3\left\{\frac{1}{(s-1)^4}-\frac{1}{(s-1)^3}+\frac{1}{4}\left(\frac{1}{s-1}-\frac{1}{s+1}\right)^2\right.$$

$$\left.+\frac{1}{2}\left(\frac{1}{s-1}-\frac{1}{s+1}\right)\frac{1}{s-1}\right\}$$

$$=3\left\{\frac{1}{(s-1)^4}-\frac{1}{(s-1)^3}+\frac{1}{4}\frac{1}{(s-1)^2}\right.$$

$$+\frac{1}{4}\frac{1}{(s+1)^2}-\frac{1}{4}\left(\frac{1}{s-1}-\frac{1}{s+1}\right)$$

$$\left.+\frac{1}{2}\frac{1}{(s-1)^2}-\frac{1}{4}\left(\frac{1}{s-1}-\frac{1}{s+1}\right)\right\}$$

$$=3\left\{\frac{1}{(s-1)^4}-\frac{1}{(s-1)^3}+\frac{3}{4}\frac{1}{(s-1)^2}\right.$$

$$\left.+\frac{1}{4}\frac{1}{(s+1)^2}-\frac{1}{2}\frac{1}{s-1}+\frac{1}{2}\frac{1}{s+1}\right\}$$

逆ラプラス変換を行うと,

$$y(t)=3\left\{\frac{1}{6}t^3e^t-\frac{1}{2}t^2e^t+\frac{3}{4}te^t\right.$$

$$\left.+\frac{1}{4}te^{-t}-\frac{1}{2}e^t+\frac{1}{2}e^{-t}\right\}$$

$$=\left(\frac{1}{2}t^3-\frac{3}{2}t^2+\frac{9}{4}t-\frac{3}{2}\right)e^t$$

$$+\left(\frac{3}{4}t+\frac{3}{2}\right)e^{-t}$$

…(答)

練習問題 5-15

与式の辺々にラプラス変換を行うと,

$\mathcal{L}(ty'')-2\mathcal{L}(ty')+\mathcal{L}(y')-2\mathcal{L}(y)=0$

$$-\frac{d}{ds}(s^2Y-s-2)+2\frac{d}{ds}(sY-1)+(sY-1)-2Y$$

$$=0$$

$$\frac{d}{ds}(s^2Y-s-2)-2\frac{d}{ds}(sY-1)-(sY-1)+2Y$$

$$=0$$

$$2sY+s^2\frac{dY}{ds}\cancel{-1}-2\left(\cancel{Y}+s\frac{dY}{ds}\right)-(sY\cancel{-1})+\cancel{2Y}$$

$$=0$$

$$(s^2-2s)\frac{dY}{ds}+sY=0\ \Leftrightarrow\ (s-2)\frac{dY}{ds}=-Y$$

$$\int\frac{1}{Y}dY=\int\frac{-1}{s-2}ds$$

$$\Leftrightarrow\ \log|Y|=-\log|s-2|+C_1$$

$$Y=\frac{C}{s-2}\quad(C=\pm e^{C_1})$$

逆ラプラス変換を行うと

$y(t) = Ce^{2t}$

$y(0) = 1$　より　$C = 1$

$\therefore\ y(t) = e^{2t}$ …(答)

練習問題 5-16

$$\begin{cases} \mathcal{L}(x') = \mathcal{L}(y) - \mathcal{L}(t) \\ \mathcal{L}(y') = -\mathcal{L}(x) + \mathcal{L}(1) \end{cases}$$

$$\begin{cases} sX - \underset{\substack{\shortparallel \\ 1}}{x(0)} = Y - \dfrac{1}{s^2} \\[2ex] sY - \underset{\substack{\shortparallel \\ 0}}{y(0)} = -X + \dfrac{1}{s} \end{cases}$$

$$\Leftrightarrow \begin{cases} sX - Y = 1 - \dfrac{1}{s^2} \\[2ex] X + sY = \dfrac{1}{s} \end{cases}$$

両式を解いて，$(s^2 + 1)X = s$

$$\begin{cases} X = \dfrac{s}{s^2 + 1} \\[2ex] Y = \dfrac{1}{s^2(s^2 + 1)} = \dfrac{1}{s^2} - \dfrac{1}{s^2 + 1} \end{cases}$$

逆ラプラス変換を行うと，

$$\begin{cases} x(t) = \cos t \\ y(t) = t - \sin t \end{cases}$$ …(答)

練習問題 5-17

$x' + 2x + 3y = 0$ より

$$y = -\frac{1}{3}(x' + 2x)$$

$$y' = -\frac{1}{3}(x'' + 2x')$$

を $3x + y' + 2y = 2e^{2t}$ に代入して，

$$3x - \frac{1}{3}(x'' + 2x') - \frac{2}{3}(x' + 2x) = 2e^{2t}$$

$$\Leftrightarrow -\frac{1}{3}x'' - \frac{4}{3}x' + \frac{5}{3}x = 2e^{2t}$$

$$x'' + 4x' - 5x = -6e^{2t}$$

$a = x(0)$，$b = x'(0)$ とおき，辺々にラプラス変換を行うと，

$$(s^2X - as - b) + 4(sX - a) - 5X = -6\frac{1}{s-2}$$

$$\Leftrightarrow (s^2 + 4s - 5)X = as + 4a + b - \frac{6}{s-2}$$

$$X = \frac{as}{(s-1)(s+5)} + \frac{4a + b}{(s-1)(s+5)} - \frac{6}{(s-2)(s-1)(s+5)}$$

ここで，

$$\frac{1}{(s-2)(s-1)(s+5)}$$
$$= \left(\frac{1}{s-2} - \frac{1}{s-1}\right)\cdot\frac{1}{s+5}$$
$$= \frac{1}{(s-2)(s+5)} - \frac{1}{(s-1)(s+5)}$$
$$= \frac{1}{7}\left(\frac{1}{s-2} - \frac{1}{s+5}\right) - \frac{1}{6}\left(\frac{1}{s-1} - \frac{1}{s+5}\right)$$

となり，$\dfrac{1}{s-1}$，$\dfrac{1}{s+5}$ の係数をそれぞれ C_1，C_2 とすると，

$$X = \frac{C_1}{s-1} + \frac{C_2}{s+5} - \frac{6}{7}\frac{1}{s-2}$$

（《注意》　一般解を求めることより $\dfrac{1}{s-1}$，$\dfrac{1}{s+5}$ の係数を a, b で表さず C_1，C_2 と置いた.）

逆ラプラス変換を行うと，

$$x(t) = C_1e^t + C_2e^{-5t} - \frac{6}{7}e^{2t}$$ …(答)

$y(t)$ は，

$$y(t) = -\frac{1}{3}\{x'(t) + 2x(t)\}$$
$$= -\frac{1}{3}\left\{\left(C_1e^t - 5C_2e^{-5t} - \frac{12}{7}e^{2t}\right) + \left(2C_1e^t + 2C_2e^{-5t} - \frac{12}{7}e^{2t}\right)\right\}$$

$$\therefore\ y(t) = -C_1e^t + C_2e^{-5t} + \frac{8}{7}e^{2t}$$ …(答)

（C_1, C_2 は任意定数）

練習問題 5-18

②＋③より，

$x' + y' + 2x + y + 3z = 1$ …④

$x' + y' + y = 1$ …①

④－①より，$2x + 3z = 0$，$z = -\dfrac{2}{3}x$

$$z' = -\frac{2}{3}x'$$

これを②式に代入して，

$$\frac{5}{3}x' + \frac{4}{3}x = 1$$

$$5x' + 4x = 3$$

$x(0) = a$ とし，ラプラス変換を行うと，

$$5(sX - a) + 4X = \frac{3}{s}$$

$$\Leftrightarrow (5s + 4)X = 5a + \frac{3}{s}$$

$$X=\frac{5a}{5s+4}+\frac{3}{s(5s+4)}$$

$$=\frac{a}{s+\frac{4}{5}}+\frac{3}{4}\left(\frac{1}{s}-\frac{5}{5s+4}\right)$$

$$=\frac{3}{4}\frac{1}{s}+\frac{a-\frac{3}{4}}{s+\frac{4}{5}}=\frac{3}{4}\frac{1}{s}+\frac{C_0}{s+\frac{4}{5}}$$

逆ラプラス変換を行うと,

$$x(t)=\frac{3}{4}+C_0e^{-\frac{4}{5}t}$$

$$z(t)=-\frac{2}{3}x(t)=-\frac{1}{2}-\frac{2}{3}C_0e^{-\frac{4}{5}t}$$

$C_1=-\frac{2}{3}C_0$ とおくと,

(《注意》 **練習問題 4-19** の答にそろえようとして置いただけ)

$$x(t)=\frac{3}{4}-\frac{3}{2}C_1e^{-\frac{4}{5}t}$$

$$z(t)=-\frac{1}{2}+C_1e^{-\frac{4}{5}t}$$

①より,

$$y'+y=1-\frac{6}{5}C_1e^{-\frac{4}{5}t}$$

$b=y(0)$ とおいて, ラプラス変換を行うと,

$$sY-y(0)+Y=\frac{1}{s}-\frac{6}{5}C_1\frac{1}{s+\frac{4}{5}}$$

$$Y=\frac{y(0)}{s+1}+\frac{1}{s(s+1)}-\frac{6}{5}C_1\frac{1}{(s+1)\left(s+\frac{4}{5}\right)}$$

$$=\frac{y(0)}{s+1}+\frac{1}{s(s+1)}-6C_1\left(\frac{1}{s+\frac{4}{5}}-\frac{1}{s+1}\right)$$

$$=\frac{1}{s}+\frac{C_2}{s+1}-\frac{6C_1}{s+\frac{4}{5}}$$

逆ラプラス変換を行うと,

$$y(t)=1+C_2e^{-t}-6C_1e^{-\frac{4}{5}t}$$

以上より,

$$\begin{cases} x=\frac{3}{4}-\frac{3}{2}C_1e^{-\frac{4}{5}t} \\ y=1-6C_1e^{-\frac{4}{5}t}+C_2e^{-t} \\ z=-\frac{1}{2}+C_1e^{-\frac{4}{5}t} \end{cases} \qquad \cdots(答)$$

(C_1, C_2：任意定数)

Chapter 6　級数による解法

練習問題 6-1

(1) $\log\frac{1+x}{1-x}$

$$=\log(1+x)-\log(1-x)$$

$$=\left(x-\frac{x^2}{2}+\frac{x^3}{3}-\cdots+(-1)^{n-1}\frac{x^n}{n}-\cdots\right)$$

$$-\left(-x-\frac{x^2}{2}-\frac{x^3}{3}-\cdots-\frac{x^n}{n}\cdots\right)$$

収束範囲は $-1<x<1$ で,

$$\log\frac{1+x}{1-x}=2\left(x+\frac{x^3}{3}+\cdots+\frac{x^{2n+1}}{2n+1}+\cdots\right)$$

$(-1<x<1)$　…(答)

(2) $(1+x)^\alpha$ の展開式で $\alpha=-\frac{1}{2}$, x のかわりに $-x$ とおいて,

$$\frac{1}{\sqrt{1-x}}=\left\{1+(-x)\right\}^{-\frac{1}{2}}$$

$$=1+\left(-\frac{1}{2}\right)(-x)+\frac{\left(-\frac{1}{2}\right)\left(-\frac{1}{2}-1\right)}{2!}(-x)^2$$

$$+\cdots+\frac{\left(-\frac{1}{2}\right)\left(-\frac{1}{2}-1\right)\cdots\cdots\left(-\frac{1}{2}-n+1\right)}{n!}(-x)^n+\cdots$$

$$=1+\frac{1}{2}x+\frac{1\cdot3}{2\cdot4}x^2+\cdots+\frac{1\cdot3\cdots\cdots(2n-1)}{2\cdot4\cdots\cdots(2n)}x^n+\cdots$$

$(-1<x<1)$　…(答)

練習問題 6-2

(1) $a_n=\frac{1}{n!}$, $\frac{a_n}{a_{n+1}}=\frac{(n+1)!}{n!}=n+1$

$$\therefore\ r=\lim_{n\to\infty}\left|\frac{a_n}{a_{n+1}}\right|=\lim_{n\to\infty}(n+1)=+\infty$$

よって, 収束域は, $-\infty<x<\infty$　…(答)

(2) $a_n=\frac{(-1)^{n+1}}{n}$, $\frac{a_n}{a_{n+1}}=\frac{(-1)^{n+1}}{n}\cdot\frac{n+1}{(-1)^{n+2}}$

$$=-\frac{n+1}{n}$$

$$\therefore\ r=\lim_{n\to\infty}\left|\frac{a_n}{a_{n+1}}\right|=\lim_{n\to\infty}\frac{n+1}{n}$$

$$=\lim_{n\to\infty}\left(1+\frac{1}{n}\right)=1$$

$x=1$, $x=-1$ の場合, それぞれ

$1-\frac{1}{2}+\frac{1}{3}-\frac{1}{4}+\cdots$ は収束.

$1+\dfrac{1}{2}+\dfrac{1}{3}+\dfrac{1}{4}+\cdots$ は発散．

よって，収束域は $-1<x\leqq 1$ …(答)

(3) $a_n=n!$, $\dfrac{a_n}{a_{n+1}}=\dfrac{n!}{(n+1)!}=\dfrac{1}{n+1}$

$$\therefore\ r=\lim_{n\to\infty}\left|\frac{a_n}{a_{n+1}}\right|=\lim_{n\to\infty}\frac{1}{n+1}=0$$

よって，収束域は $x=0$ …(答)

(0 以外の実数 x に対して発散)

練習問題 6-3

$u=x-1$ とおくと，

$$y'=\frac{dy}{dx}=\frac{dy}{du}\cdot\frac{du}{dx}=\frac{dy}{du}$$

$x=1$，$y=1$ のとき，$u=0$，$y=1$

$$(\text{与式})\Leftrightarrow\frac{dy}{du}+2y=2(u+1)-1$$

$$\Leftrightarrow\frac{dy}{du}+2y=2u+1 \qquad \cdots①$$

①の解は初期条件 $(u,y)=(0,1)$ から

$y=1+a_1u+a_2u^2+a_3u^3+\cdots$ …②とおけ，

$y'=a_1+2a_2u+3a_3u^2+\cdots$

を①に代入して，

$$(a_1+2a_2u+3a_3u^2+\cdots)$$
$$+(2+2a_1u+2a_2u^2+2a_3u^3+\cdots)$$
$$=2u+1$$

両辺を比較して，

$a_1+2=1$，$2a_2+2a_1=2$，$3a_3+2a_2=0$

$$\therefore\ a_1=-1,\ a_2=2,\ a_3=-\frac{4}{3},\ \cdots$$

これを②に代入して，

$$y=1-u+2u^2-\frac{4}{3}u^3+\cdots$$

$u=x-1$ より，求める級数解は，

$$y=1-(x-1)+2(x-1)^2-\frac{4}{3}(x-1)^3+\cdots$$

…(答)

〔注〕$n\geqq 2$ のとき，

$$(n+1)a_{n+1}+2a_n=0$$

$$a_{n+1}=-\frac{2}{n+1}a_n \text{ から}$$

$$a_n=(-1)^{n-2}\frac{2^{n-2}}{n(n-1)\cdot\cdots\cdot 3}a_2$$

$$=(-1)^{n-2}\cdot\frac{2^n}{n!}\quad(n\geqq 2)$$

収束半径は，

$$\lim_{n\to\infty}\left|\frac{a_n}{a_{n+1}}\right|=\lim_{n\to\infty}\left|\frac{\dfrac{2^n}{n!}}{\dfrac{2^{n+1}}{(n+1)!}}\right|$$

$$=\frac{1}{2}\lim_{n\to\infty}(n+1)=+\infty$$

求まった級数解は，e^x のマクローリン展開式を利用して，

$$y=(x-1)+1-2(x-1)+2(x-1)^2-\frac{4}{3}(x-1)^3+\cdots$$

$=(x-1)+e^{-2(x-1)}$ となる．

練習問題 6-4

$$y''-x^2y'-y$$
$$=(2a_2-a_0)+(6a_3-a_1)x+(12a_4-a_1-a_2)x^2$$
$$+(20a_5-2a_2-a_3)x^3+\cdots$$
$$+\{(n+2)(n+1)a_{n+2}-(n-1)a_{n-1}-a_n\}x^n$$
$$+\cdots=0$$

x の異なる整級数の係数をゼロとおくと，

$$a_2=\frac{1}{2}a_0,\ a_3=\frac{1}{6}a_1,\ a_4=\frac{1}{24}a_0+\frac{1}{12}a_1$$

$$a_5=\frac{1}{20}a_0+\frac{1}{120}a_1$$

帰納公式は，(x^n の係数 $=0$)

$(n+2)(n+1)a_{n+2}-(n-1)a_{n-1}-a_n=0$

より，

$$a_{n+2}=\frac{(n-1)a_{n-1}+a_n}{(n+1)(n+2)}\quad(n\geqq 1)$$

よって，解 y を x^5 の項まで表すと，

$$y=a_0\left(1+\frac{1}{2}x^2+\frac{1}{24}x^4+\frac{1}{20}x^5+\cdots\right)$$
$$+a_1\left(x+\frac{1}{6}x^3+\frac{1}{12}x^4+\frac{1}{120}x^5+\cdots\right)$$

…(答)

練習問題 6-5

(1) $y=\displaystyle\sum_{n=0}^{\infty}a_nx^n$

$$y'=\sum_{n=1}^{\infty}na_nx^{n-1}=\sum_{n=0}^{\infty}(n+1)a_{n+1}x^n$$

$$y''=\sum_{n=2}^{\infty}n(n-1)a_nx^{n-2}$$

$$=\sum_{n=0}^{\infty}(n+2)(n+1)a_{n+2}x^n$$

を与式に代入して，

$$\sum_{n=0}^{\infty}(n+2)(n+1)a_{n+2}x^n-\sum_{n=0}^{\infty}(n+1)a_{n+1}x^{n+1}$$
$$-2\sum_{n=0}^{\infty}a_nx^n = x$$

両辺の各項の係数を比較して，

定数項より，$a_2 - a_0 = 0$，$a_2 = a_0$

x の係数より，$3\cdot 2a_3 - 3a_1 = 1$，

$$a_3 = \frac{1}{2}\left(\frac{1}{3} + a_1\right)$$

$$n \geqq 2,\quad a_{n+2} = \frac{1}{n+1}a_n$$

よって，

$$a_{2m+1} = \frac{1}{2\cdot 4\cdot 6\cdot\cdots\cdot 2m}\left(\frac{1}{3} + a_1\right) \quad (m \geqq 1)$$

$$a_{2m} = \frac{1}{1\cdot 3\cdot 5\cdot\cdots\cdot(2m-1)}a_0 \quad (m \geqq 1)$$

となり，

$$y = a_0 + a_1x + a_0\sum_{m=1}^{\infty}\frac{x^{2m}}{1\cdot 3\cdot\cdots\cdot(2m-1)}$$
$$+\left(\frac{1}{3}+a_1\right)\sum_{m=1}^{\infty}\frac{x^{2m+1}}{2\cdot 4\cdot\cdots\cdot 2m}$$

$C_0 = a_0$，$C_1 = \frac{1}{3} + a_1$ とおくと，

$$y = a_0 + a_1x + C_0\sum_{m=1}^{\infty}\frac{x^{2m}}{1\cdot 3\cdot\cdots\cdot(2m-1)}$$
$$+ C_1\sum_{m=1}^{\infty}\frac{x^{2m+1}}{2\cdot 4\cdot\cdots\cdot 2m} \quad \cdots(答)$$

〔注〕最後の 2 つの整級数は，よく知られた関数では表せない．

(2) y'' の係数は，$x = 0$ のとき $1 + x^2 \neq 0$ より，$x = 0$ は通常点．

$y = \sum_{n=0}^{\infty}a_nx^n$ とおいて，y', y'' を与式に代入すると，

$$(2a_2 - a_0) + 6a_3x + (12a_4 + 3a_2)x^2$$
$$+ \cdots + \{(n+2)(n+1)a_{n+2} + (n^2-1)a_n\}x^n$$
$$+ \cdots = 0$$

両辺の各項の係数を比較して，

$$a_2 = \frac{1}{2}a_0,\quad a_3 = 0,\quad a_4 = -\frac{1}{8}a_0$$

…………………………

$$a_{n+2} = -\frac{n-1}{n+2}a_n \quad (帰納公式)$$
$$(n = 0, 1, 2, \cdots)$$

$a_3 = 0$ であるから

n が奇数ならば，$a_{n+2} = 0$ $(n=1, 3, 5, \cdots)$

n が偶数ならば，

$$a_{2k} = -\frac{2k-3}{2k}a_{2k-2}$$
$$= \cdots = (-1)^k\frac{1\cdot 3\cdot\cdots\cdot(2k-3)}{2^kk!}a_0$$
$$(k \geqq 1)$$

よって，解は

$$y = a_0\left(1+\frac{1}{2}x^2 - \sum_{k=2}^{\infty}(-1)^k\frac{1\cdot 3\cdot 5\cdot\cdots\cdot(2k-3)}{2^kk!}x^{2k}+\cdots\right)$$
$$+a_1x \quad \cdots(答)$$

練習問題 6-6

p. 173 から

・$P_4(x) = \frac{35}{8}x^4 - \frac{15}{4}x^2 + \frac{3}{8}$ から

$$x^4 = \frac{8}{35}P_4(x) + \frac{6}{7}x^2 - \frac{3}{35}$$

・$P_3(x) = \frac{5}{2}x^3 - \frac{3}{2}x$ から

$$x^3 = \frac{2}{5}P_3(x) + \frac{3}{5}x$$

・$P_2(x) = \frac{3}{2}x^2 - \frac{1}{2}$ から

$$x^2 = \frac{2}{3}P_2(x) + \frac{1}{3}$$

・$P_1(x) = x$，$P_0(x) = 1$ であるから

$$f(x) = \left(\frac{8}{35}P_4(x) + \frac{6}{7}x^2 - \frac{3}{35}\right)$$
$$+ 2x^3 + 2x^2 - x - 3$$
$$= \frac{8}{35}P_4(x) + 2x^3 + \frac{20}{7}x^2 - x - \frac{108}{35}$$
$$= \frac{8}{35}P_4(x) + 2\left(\frac{2}{5}P_3(x) + \frac{3}{5}x\right)$$
$$+ \frac{20}{7}x^2 - x - \frac{108}{35}$$
$$=\frac{8}{35}P_4(x)+\frac{4}{5}P_3(x)+\frac{20}{7}x^2+\frac{1}{5}x-\frac{108}{35}$$
$$=\frac{8}{35}P_4(x)+\frac{4}{5}P_3(x)+\frac{20}{7}\left(\frac{2}{3}P_2(x)+\frac{1}{3}\right)$$
$$+\frac{1}{5}x-\frac{108}{35}$$
$$=\frac{8}{35}P_4(x)+\frac{4}{5}P_3(x)+\frac{40}{21}P_2(x)$$
$$+\frac{1}{5}P_1(x)-\frac{224}{105}P_0(x) \quad \cdots(答)$$

練習問題 6-7

問題 6-7の②式で $n=1$ を代入して,

$$Q_1(x) = \frac{(-1)^1\cdot 2^0\cdot (0!)^2}{1}$$

$$\times\left\{1 - \frac{1\cdot 2}{2!}x^2 + \frac{1\cdot(-1)\cdot 2\cdot 4}{4!}x^4 - \frac{1\cdot(-1)\cdot(-3)\cdot 2\cdot 4\cdot 6}{6!}x^6 - \right\}$$

$$= -1 + x\left(x + \frac{x^3}{3} + \frac{x^5}{5} + \cdots\right) \quad \cdots ㋑$$

一方, 問題 6-7より

$\frac{1}{2}\log\frac{1+x}{1-x} = x + \frac{x^3}{3} + \frac{x^5}{5} + \cdots$ となるから

$㋑ \Leftrightarrow Q_1(x) = \frac{x}{2}\log\frac{1+x}{1-x} - 1$ ■

定義域は $-1 < x < 1$ でグラフは下図.

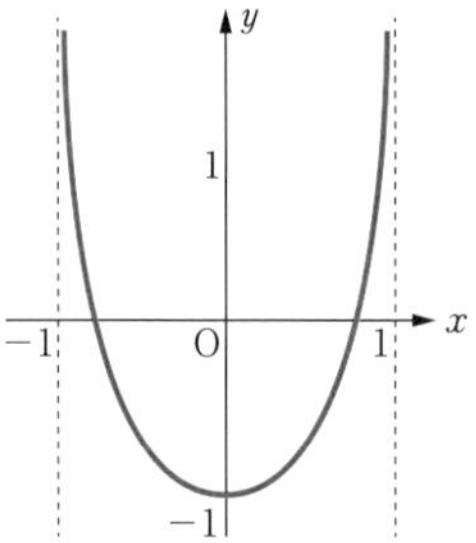

練習問題 6-8

$$y = x^i\sum_{k=0}^{\infty}a_kx^k = \sum_{k=0}^{\infty}a_kx^{k+i} \quad (a_0 \neq 0)$$

とおくと, 与式の最低次 x^{i-3} の係数は, $0 - 6a_0 = 0$, 仮定 $a_0 \neq 0$ から成立しない. したがって, 与えられた微分方程式はフロベニウス解をもたない.

練習問題 6-9

$y = x^i\sum_{k=0}^{\infty}a_kx^k$ $(a_0 \neq 0)$ とおき, y'', y', y を与式に代入して,

$$3x^{i-1}\sum_{k=0}^{\infty}(i+k)(i+k-1)a_kx^k$$

$$+2x^{i-1}\sum_{k=0}^{\infty}(i+k)a_kx^k + x^{i+2}\sum_{k=0}^{\infty}a_kx^k = 0$$

$$\Leftrightarrow x^{i-1}\sum_{k=0}^{\infty}(i+k)(3i+3k-3)a_kx^k$$

$$+ x^{i-1}\sum_{k=0}^{\infty}(2i+2k)a_kx^k + x^{i-1}\sum_{k=0}^{\infty}a_kx^{k+3} = 0$$

辺々を x^{i-1} で割ってまとめると,

$$\sum_{k=0}^{\infty}(i+k)(3i+3k-1)a_kx^k = -\sum_{k=0}^{\infty}a_kx^{k+3} \quad \cdots ①$$

$k=0$ のとき, 定数項は

$i(3i-1)a_0 = 0$

$a_0 \neq 0$ より $\underbrace{i(3i-1)=0}_{\text{決定方程式}}$ $\therefore\ i = 0, \frac{1}{3}$

(i) $i=0$ のとき,

$$① \Leftrightarrow \sum_{k=0}^{\infty}k(3k-1)a_kx^k = -\sum_{k=0}^{\infty}a_kx^{k+3}$$

x^n の係数を比較して, $n=1, 2$ のとき

$$a_1 = 0,\ a_2 = 0$$

$$n(3n-1)a_n = -a_{n-3} \quad (n \geqq 3)$$

$$a_n = -\frac{1}{n(3n-1)}a_{n-3} \quad (n \geqq 3)$$

これより,

$$a_1 = a_4 = a_7 = \cdots = 0$$

$$a_2 = a_5 = a_8 = \cdots = 0$$

$$a_3 = -\frac{1}{24}a_0$$

$$a_6 = -\frac{1}{102}a_3 = \left(-\frac{1}{102}\right)\left(-\frac{1}{24}\right)a_0$$

$$= \frac{1}{2448}a_0$$

この解を y_0 とすると,

$$y_0 = a_0\left(1 - \frac{1}{24}x^3 + \frac{1}{2448}x^6 - \cdots\right)$$

(ii) $i = \frac{1}{3}$ のとき,

$$① \Leftrightarrow \sum_{k=0}^{\infty}(3k+1)\cdot k\cdot a_kx^k = -\sum_{k=0}^{\infty}a_kx^{k+3}$$

x^n の係数は

$$(3n+1)\cdot n\cdot a_n = -a_{n-3} \quad (n \geqq 3)$$

$$a_n = \frac{-1}{n(3n+1)}a_{n-3} \quad (n \geqq 3)$$

$$a_1 = a_2 = 0$$

$$a_1 = a_4 = a_7 = \cdots = 0$$

$$a_2 = a_5 = a_8 = \cdots = 0$$

$$a_3 = -\frac{1}{30}a_0,$$

$$a_6 = -\frac{1}{114}a_3 = \left(-\frac{1}{114}\right)\left(-\frac{1}{30}\right)a_0$$
$$= \frac{1}{3420}a_0$$

その解を y_1 とすると，

$$y_1 = a_0\left(1 - \frac{1}{30}x^3 + \frac{1}{3420}x^6 - \cdots\right)$$

$i = 0$ のとき，a_0 を C_0

$i = \frac{1}{3}$ のとき，a_0 を C_1 とおくと，

解は

$$y = C_0y_0 + C_1y_1$$
$$= C_0\left(1 - \frac{1}{24}x^3 + \frac{1}{2448}x^6 - \cdots\right)$$
$$+ C_1\left(1 - \frac{1}{30}x^3 + \frac{1}{3420}x^6 - \cdots\right)$$

…(答)

$(-\infty < x < \infty)$

練習問題 6-10

問題 6-⑩と同様な方法で $x = \frac{1}{z}$ とおくと，

(与式) ⇔ $2z\frac{d^2y}{dz^2} + 3\frac{dy}{dz} + y = 0$ …①

$y = a_0z^m + a_1z^{m+1} + \cdots + a_nz^{m+n} + \cdots$

とおくと，

$$m(2m+1)a_0z^{m-1} + \{(m+1)(2m+3)a_1 + a_0\}z^m + \cdots + \{(m+n)(2m+2n+1)a_n + a_{n-1}\}z^{m+n-1} + \cdots = 0$$

帰納公式は

$$a_n = -\frac{1}{(m+n)(2m+2n+1)}a_{n-1}$$

$n \geqq 1$ のとき，これを上式に代入すると，

$(m+n)(2m+2n+1)a_n + a_{n-1} = 0$ となり，

$$2z\frac{d^2y}{dz^2} + 3\frac{dy}{dz} + y = -m(2m+1)a_0z^{m-1} = 0$$

をみたす．$a_0 \neq 0$ より①が成り立つのは $m = 0$，$m = -\frac{1}{2}$ のときで，

(i) $m = 0$ のとき，

$$y_1 = a_0\left(1 - \frac{1}{3}z + \frac{1}{30}z^2 - \frac{1}{630}z^3 + \cdots\right)$$
$$= a_0\left(1 - \frac{1}{3x} + \frac{1}{30x^2} - \frac{1}{630x^3} + \cdots\right)$$

(ii) $m = -\frac{1}{2}$ のとき，

$$y_2 = a_0z^{-\frac{1}{2}}\left(1 - z + \frac{1}{6}z^2 - \frac{1}{90}z^3 + \cdots\right)$$
$$= a_0\sqrt{x}\left(1 - \frac{1}{x} + \frac{1}{6x^2} - \frac{1}{90}\frac{1}{x^3} + \cdots\right)$$

よって，完全解は，

$y = C_1y_1 + C_2y_2$ （C_1, C_2：任意定数）

練習問題 6-11

$$\Gamma\left(\frac{3}{2}\right) = \Gamma\left(1 + \frac{1}{2}\right)$$

問題 6-⑪から

$$\Gamma\left(n + \frac{1}{2}\right) = \frac{(2n)!}{2^{2n}n!}\sqrt{\pi}$$

に $n = 1$ を代入して，

$$\Gamma\left(\frac{3}{2}\right) = \frac{2}{4}\sqrt{\pi} = \frac{\sqrt{\pi}}{2}$$ …(答)

$n = 2$ を代入して，

$$\Gamma\left(\frac{5}{2}\right) = \frac{4!}{2^4\cdot 2!}\sqrt{\pi} = \frac{3}{4}\sqrt{\pi}$$ …(答)

練習問題 6-12

求める解を $y = x^i\sum_{k=0}^{\infty}a_kx^k$ とおき，問題 6-⑨と同じようにして，

$i = 0$，$a_0 = a_1 = a_2 = \cdots$

を得る．

$\therefore\ y = a_0(1 + x + x^2 + x^3 + \cdots)$

〰〰 は初項 1，公比 x の無限等比級数で $-1 < x < 1$ のとき収束し，

$$y = \frac{a_0}{1 - x}$$ …(答)

一般に α, β, γ を定数とするとき，

$x(x-1)y'' + \{(\alpha + \beta + 1)x - \gamma\}y + \alpha\beta y = 0$

を**ガウスの微分方程式**という．

上の問題は $\alpha = \beta = \gamma = 1$ の場合である．ガウスの微分方程式を解くと超幾何級数

$$y = 1 + \frac{\alpha\cdot\beta}{1\cdot\gamma}x + \frac{\alpha(\alpha+1)\cdot\beta(\beta+1)}{1\cdot 2\cdot\gamma(\gamma+1)}x^2 + \cdots$$
$$+ \frac{\alpha(\alpha+1)(\alpha+2)\cdots\cdots(\alpha+n-1)\beta(\beta+1)\cdots\cdots(\beta+n-1)}{n!\gamma(\gamma+1)\cdots\cdots(\gamma+n-1)}x^n$$
$$+ \cdots$$

が得られる．

練習問題 6-13

(1) $\dfrac{dy}{dx}=\dfrac{\dfrac{dy}{dt}}{\dfrac{dx}{dt}}=\dfrac{1}{2}\dfrac{dy}{dt}$

$$\frac{d^2y}{dx^2}=\frac{d}{dx}\left(\frac{dy}{dx}\right)$$

$$=\frac{\dfrac{d}{dt}\left(\dfrac{dy}{dx}\right)}{\dfrac{dx}{dt}}=\frac{1}{2}\frac{d}{dt}\left(\frac{1}{2}\frac{dy}{dt}\right)$$

$$=\frac{1}{4}\frac{d^2y}{dt^2}$$

となるから，与式に代入して

$$4t^2\left\{\frac{1}{4}y''(t)\right\}+2t\left\{\frac{1}{2}y'(t)\right\}$$
$$+\frac{1}{4}(4t^2-1)y(t)=0$$

$$\Leftrightarrow t^2y''(t)+ty'(t)+\left(t^2-\frac{1}{4}\right)y(t)=0$$

より，ベッセル方程式になる．この方程式の一般解は

$$y=C_1J_{\frac{1}{2}}(t)+C_2J_{-\frac{1}{2}}(t)$$

よって，求める解は，$t=\dfrac{x}{2}$ とおいて

$$y=C_1J_{\frac{1}{2}}\left(\frac{x}{2}\right)+C_2J_{-\frac{1}{2}}\left(\frac{x}{2}\right)$$ …(答)

(C_1, C_2：任意定数)

(2) $\dfrac{dy}{dx}=\dfrac{\dfrac{dy}{dt}}{\dfrac{dx}{dt}}=2\sqrt{t}\dfrac{dy}{dt}$

$$\frac{d^2y}{dx^2}=\frac{d}{dx}\left(\frac{dy}{dx}\right)$$

$$=\frac{\dfrac{d}{dt}\left(\dfrac{dy}{dx}\right)}{\dfrac{dx}{dt}}=2\sqrt{t}\cdot\frac{d}{dt}\left(2\sqrt{t}\frac{dy}{dt}\right)$$

$$=2\sqrt{t}\left(\frac{1}{\sqrt{t}}\frac{dy}{dt}+2\sqrt{t}\frac{d^2y}{dt^2}\right)$$

$$=2\frac{dy}{dt}+4t\frac{d^2y}{dt^2}$$

を与式に代入して，

$$t\{2y'(t)+4ty''(t)\}+\sqrt{t}\{2\sqrt{t}y'(t)\}$$
$$+4(t^2-p^2)y(t)=0$$

$$\Leftrightarrow 4t^2y''(t)+4ty'(t)+4(t^2-p^2)y(t)=0$$

$$\therefore\ t^2y''(t)+ty'(t)+(t^2-p^2)y(t)=0$$

ベッセル方程式となる．

この方程式の一般解は

$$y=C_1J_p(t)+C_2J_{-p}(t)$$

$t=x^2$ を代入して，

求める解は

$$y=C_1J_p(x^2)+C_2J_{-p}(x^2)$$ …(答)

(C_1, C_2：任意定数)

練習問題 6-14

p. 182 ③より

$J_{n+1}(x)=\dfrac{2n}{x}J_n(x)-J_{n-1}(x)$ に $n=\dfrac{3}{2}$ を代入して，

$$J_{\frac{5}{2}}=\frac{3}{x}J_{\frac{3}{2}}(x)-J_{\frac{1}{2}}(x)$$

ここで，

$$J_{\frac{3}{2}}(x)=\frac{1}{x}J_{\frac{1}{2}}(x)-J_{-\frac{1}{2}}(x)$$
$$=\frac{1}{x}\sqrt{\frac{2}{\pi x}}\sin x-\sqrt{\frac{2}{\pi x}}\cos x$$

$$\therefore\ J_{\frac{5}{2}}=\frac{3}{x}\cdot\sqrt{\frac{2}{\pi x}}\left(\frac{\sin x}{x}-\cos x\right)-\sqrt{\frac{2}{\pi x}}\sin x$$
$$=\sqrt{\frac{2}{\pi x}}\left(\frac{3\sin x}{x^2}-\frac{3\cos x}{x}-\sin x\right)$$

…(答)

③ $\Leftrightarrow J_{n-1}(x)=\dfrac{2n}{x}J_n(x)-J_{n+1}(x)$ に

$n=-\dfrac{3}{2}$ を代入して，

$$J_{-\frac{5}{2}}(x)=-\frac{3}{x}J_{-\frac{3}{2}}(x)-J_{-\frac{1}{2}}(x)$$
$$=-\frac{3}{x}\left(-\sqrt{\frac{2}{\pi x}}\frac{\cos x}{x}-\sqrt{\frac{2}{\pi x}}\sin x\right)$$
$$-\sqrt{\frac{2}{\pi x}}\cos x$$
$$=\sqrt{\frac{2}{\pi x}}\left(\frac{3\cos x}{x^2}+\frac{3}{x}\sin x-\cos x\right)$$

…(答)

練習問題 6-15

$$J_{n+1}(x)=\frac{2n}{x}J_n(x)-J_{n-1}(x)$$

に $n=1, 2, 3$ を代入して，

$$J_2(x)=\frac{2}{x}J_1(x)-J_0(x)$$ …(答)

$$J_3(x) = \frac{4}{x}J_2(x) - J_1(x)$$
$$= \frac{4}{x}\left(\frac{2}{x}J_1(x) - J_0(x)\right) - J_1(x)$$
$$= \left(\frac{8}{x^2} - 1\right)J_1(x) - \frac{4}{x}J_0(x) \qquad \cdots(答)$$
$$J_4(x) = \frac{6}{x}J_3(x) - J_2(x)$$
$$= \frac{6}{x}\left\{\left(\frac{8}{x^2} - 1\right)J_1(x) - \frac{4}{x}J_0(x)\right\}$$
$$- \left\{\frac{2}{x}J_1(x) - J_0(x)\right\}$$
$$= \frac{8}{x}\left(\frac{6}{x^2} - 1\right)J_1(x) - \left(\frac{24}{x^2} - 1\right)J_0(x)$$
$$\cdots(答)$$

Chapter 7　偏微分方程式

練習問題 7-1

特性方程式 $\dfrac{dx}{x} = \dfrac{dy}{y} = \dfrac{dz}{z}$ の解は，

$\displaystyle\int\frac{dx}{x} = \int\frac{dy}{y}$ から $\log|y| = \log|x| + C_1'$

$\dfrac{y}{x} = C_1 \quad (C_1 = \pm e^{C_1'})$

$\dfrac{dx}{x} = \dfrac{dz}{z}$ から同様に

$\dfrac{z}{x} = C_2$

で与えられるから，求める一般解は $\varphi(s, t)$ を任意関数として，

$$\varphi\left(\frac{y}{x}, \frac{z}{x}\right) = 0 \qquad \cdots(答)$$

〔注〕$\varphi(s)$ を任意関数として，

$$\frac{z}{x} = \varphi\left(\frac{y}{x}\right) \quad \therefore\ z = x\varphi\left(\frac{y}{x}\right)$$

としてもよい．

$\varphi(s)$ は例えば $\varphi(s) = e^s$ とすると，

$$z = x\cdot e^{\frac{y}{x}}$$
$$\frac{\partial z}{\partial x} = e^{\frac{y}{x}} - \frac{y}{x}e^{\frac{y}{x}},\quad \frac{\partial z}{\partial y} = e^{\frac{y}{x}}$$
$$\therefore\ x\frac{\partial z}{\partial x} + y\frac{\partial z}{\partial y} = (xe^{\frac{y}{x}} - \cancel{ye^{\frac{y}{x}}}) + \cancel{ye^{\frac{y}{x}}}$$
$$= xe^{\frac{y}{x}} = z$$

となりみたす．

もちろん，$\varphi(s) = \sin s$ と選んでも

$$z = x\sin\frac{y}{x}$$ など…，すべて解になる．

練習問題 7-2

特性方程式 $\dfrac{dx}{xy} = \dfrac{dy}{y^2} = \dfrac{du}{x^2}$

$\dfrac{dx}{xy} = \dfrac{dy}{y^2}$ より，$\displaystyle\int\frac{1}{x}dx = \int\frac{1}{y}dy$

$$\Leftrightarrow \log|x| = \log|y| + C_0$$
$$x = C_1 y \quad (C_1 = \pm e^{C_0})$$

$\dfrac{dy}{y^2} = \dfrac{du}{x^2},\ \dfrac{dy}{\cancel{y^2}} = \dfrac{du}{C_1{}^2\cancel{y^2}}$

から，$\quad C_1{}^2\displaystyle\int dy = \int du$

$$u = C_1{}^2 y + C_2$$

$C_2 = \varphi(C_1)$ の関係式が成り立つものとすると，

$C_1 = \dfrac{x}{y}$ より，

$$u(x, y) = C_1{}^2 y + C_2$$
$$= \left(\frac{x}{y}\right)^2 y + \varphi\left(\frac{x}{y}\right)$$
$$= \frac{x^2}{y} + \varphi\left(\frac{x}{y}\right) \qquad \cdots(答)$$

練習問題 7-3

$u(0, x) = \varphi_0(x)$ より，⑥式に $t = 0$ を代入して，

$$\varphi_0(x) = \sum_{n=1}^{\infty} A_n \sin\frac{n\pi}{l}x \qquad \cdots ⓘ$$

$\dfrac{\partial u}{\partial t}$ を求めると，

$$\frac{\partial u}{\partial t} = \sum_{n=1}^{\infty}\left(-\frac{cn\pi}{l}A_n\sin\frac{c}{l}n\pi t + \frac{cn\pi}{l}B_n\cos\frac{c}{l}n\pi t\right)\cdot\sin\frac{n\pi}{l}x$$

$t = 0$ を代入して，

$$\varphi_1(x) = \sum_{n=1}^{\infty}\frac{cn\pi}{l}B_n\sin\frac{n\pi}{l}x \qquad \cdots ⓘⓘ$$

ここで，

$$\int_0^l \sin\frac{n\pi x}{l}\sin\frac{m\pi x}{l}dx = \begin{cases} \dfrac{l}{2} & (n = m) \\ 0 & (n \neq m) \end{cases}$$

であるから，ⓘ, ⓘⓘに $\sin\dfrac{m\pi}{l}x$ を乗じて積分することにより，

$$\begin{cases} A_m = \dfrac{2}{l}\displaystyle\int_0^l \varphi_0(x)\sin\dfrac{m\pi x}{l}dx \\ B_m = \dfrac{2}{cm\pi}\displaystyle\int_0^l \varphi_1(x)\sin\dfrac{m\pi x}{l}dx \end{cases} \quad \cdots(\text{答})$$

〔注〕このような三角関数の級数として表示したものを**フーリエ級数**という.

練習問題 7-4

問題 7-4 と境界条件は同じであるから,

$$u(t,x) = \sum_{n=1}^{\infty} A_n e^{-\left(\frac{kn\pi}{l}\right)^2 t}\cdot\sin\frac{n\pi}{l}x$$

となる.

上式に $t = 0$ を代入して,

$$\underset{\substack{\shortparallel \\ f(x)}}{u(0,x)} = \sum_{n=1}^{\infty} A_n \sin\frac{n\pi}{l}x$$

この辺々に $\sin\dfrac{m\pi x}{l}$ をかけて, x で 0 から l まで積分すると,

$$\int_0^l f(x)\sin\frac{m\pi}{l}x\,dx$$

$$= \sum_{n=1}^{\infty} A_n \int_0^l \sin\frac{m\pi}{l}x\cdot\sin\frac{n\pi x}{2}dx$$

$m = n$ のとき,

$$\text{右辺} = \frac{l}{2}\sum_{m=1}^{\infty} A_m$$

$$\text{左辺} = T_0\int_{\frac{l}{2}}^{\frac{3}{4}l} \sin\frac{m\pi}{l}x\,dx$$

$$= T_0\cdot\frac{l}{m\pi}\left[-\cos\frac{m\pi}{l}x\right]_{\frac{l}{2}}^{\frac{3}{4}l}$$

$$= \frac{T_0 l}{m\pi}\left(\cos\frac{m\pi}{2} - \cos\frac{3m}{4}\pi\right)$$

両式より

$$\frac{l}{2}\sum_{m=1}^{\infty} A_m = \frac{T_0 l}{m\pi}\left(\cos\frac{m\pi}{2} - \cos\frac{3m}{4}\pi\right)$$

$$\therefore \sum_{m=1}^{\infty} A_m = \frac{2T_0}{m\pi}\left(\cos\frac{m\pi}{2} - \cos\frac{3m}{4}\pi\right)$$

これを $u(t,x)$ の式に代入して, 解は

$$u(t,x) = \frac{2T_0}{\pi}\sum_{m=1}^{\infty}\frac{1}{m}\left(\cos\frac{m\pi}{2} - \cos\frac{3m}{4}\pi\right)$$

$$\times \sin\frac{m\pi}{l}x\cdot e^{-\left(\frac{km\pi}{l}\right)^2 t} \quad \cdots(\text{答})$$

練習問題 7-5

$u(x,0) = f(x)$ より, **問題** 7-5 の⑦式に $y = 0$ を代入して,

$$\underset{\substack{\shortparallel \\ f(x)}}{u(x,0)} = \sum_{n=1}^{\infty} A_n \sinh\left(-\frac{n\pi b}{a}\right)\sin\frac{n\pi x}{a}$$

この両辺に $\sin\dfrac{m\pi x}{a}$ （m : 自然数）

をかけて, x について 0 から a まで積分すると,

$$\int_0^a f(x)\cdot\sin\frac{m\pi x}{a}dx$$

$$= -A_m\cdot\sinh\frac{m\pi b}{a}\underbrace{\int_0^a \sin\frac{m\pi x}{a}\sin\frac{n\pi x}{a}dx}_{\frac{a}{2}\ (m = n)}$$

よって, A_m は

$$A_m = \frac{-2}{a\sinh\dfrac{m\pi b}{a}}\int_0^a f(x)\sin\frac{m\pi x}{a}dx$$

で与えられる. A_n を⑦式に代入したものが求める解である.

参考書

［1］ 監修 古屋 茂『解析学』大日本図書株式会社

［2］ 竹之内 脩『微分方程式とその応用』サイエンス社

［3］ 水本久夫『微分方程式の基礎』培風館

［4］ 小寺平治『なっとくする微分方程式』講談社

［5］ 河村哲也『常微分方程式』朝倉書店

［6］ 木村俊房『常微分方程式の解法』培風館

［7］ エアーズ『微分方程式』マグロウヒル

［8］ 小倉久和『技術系の数学』近代科学社

［9］ 水本哲弥『理工系のための解く！微分方程式』講談社サイエンティフィク

［10］ 金子 晃『基礎演習 微分方程式』サイエンス社

［11］ 石村園子『やさしく学べる微分方程式』共立出版株式会社

［12］ 馬場敬之『偏微分方程式キャンパス・ゼミ』マセマ出版社

［13］ 高橋陽一郎『微分方程式入門』東京大学出版会

［1］はよく書かれている本であるが絶版になっている．［2］～［6］は手頃な参考書となる．個々の本はテーマとする柱が微妙に違っている．中でもバランスが取れているのは［4］である．［7］は練習問題が多く，解答も詳しく書かれているので，参考になると思う．［13］は本格的な記述をしてある本で，そうした記述を好む人にむいている本である．

索　引

●著者紹介

石綿夏委也（いしわた　かいや）

故・小平邦彦氏に長年師事．数研アカデミー主宰．大学受験予備校研数学館で 22 年間教鞭をとる．その後，スカイパーフェク TV！に数学講師として出演．現在，東進ハイスクール，東進衛星予備校，河合塾講師．その他，講演活動なども行う．
著書に『名人の授業　石綿の数列 7 日間』（東進ブックス），『一目でわかる数学ハンドブックⅠ・A/Ⅱ・B』（東進ブックス），『一目でわかる数学ハンドブックⅢ・C』（東進ブックス），『カリスマ先生の微分・積分』（PHP 研究所），『試験で点が取れる　大学生の微分積分』（PHP 研究所），『大学 1・2 年生のためのすぐわかる微分積分』（東京図書），『大学 1・2 年生のためのすぐわかる線形代数』（東京図書）などがある．

大学《だいがく》 1《いち》・2《に》年生《ねんせい》のためのすぐわかる微分方程式《びぶんほうていしき》

2020 年 4 月 25 日　第 1 刷発行

Printed in Japan

著　者　石綿夏委也
発行所　東京図書株式会社
〒102-0072　東京都千代田区飯田橋 3-11-19
電話●03-3288-9461
振替●00140-4-13803
ISBN 978-4-489-02333-0
http://www.tokyo-tosho.co.jp